时尚 · 道法自然
——时尚的可持续发展

［英］埃德温娜·埃尔曼（Edwina Ehrman）
艾玛·沃特森（Emma Watson） 编著

宋炀 译

内 容 提 要

本书基于英国维多利亚与艾尔伯特博物馆的同名展览，意在探讨自1600年至今的时尚与自然之间的复杂关系。博物馆的许多服装藏品中都反映了人与自然的紧密关系，服装的材质、装饰，甚至板型设计均受到自然的启发。同时，介绍一些正在开发的，旨在减少时尚对环境负面影响的解决方案。

此外，本书也在提醒人们关注消费者在时尚流行中的作用，以及时尚消费者在尊重和保护自然界这一发展体系和战略中所起到的作用。希望能够激发读者对时尚与自然之间的关系有更为深入地思考，并重新审视个人衣橱中的服饰。

原文书名Fashioned from Nature
原作者名Edwina Ehrman and Emma Watson
图书设计来自Charlotte Heal Design
The moral rights of the authors have been asserted.

English edition © The Victoria and Albert Museum，London

Chinese edition produced under licence by China Textile & Apparel Press

Arranged with Andrew Nurnberg Associates International Limited

本书中文简体版经英国维多利亚与艾尔伯特博物馆授权，由中国纺织出版社有限公司独家出版发行。本书内容未经出版者书面许可，不得以任何方式或任何手段复制、转载或刊登。

著作权合同登记号：图字：01-2020-6593

图书在版编目(CIP)数据

时尚·道法自然：时尚的可持续发展 /（英）埃德温娜·埃尔曼，（英）艾玛·沃特森编著；宋炀译 .-- 北京：中国纺织出版社有限公司，2021.4
ISBN 978-7-5180-8276-6

I.①时… II.①埃…②艾…③宋… III.①服装设计—作品集—世界—现代 IV.① TS941.28

中国版本图书馆 CIP 数据核字（2020）第 250979 号

责任编辑：谢冰雁　　责任校对：王花妮　　责任印制：王艳丽

中国纺织出版社有限公司出版发行
地址：北京市朝阳区百子湾东里A407号楼　邮政编码：100124
销售电话：010 — 67004422　传真：010 — 87155801
http://www.c-textilep.com
中国纺织出版社天猫旗舰店
官方微博 http://weibo.com/2119887771
北京华联印刷有限公司印刷　各地新华书店经销
2021年4月第1版第1次印刷
开本：710×1000　1/8　印张：25
字数：329千字　定价：198.00元

凡购本书，如有缺页、倒页、脱页，由本社图书营销中心调换

编者序

艾玛·沃特森（Emma Watson）

在过去的十多年里，我一直致力于时尚的可持续发展，以及时尚产业生产透明度等问题的研究，我一直希望通过自己不断的质疑和努力去影响时尚产业的发展方式，并视这项工作为己任。在时尚生产已经成为第二大污染产业、快时尚已然成为行业常态的当下，我们必须集中精力来思考这些由时尚消费者所造成的负面影响，以及在当前这种高度浪费的生产状态下，时尚产业所造成的种种恶果。现今，对时尚行业存在的系列问题展开深度考虑，对我们来说已迫在眉睫。

18岁时，我就曾在高阶地理的课程论文中探讨过时尚的可持续发展问题，并就此在牛津大学赛德商学院采访了公平贸易（Fair Trade）❶专家亚历克斯·尼科尔斯（Alex Nichols）先生。恰如笛卡尔所说，愈博愈省吾之愚笨。随着对时尚可持续发展问题的不断思考，我越发意识到该问题的复杂性与重要性。在二十出头之时，我参观了南亚孟加拉国拉纳大厦（Rana Plaza）中的服装厂，几年之后它就倒闭了。在孟加拉国时，我遇到了一个与我同龄的女孩，她在一家名为People Tree的服装贸易公司工作。她过着与我迥然不同的生活：一边承担全职工作，一边进行继续教育学习，这样的生活使她筋疲力尽。这次相遇对我的触动很大，使我对时尚产业从业者的合理报酬问题有了更深刻的思考。虽然她在服装公司的工作难以置信地辛苦，但她却为自己拥有工作深感自豪，并对能接受继续教育深表感激。我想，这应该就是公平的工作报酬对女性从业者的意义所在吧。

孟加拉国之行归来以后，我对时尚行业研究的热情被再次点燃，我开始重新审视我对时尚问题的认识，并形成了一种对这项工作的紧迫感与责任感，我立志为建立一种可持续性发展、健康科学的时尚系统而努力奋斗。利用走时尚红毯的机会，我承诺通过设计师的创意作品展示和支持具有可持续性的服装设计作品，这些设计作品的创意立足于重塑时尚未来的概念和材料。我甚至将关于这项工作的理念和思想贯彻到我的衣橱与日常着装中。我尝试以各种方式搭配穿着那些款式过时的服装，并重复穿着一些服装，而不是用毕即弃。另外，我也会刻意支持和购买一些公司生产的服装产品，这些公司会在生产过程中努力改善和提高服装生产者们的工作环境。对于时尚，做出这样的选择使我非常安心。虽然我并不是每时每刻都从这个角度出发去购买时尚产品，但如果我在接触事物伊始就开始质疑和思考，那么我就会有意识地做出更妥善的选择。

在英国维多利亚与艾尔伯特博物馆（the Victoria and Albert Museum）举办的这次名为"源于自然的时尚"（Fashioned from Nature）展览中，我穿着了一件非常特殊的礼服，也曾穿着它参加过2016年在美国纽约大都会艺术博物馆举办的慈善舞会（Met Gala）（图1）。这件礼服是我与美国设计师卡尔文·克雷恩（Calvin Klein）合作设计的作品。可以说，礼服各个部分的设计都是以可持续发展为出发点——从使用Newlife聚酯纱线（100%消费后的塑料瓶制造）织造面料到采用再生材料制成拉链，我们尽可能地将那些日常消耗品在这件服装中进行回收再利用。我们甚至考虑运用设计的手法将这件礼服的各个部件巧妙地拆分，以便可以用重构的方式使这件礼服能够变换成一种全新款式而被再利用。我个人也为能够设计和展示这件礼服而深感自豪。

服装与我们的日常生活休戚相关，我十分赞赏维多利亚与艾尔伯特博物馆主办的这个展览以及出版的这本主题书籍，这些工作都在尝试引起我们对那些看似司空见惯的事情的关注和质疑：是谁、在哪儿、以怎样的方式来为我们生产制作服装？无论在何种社会背景与经济状况下，我们或许都应该以一种更加审慎的心态和可持续发展的眼光来着装和购物。当下，重新定义着装、消费以及时尚的内涵，无疑是非常必要和紧迫的。

图1（下页） 在绿毯挑战计划（Green Carpet Challenge）中，艾玛·沃特森穿着卡尔文·克雷恩礼服参加2016年在纽约大都会艺术博物馆举办的慈善舞会

---

❶ 公平贸易，是一种有组织的社会运动，在贴有公平贸易标签及其相关产品之中，它提倡一种关于全球劳工、环保及社会政策的公平性标准，其产品从手工艺品到农产品不一而足，这个运动特别关注那些自发展中国家销售到发达国家的外销。公平贸易运动是试图透过与被边缘化的生产者及劳工的紧密合作，将他们从易受伤的角色转化成为经济上的自给自足与安全角色；也试图赋权他们，使他们成为自己组织的利害关系人，同时在全球市场中扮演更积极的角色，以促进国际贸易的公平性。公平贸易运动的组成分子范围十分广泛，如一些国际宗教、发展援助、社会及环境组织等。

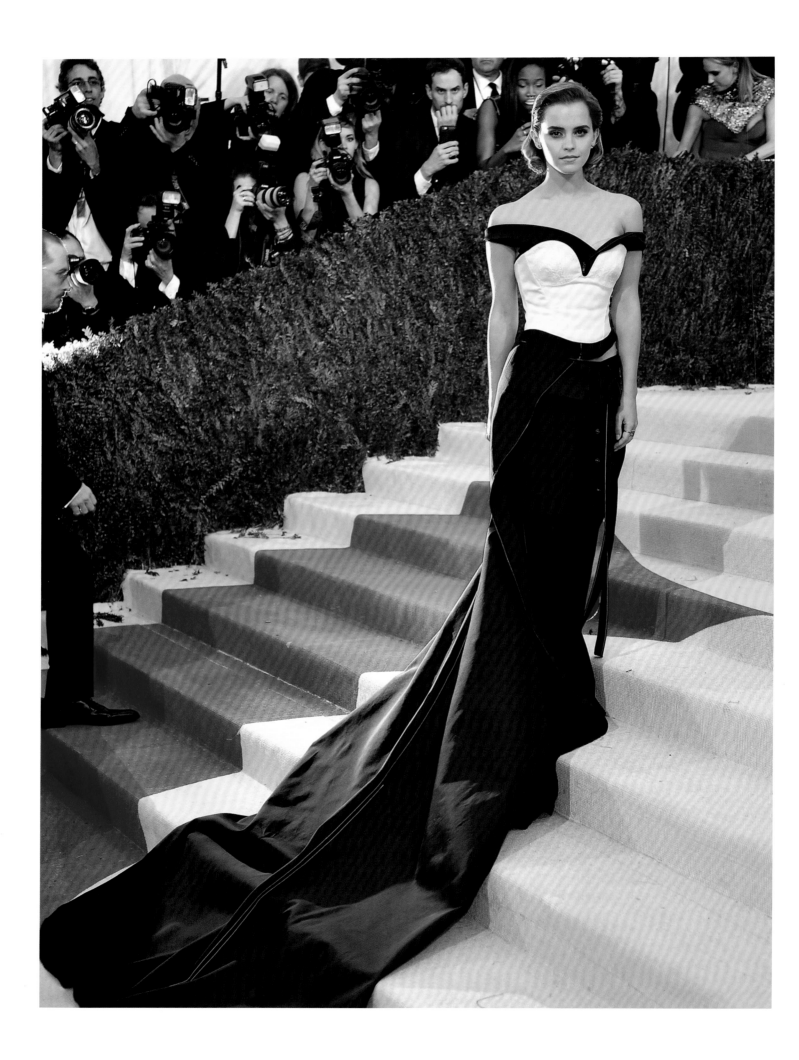

赞助人序

欧洲亚麻和大麻联合会(CELC)主席玛丽·艾曼纽尔·贝尔尊
（Marie-Emmanuelle Belzung）

在这个快时尚的时代，亚麻作为一种纺织纤维脱颖而出。正如本书中内容所述，人类使用亚麻的历史已有几千年，凭借其优越的材质性能与多样灵活性，亚麻始终在时尚衣橱中占据重要位置。而如今更甚，我们都已认识到其潜在的可塑性与内在的可持续性。

亚麻是一种盛开蓝色花朵的植物的纤维，亚麻纤维会被纺成纱线，再以针织或机织的工艺制成纺织品。无论是农民、清棉工、纺纱工、织布工或是针织工，在亚麻纺织业各个生产环节工作的工人，其具备的专业知识都是保证亚麻织物最终成功生产的核心技术。虽然，在如今使用的天然纤维中，亚麻纤维所占的比例可能不足1%，但在日常生活中，亚麻实际享有的赞誉却远高于这个统计数据。这种美誉源于亚麻材质带给人们的美好感受。经过特殊处理之后，亚麻会拥有独特的手感，它可以是厚实的或轻薄的、稠密的或稀疏的，也可以是精致的或质朴的。总之，它为人们的生活提供了愉悦和舒适。

同时，亚麻给环境带来的负担却非常轻微：它不需要灌溉，只需要自然降雨；没有浪费，亚麻植物的每个部分都可以利用；在种植轮作过程中，它的生长有益于土壤，并且栽培中不需要使用转基因技术。因此，亚麻纤维是一种可持续性材料，通过欧洲亚麻和大麻联合会认证的标签：European Flax®，我们可以100%追溯欧洲亚麻从纤维到成品的各个生产环节。

欧洲亚麻和大麻联合会很荣幸能够参与和赞助维多利亚与艾尔伯特博物馆举办的此次"源于自然的时尚"展览，这是一个将田野与纤维、面料与时尚等因素紧密结合起来的展览，密切关乎过去、现在与未来。

展览馆长序

———

崔斯特瑞姆·亨特（Tristram Hunt）

从魅力无穷的自然中汲取灵感，能够激发无穷无尽的时尚表达方式：从绚烂的刺绣图案到充满异国情调的织物，再到梦幻般的印花面料，"源于自然的时尚"展览正以独特的方式在向这些时尚文化致敬。此展览横跨400年时尚史，集中展示了维多利亚与艾尔伯特博物馆纺织服饰部收藏的大量精美纺织品与时装，这些纺织品与时装皆是大自然的恩惠，而大自然的资源也将永远恩泽人类。

然而，当我们越发仔细地审视这些来自自然界的时尚材质时，我们就越发认识到时尚对自然环境的影响。无疑，该展览为我们提供了契机，来调查时尚生产对地球上的植物、动物和环境造成的破坏性影响。此展览将在全球范围内，以网络化协作的方式，逐一审查时尚生产各阶段对自然界的影响，包括从获得生产原材料到制作、加工、销售、使用的各个时尚产业环节。

展览"源于自然的时尚"启示我们可以从过去吸取经验，以便为未来创造一个更好的时尚产业。它向设计师提出挑战：设计既美观又环保的服装，同时也倡导每个消费者都应更仔细和谨慎地考虑自己对时尚的选择。维多利亚与艾尔伯特博物馆很荣幸能够通过这个发人深省的展览和相关出版物为大家提供一个研讨的平台。

这次展览的学术研究获得了多所研究机构研究人员的慷慨支持，他们无私地为本展览与书籍奉献专业知识，这些机构包括英国自然历史博物馆、英国科学博物馆、伦敦皇家植物园邱园的经济植物博物馆和伦敦艺术大学切尔西艺术学院。通过探索叙述新的故事，展览在积极探索历史与当下时代间的紧密相关性，也正是通过对这些问题的共同探索，展览充分体现了知识共享的力量与跨学科合作的力量。我们也非常感谢欧洲亚麻和大麻联合会（CELC）的慷慨、热情与支持。

伦敦时装学院（LCF）的可持续时装中心（CSF）是本次展览的特别学术顾问，其发挥了关键作用。我们与可持续时装中心的此次合作十分强调创新研究，而这些创新研究努力地解决展览中不断提出的问题与挑战。无论是高端复杂的创新研究，还是低端简易的解决方法，这些工作都表达了时尚行业努力去创造一个更可持续发展之未来的决心。

总之，该展览的目的不仅是向丰富多样与给予人类持久影响的自然致敬，也是给予我们所有人一个重要而迫切的提示：是时候重新审视我们的时尚衣柜了。

目录

绪论

——
埃德温娜·埃尔曼

本书和维多利亚与艾尔伯特博物馆（以下简称"V&A博物馆"）及与之相应的展览，意在探讨自1600年至今的时尚与自然之间的复杂关系。从服装到配饰，再到珠宝首饰，我们所穿的所有服饰皆源自我们生存的这个世界中的各种物质：从制作服饰的原材料到生产服饰的能源；从运输服饰的方式到设计服饰所需的灵感。我们通过外在来展现自己，并以服饰的新颖性、多样性和创造性来享受时尚。然而，随着时尚行业日益全球化，时尚发展的需求对环境造成了威胁，并危及植物、动物，甚至人类自身，这是21世纪十分令人担忧的问题。本书的核心就是向时尚行业发展如何减少消耗地球自然资源的问题发起挑战。《时尚·道法自然——时尚的可持续发展》一书旨在审视以上问题，我们现在做到了何种程度。同时，介绍一些目前正在开发的以及减少时尚对环境负面影响的解决方案。此外，本书也在提醒我们关注消费者在时尚流行中的作用，以及时尚消费者在尊重、保护自然界这一发展体系和战略中所起到的作用，而这个自然界正是地球所有居民赖以生存的。

基于当今人们对环境破坏问题的广泛关注，并以在V&A博物馆内收藏的大量时装和纺织品为基础，名为"源于自然的时尚"的展览以及这本与展览相关的书籍应运而生。展品中，V&A博物馆收藏的大量时装和纺织品中包含着特殊的材料和技术信息，而且从当今环境保护的角度来看，这些展品往往能够激发对相关问题的思考。可以追溯到1600年以前的服饰少之又少，所以本书及相关展览探讨和展示的服饰始自17世纪。以时间先后为轴线，本书共分为四章，每一章均依展览的各个部分内容进行介绍。第一章的内容涵盖了200年内（1600~1800年）纺织工业的主要发明，这些发明为19世纪纺织工业实现机械化生产铺平了道路。17—18世纪是手工生产服装与纺织品的时代，随着国际贸易路线的拓展，来自亚洲、非洲和美洲的原材料及人造产品越来越多地出口欧洲。截止到18世纪末，欧洲达到了一个轻奢品消费的历史巅峰。第二章的内容聚焦在1800~1900年，其论述了时尚行业发展的新阶段——成衣生产，时尚行业的扩张得到了高度机械化生产方式与其他创新技术的支持，如化学染料的开发和橡胶的硫化。第三章的内容始于1900年，这一时期伴随着黏胶的商业化发展，人造纤维彻底改变了纺织行业，人类应用人造纤维创造了一系列不同品质、质地和属性的全新纺织材料。同时，这些人造纤维还经常与动、植物纤维互为补充，相互结合使用。最后一章的内容始于20世纪90年代，此时时装业的

规模已日趋全球化。同时，以凯瑟琳·哈姆内特（Katharine Hamnett）为代表的个体已经行动起来，号召时尚行业对自然采取更负责任的态度和做法。

本书的每章内容都论述了时尚业的系统性、时尚业不断扩大的消费群体、由于采用新技术而不断扩大的行业规模等问题。同时，V&A博物馆收藏的展品则作为实物案例来进一步论证这些时尚业发展的关键性问题。本书前三章的内容侧重关注英国时尚制造业和时尚消费，同时也分析了作为欧洲时尚领导者的法国在大部分历史时期中对时尚业发挥的关键性作用，以及探讨英国纺织业和时装业的影响力如何跨越国界等问题。同时，本书前三章的内容也探讨了关于时尚消费者，以及特定材料格外受重视等一系列问题。此外，在尝试解决时尚业对地球环境和动、植物界造成影响的系列问题之前，本书还探讨了时尚原材料的生产与加工方式。在此次展览中，被展陈的V&A博物馆藏品，以及同时被展陈的、来自英国其他博物馆中相关流行服饰的藏品和文献皆为本书针对时尚业的探讨提供了素材。本书关于时尚潮流问题的研究独树一帜。从1600年至今，能够满足时尚潮流需要的可选新材料的范围已大幅增加。因此，并非所有的时尚材料都被涵盖在各章节的内容中，但棉花这种纺织材料却贯穿于本书内容的始终。时尚材料的地位和价值也随着时间的推移而发生变化，一些制造时尚品的原材料逐渐变得富有争议性或者被认为违背伦理道德性，如皮草和象牙。了解过去（特别是那些引发争议的问题和那些至今已渐趋变化的观点）是为了将今天的环保法规与相关运动置于当时的文脉中去合理地研究和探讨。

受篇幅所限，本书的论述范畴有限。简而言之，本书的核心问题是讨论时尚业对环境的影响，而放弃时尚业所旁及的诸多其他社会问题。如本书不会涉及自18世纪以来即被定罪的劳工奴役或奴隶生产等问题。的确，在1850年，一本反奴隶制法律宣传册曾坚称避免使用奴隶制作的产品是我们道义上的责任，但我们必须承认，在一个日益全球化的世界中，几乎不可能去追溯日常商品的起源，除非有人选择"在丛林中以树木与浆果为生"①。虽然我们一直致力于改善工作环境与禁止奴隶制度，但是这些可悲的做法在时尚产业中依然普遍存在。就揭示时尚对环境的影响问题而论，本书的研究并非全备。关于时尚产业对环境造成破坏的各方数据仅可追溯到20世纪末至21世纪，但获得更早期的可供比对的数据却并非易事。此外，历史学家似乎也未对那些可能揭示古今潜在相似性与差异性问题的原始数据进行深入探究。本书旨在指出这些时尚产业目前存在的诸多问题，抛砖引玉，以激发对这些问题的进一步深入研究。

图2（左图）　女式礼服外套（曼图亚，Mantua）和衬裙（Petticoat）（局部细节），织锦缎；英国，18世纪30年代；由格拉迪斯·温莎·弗瑞（Gladys Windsor Fry）提供；V&A博物馆馆藏编号：T.324 & A-1985

最后一章则论述了从20世纪90年代至今时装行业的全球化过程，此章节虽然采用了不同的研究方法，但最终要达到的研究目标与前三章并无二致。终章揭示了时尚系统对环境造成的破坏、行业面临的挑战以及为应对这些挑战所采取的方法。全球人口数量已经从1800年的10亿增加到2017年的76亿。而且，联合国预测至2030年全球人口数量将达到86亿，到2050年将达到98亿②。虽然世界上许多居民生活在骇人听闻的贫困中，但与以往相比，大部分人的生活都变得更加富足，其对商品的消费需求也相应提升。他们对时装和服饰的消费尤其如此，而时装与服饰的生产极其依赖自然资源，如水和石油原料等的需求量也越来越大。同时，时装与服饰的生产也会造成显著的环境污染，如排放大量二氧化碳及产生垃圾。自20世纪80年代以来，人们越来越认识到时装行业负面影响的严重性，这促使环保主义者和时装行业的领军人物鼓励他们的同行以及消费者重新思考并改变目前行业伤害自然环境的种种做法，以保护曾受行业发展影响的自然界和人类。

探究时尚与自然关系的最初尝试之一来自V&A博物馆中的"动物系列藏品"。这个系列藏品中仅有800余件物品保存至今，但大多数都属于纺织品和服装类别。该系列藏品源自1851年伦敦万国工业博览会（the Great Exhibition of 1851❶）中的展品（图3），这个系列的展品具有公开的教育意义，并且专注于探讨动物和动物身体的各组成部分为时尚产业带来的经济效益③。与本次展览主题精神相呼应的是，这些展品涵盖了从全球各地挑选出来的种类极为丰富的各类展品。这些展品展示了世界各国从原材料到成品的整个时尚生产过程，涵盖了生产、工业资源、制造业和商品贸易的各个环节。在V&A博物馆创立早期，其为了开发供科学研究参考的藏品，而收购了这个"动物系列藏品"。同时，此系列藏品还旨在为英国的制造业和商业课程提供实际研究案例，以提升英国的创新能力。

该"动物系列藏品"在南肯辛顿博物馆（the South Kensington Museum）的波斯纳尔·格林分馆（Bethnal Green Branch）展出（因为V&A博物馆直到1901年才被公众所熟知）。波斯纳尔·格林分馆（设立于1872年，现为儿童博物馆）位于伦敦贫困、拥挤和肮脏的东郊。东郊是在当地工场或码头上工作的工匠和工人的家园，大量的原材料从大英帝国和其他

地方经过运输抵达这里，被卸载后存放在保税仓库并出售。这里的居民虽然贫穷，但是他们所从事的经济活动却非常有价值④。1875年，"动物系列藏品"与另一组具有类似教学目的的物品组合展示，用以说明"废物利用"相关的问题⑤。这些问题包括一些最新案例，例如从煤焦油中提取染料，而煤焦油是煤气生产过程中的副产品（参见第77页）。在展览中，染料和煤油这两种样品被并列展陈。"源于自然的时尚"展览表明回收废物可以创造经济利润，而工业家和科学家也意识到了其同时可带来环境效益。液体以及固体的工业、生活废物污染是当今全球面临的一个重大难题，回收纺织品生产过程中产生的废物（消费前废物）和丢弃的衣物（消费后废物）对环境更是一种挑战，而如何解决这些问题对我们而言都是非常重要的研究课题。

将自然界定义为人类的物质资源或扮靓素材是草率的，这种定义反映了以人类为中心的世界观，而这种世界观几个世纪以来一直主导着人与自然的关系（图4）。在以基督教为核心的文化中，《圣经》也已申明了这一点：上帝使人类"管理海里的鱼、天空的鸟、地上的牲畜和全地，以及地上的一切爬行动物"。这种神授人权统治自然的信仰与人类理所应当充分利用自然的权利，与以工业生产为基础的经济发展模式相契合，而这种发展模式即以世界各地的物质资源为支撑。在19世纪中期，英国出口的产品约93%为制成品，而在英国的进口产品中，有同样约占93%的原材料⑥。

本书一个至关重要的论述线索是人与自然的关系，在前三章首先简要地探讨了人们在身体层面和物质层面与自然的关系。博物馆的许多服装藏品中都反映了人与自然的紧密关系，服装的材质、装饰，甚至板型设计均受到自然的启发。除了经常把自然当作设计灵感的来源而将万物应用于服饰图案中，我们在自然界中所获得的收益、喜悦和慰藉同样被展示在服装中。

一件关于绣有猴子图案的马甲研究揭示了18世纪晚期人类与动物之间互动的几种方式（图5）。这幅猴子刺绣图案至今保存在里昂丝织博物馆（the Musée des Tissus in Lyon）⑦的档案中，伦敦自然历史博物馆哺乳动物馆馆长保拉·詹金斯（Paula Jenkins）确认了这些猴子的种类及其来源。那只给同伴递水果的猴子是只食蟹猕猴（长尾猕猴），另一只则是狮尾猕猴。这两种猴子的形象均来自布封❷ ［Georges-Louis Leclerc, Comte de

图3（前两页）　来自V&A博物馆动物藏品中的纺织品样品，约1850年；V&A博物馆馆藏编号：AP.357:1, AP.356:2, AP.358:4, T.2-1959, AP.402:10, AP.402:12, AP.405:4/A, AP.406:14, AP.409:17, AP.120-1862, T.145-1972, MISC.26-1923, T.31-1959, T.29-1947, T.310-1967, AP.358:1, AP.119-1862

---

❶　"the Great Exhibition of 1851"指1851年在英国伦敦水晶宫举办的万国工业博览会，这是人类历史上的第一届世界性博览会。

❷　布封（Buffon，1707—1788），原名乔治·路易·勒克莱尔，是18世纪法国博物学家、数学家兼作家。出生于法国蒙巴尔城，从小受教会影响爱好自然科学。1739年，布封被任命为巴黎植物园的管理者，并一直担任这个职位直至生命尽头。此外，布封还在数学领域和文学领域占据一席之地。布封的作品中极具人文主义色彩，经常通过人性化的笔触描绘动物，因此，他又被称为人文主义思想的继承者和宣传者。布封对自然的热爱使得他40年磨一剑，创作出36册巨著《自然史》，被达尔文称作"第一位以科学精神阐明物种起源问题的人"。

图4（右图） 本杰明·沃特豪斯·霍金斯（Benjamin Waterhouse Hawkins，1807—1894），"胭脂虫和紫胶虫"，引自《动物图解》（*Graphic Illustrations of Animals*）［由J.格拉芙公司印刷，由伦敦托马斯·瓦蒂出版社（Thomas Varty）出版］；纸上彩墨版画；19世纪中叶，英国；V&A博物馆馆藏编号：E.307-1901

Buffon（1707—1788）］所撰写的《自然史》（*Histoire Naturelle*，*générale et particulière*，1749—1788），这本著作在路易十五时期（1710—1774）为社会进步做出了卓著贡献⑧。1766年，《自然史》是伦敦书商T.Becket and P.A.Hondt出售的众多进口书籍之一，到1781年，该书的英译本已有8卷（对该书法文本第4版的翻译），书中包含300张铜版插图。而至1788年，该书的英译本已经扩充至9卷内容⑨。

　　手使用的灵巧度与社交行为的相似性，使猴子经常被比拟为人类，成为寓言与漫画等艺术形式的主角，以表现较负面的人性。同时，猴子也是一种非常时髦的宠物，在布封创办的巴黎花园（the Jardin du Roi）［现在名为巴黎植物园（the Jardin des Plantes）］和伦敦塔的动物园中都可以看到猴子的身影。布封的著作被翻译为多种文字，而书中的猴子形象也被制成了马甲上的刺绣图案，这反映了布封百科全书式的"大师杰作"，在受过良好教育的欧洲富裕阶层中大获成功，国王的资助也给布封带来了社会荣誉并使其对自然历史的研究得到广泛关注。⑩此外，这件背心的着装者也向上流社会展示了其对自然历史的深厚学识。虽然这件背心最初为德国人所有，但这种时尚的法国背心却在英国精英阶层中广泛流行。由于法国丝绸征收重税，这些丝绸服饰往往是走私货。⑪

图5（左图） 绣有猕猴图案的背心，图案引自乔治·路易·勒克莱尔，即布封伯爵著作《自然史》第2版（1785年，伦敦），丝麻材质；法国，1780—1789年；V&A博物馆馆藏编号：T.49–1948

　　自1600年以来，人类已经极大地拓展了对世界地理、地质环境以及动植物的认知，对自然历史的研究也日趋专业化。19世纪中期，阿尔弗雷德·拉塞尔·华莱士（Alfred Russel Wallace，1823—1913）和查尔斯·达尔文（Charles Darwin，1809—1882）提出的进化论使人们对世界史有了崭新的认识。1859年，达尔文出版了具有开创性意义的科学著作《物种起源论》（*On the Origin of the Species by Natural Selection*），挑战了传统宗教观念，对人类与其他生物的关系提出了质疑。如今，基于科学技术的发展进步，我们能够去更深层次地探索海洋和外层空间，此外，科学还帮助我们深入地了解"我们日常所接触"的自然——我们周围的树木、植物及各种各样的生物所构成的令人惊奇的综合效应。然而，虽然我们通过电视以及互联网了解了许多前所未知的细节，但与之前相比，我们可能依然从未真正地接触到"真实"的自然。

　　笔者希望本书能够激发读者对时尚与自然之间的关系进行更为深入的思考，并重新审视个人衣橱中的服饰。倘若我们能够明晰服装的原材料及其制作过程，那我们就会主观地选择更利于自然的着装方式。建立环保且具有社会责任感的时尚产业环境是一个宏伟的目标，其为社会、地球及其居住者的健康生活所带来的益处是不可估量的。

第一章
1600—1800年

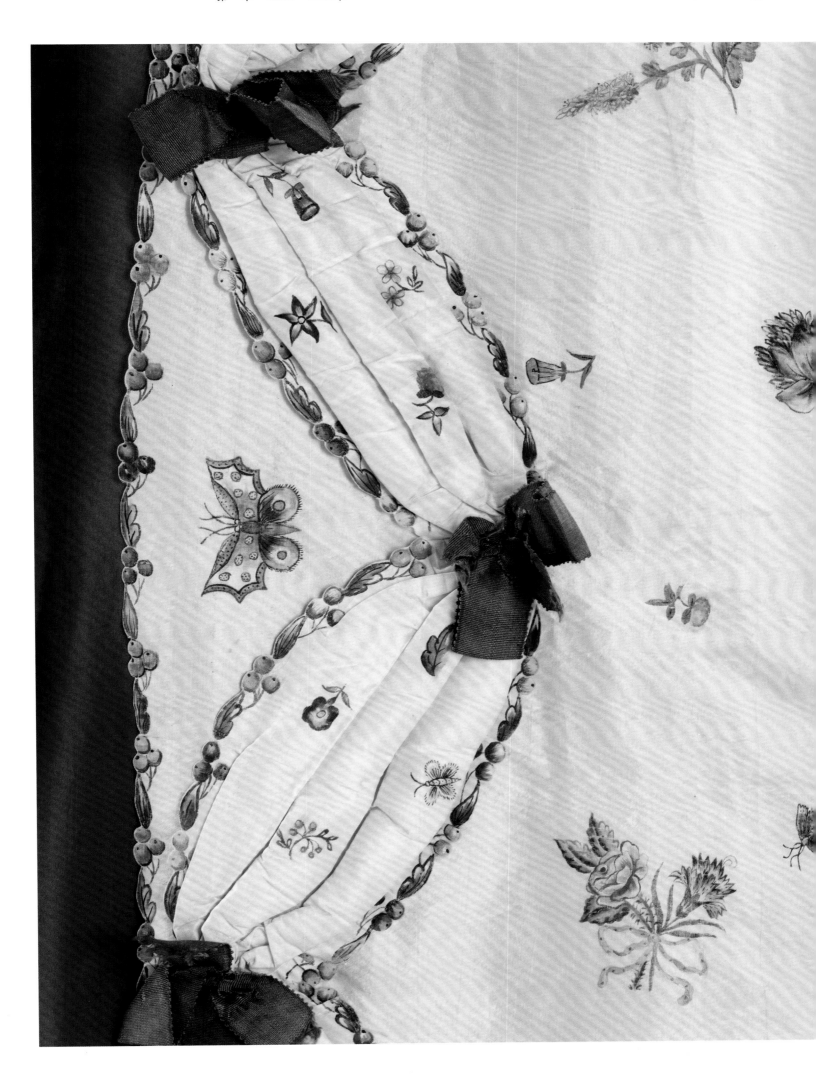

　　　　　　　　17世纪到18世纪，欧洲主要国家之间以争夺商业绝对优势为目的而开始的国际贸易、探险，开拓了新的原材料资源，并使未曾开发的领土和动植物资源被载入史册。这些新知识被直观地体现在新的世界地图上，这些地图以套版或单张的形式印刷出版，或在自然历史书中以插图的形式出现①。在18世纪大量发行的报纸上印证了这些真实信息②。

埃德温娜·埃尔曼

一些报纸罗列了进口原材料及其原产国的信息，并刊发了关于远洋贸易、海外旅行、旅行游记等内容的系列文章。人们还可以从经销商那里购买自然界的珍稀标本以及进口生物，这些商品的广告信息皆来自报纸。

了解自然世界

为了提高对自然界研究的水平，1660年，英国皇家学会（Royal Society of London）❶率先建立了自然历史研究学，这个学科的奠基人是一群自然哲学家和医生。英国皇家学会及其出版物《哲学汇刊》（Philosophical Transactions）为自然史学术交流提供了平台和机会，并证实植物学与动物学的研究不仅具有社会价值，而且具有学术价值。对自然研究的痴迷已不仅局限于上流社会。各地区以及地方协会更加注重以"田野考察"（到野外收集标本）的方法进行研究，这一研究方法吸引了众多具有社会学与经济学研究背景的人。植物学家詹姆斯·爱德华·史密斯爵士（Sir James Edward Smith，1759—1828）❷在1788年创建了林奈学会（Linnean Society），他曾写过一篇文章，是关于他家乡诺维奇（Norwich）地区的民间工匠。这些工匠喜欢在乡下野外采集植物标本并以传统的植物学知识来鉴定分类，包括

裁缝和纺织工人等，他们培植植物的技术远近闻名。③

大多数从事自然历史研究工作的女性来自较高社会阶层，包括皇室成员在内。国王乔治三世的母亲——奥古斯塔公主（Princess Augusta，1719—1772）对植物学的兴趣促成了英国皇家植物园——邱园（the Royal Botanic Gardens at Kew）❸的建立。波特兰公爵夫人玛格丽特（Margaret，1715—1785）❹将自己大部分的财产用于研究自然历史，她收集标本，并在她位于白金汉郡城堡的庄园里建立植物标本馆、鸟舍和动物园。玛格丽特对自然历史的热情使她受到了其他收藏家、植物学家以及艺术家的赞誉，其中包括花卉画家乔治·狄俄尼索斯·埃雷特❺（Georg Dionysius Ehret，1708—1770）（图6）。上层社会女性对植物学和花卉绘画进行研究被认为是修养的体现，并且纸上绘画和织物绘画的课程也已经向女性开放了。④这样的时代背景培养了女性对时尚敏锐的感知力。

一件风格独特的手绘丝绸连衣裙也反映了人们对自然史研究的热潮。这件连衣裙制作于18世纪70年代，其上印着蝴蝶、飞蛾以及鲜花图案，可能是受到中国进口彩绘礼服绸的启发，但其上图案的绘画方法却截然不同。该连衣裙或许是由业余人士制作，但也可能来自专业的工作室，如18世纪60年代克里斯汀先生（Mr Christian）在伦敦开设的英国彩绘丝绸织造厂⑤。显然，这件连衣裙制作者的技艺并不是很娴熟，虽然其中部分蝴蝶和飞蛾图案

---

❶ 英国皇家学会，又名伦敦皇家自然知识促进学会，成立于1660年11月28日，是英国的国家科学院。这是一个独立的社团，不对政府任何部门负正式责任，不必经过政府批准。但它与政府的关系是密切的，政府为学会经营的科学事业提供财政资助。英国皇家学会负有双重职责：一是在国内和国际上作为英国的科学院，二是作为科学组织服务的提供者。在促进科学及其利益，承认科学卓越，支持杰出科学，为政策提供科学建议，在促进国际和全球合作等方面扮演着重要角色。作为英国最具名望的科学学术机构，其成员在尖端科学方面饶有贡献。该学会多方面支持了不少的英国年轻顶尖科学家、工程师及科技人才。目前最知名的院士包括数学及物理学家霍金、胚胎移植及肝细胞研究权威安妮·麦克莱伦、互联网发明人蒂姆·伯纳斯·李。

❷ 詹姆斯·爱德华·史密斯，是英国著名植物学家，同时也是林奈学会的创始人。史密斯出生于一个富裕的家庭，早期就展现出了对自然界的热爱，并于1783年在约翰·沃克身边学习自然历史。在生物学家林奈去世后，史密斯收购了大量其生前所收集的动植物标本及藏书，并全部运到了伦敦。1786年，史密斯成为英国皇家会员，并于两年后创立了伦敦林奈学会以纪念林奈。此外，史密斯还出版了Flora Britannica、The English Flora等著作。

❸ 邱园，是英国皇家植物园林，坐落在伦敦三区的西南角。它是世界上著名的植物园之一，同时也是植物分类学的研究中心。邱园始建于1759年，原本是英皇乔治三世的母亲奥古斯塔公主的私人皇家植物园，起初只有3.6万平方米，经过200多年的发展，已扩建成为有1.2平方千米的规模宏大的植物园。现今，植物园规模庞大，除了常规的园林设计，还有专门的野生动物保护区，该保护区濒临泰晤士河，具备良好的生态环境。公园植被覆盖率很高，其中多条道路都是一望无际的草毯。

❹ 玛格丽特·卡文迪什·本廷克（Margaret Cavendish Bentinck），是波特兰的公爵夫人，同时也是英国贵族。1734年嫁给波特兰第二公爵，1761年公爵去世后，她将大量的精力和财富投入到博物学上。玛格丽特公爵夫人是当时英国最富有的女性，同时也是英国乃至欧洲收藏者中的佼佼者。她拥有该国最大的自然历史收藏量，甚至可能超过了当时的大英博物馆，并且有自己的策展人。她的收藏包括波特兰花瓶等昂贵的艺术品。她的志向是收藏并描述每种生物。玛格丽特公爵夫人在收藏界和博物学界都颇具盛名。

❺ 乔治·狄俄尼索斯·埃雷特，出生在德国海德堡，是18世纪最伟大的植物画家。而埃雷特最初的职业是一位园艺师，但在父亲的鼓励和指导下他从小就勤于绘画练习，最终他放弃了园艺的工作，开始以植物绘画为生。他是一位多产的画家，如今现存的作品仍然有3000多幅，被收藏在伦敦自然博物馆、大英博物馆、维多利亚与艾尔伯特博物馆、邱园标本馆、皇家园艺学会林德利图书馆、皇家学会图书馆、剑桥大学菲兹威廉博物馆、德国埃朗根大学、巴黎自然博物馆、卡耐基梅隆大学亨特植物学文献研究所等欧美知名的博物馆和学术机构里。埃雷特也和其他一些植物学家合作，为他们的作品绘制插图，如1789年版的《邱园辑录》（Hortus Kewensis）中也有他的作品，他甚至自己也出版了一部精美的作品《稀有植物、蝴蝶和蛾》（Plantae et Papiliones Rariores，1748—1759）。

图6（下图）　乔治·狄俄尼索斯·埃雷特，洋玉兰植物研究（木兰属，现名为
大玉兰花），牛皮纸上的水彩与水粉画；伦敦，1743年；V&A博物馆馆藏编
号：D.583–1886

图7（右图）　印花丝绸礼服；英国，1770年（丝绸生产时间），1780—1785
年（服装剪裁制作时间）；衬裙以及部分蝴蝶结为后期仿制修复；由克劳特巴克
女士（Mrs S.Clutterbuck）提供；V&A博物馆馆藏编号：T.108–1954

MAGNOLIA altissima Lauro-Cerassi folie flore ingenti candide

The Laurel-leaved Tulip tree

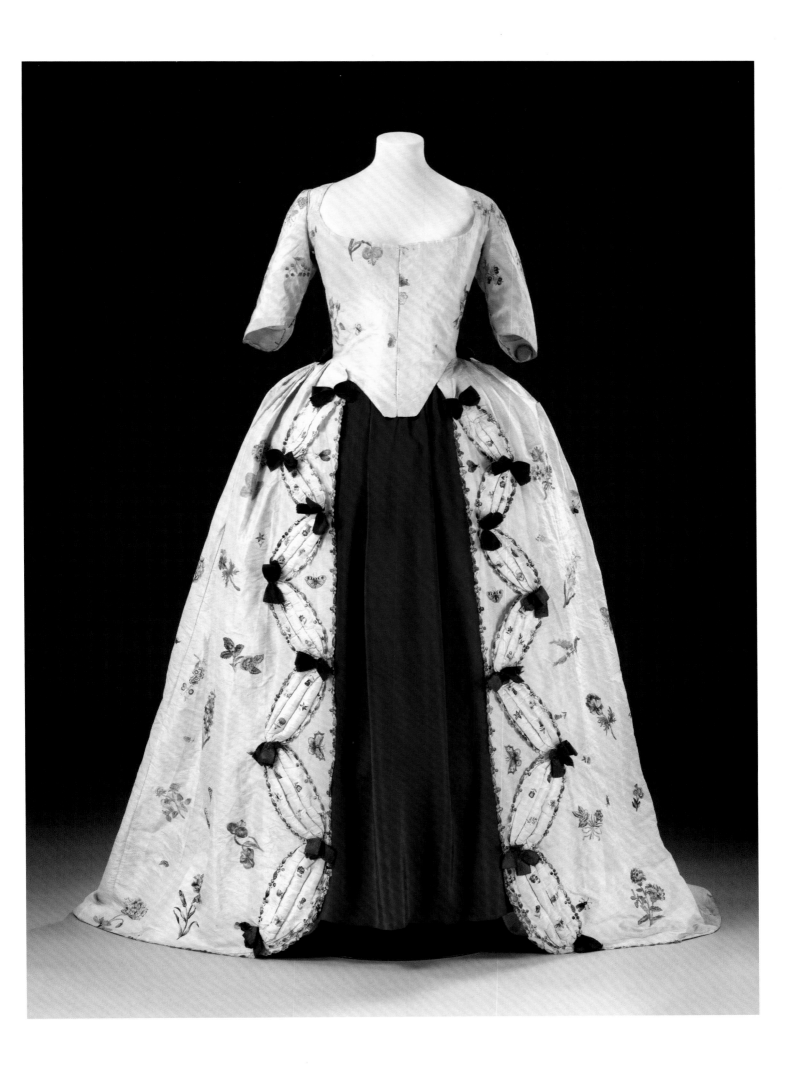

可以确认是出自英国人之手，但这些蝴蝶与飞蛾的轮廓和色彩都非常奇特（图7）。人们对昆虫学有着浓厚的兴趣。博福特第一公爵夫人玛丽·萨默塞特（Mary Somerset）（1630—1715）❶和沃尔特斯夫人（Mrs Walters）两位女性在培育昆虫方面就取得了闻名遐迩的成就。本杰明·威尔克斯（Benjamin Wilkes）❷主编的畅销刊物《英国飞蛾与蝴蝶》（The English Moths and Butterflies，1747—1749年）有四分之一的订阅者是女性，摩西·哈里斯（Moses Harris）主编的《昆虫采集家》（The Aurelian）和《英国昆虫自然史》（Natural History of English Insects）也是如此。此外，1766年的《英国飞蛾与蝴蝶》中的图片还被引介为当时"装饰性家具"设计和"那些好奇而有创造力的绅士、女士的娱乐活动"的资料手册⑥。

时尚：体系和实践

　　时装的生产消费与自然的节奏和四季的循环相呼应。不言而喻，不同的温度和天气条件需要合宜的着装。而且，无论是源自植物还是源自动物，用于制作时装的原材料都有自己的生长与加工周期。然而，时尚的多方因素也有自己的周期。时尚通过不断创新来维持其最新流行趋势及对消费者的吸引力，这迫使时尚呈现一种不断变化以适应当下的方式而存在。从近代早期开始，各种轻质面料流行了起来。由于其的耐用性较差且价格低廉，于是消费者加速使用和购买这种面料，并重视其设计的时尚新颖性，这直接导致了此种面料图案与色彩的高翻新率。从17世纪60年代和70年代开始，法国里昂丝织面料每年的生产与流行周期规律化以来，时尚产品的高速生产模式就开始程式化了。时尚流

行周期的确立使工艺精湛的丝绸持续地被设计、生产和向市场推广，为此，里昂纺织工厂有计划地更新产品，并为每年最新的设计赋予时尚价值。与此同时，里昂在时尚界的领导地位也因路易十四（1638—1715）对宫廷着装制度的整改而得到巩固。路易十四皇室每年都要抛弃旧丝绸，并订购新的丝绸来制作时尚的宫廷服饰。皇室对新颖时尚面料的追捧为丝绸生产商提供了稳定而有规律的消费市场，同时，皇室对新品的追捧也是对新型纺织图案与色彩的有力宣传。时尚流行的年度周期变化与时尚杂志《风雅信使》（Mercure Galant）（1672—1674，1677—1714）❸对时尚流行趋势的报道相一致，该期刊定期发布时尚新闻与长篇时尚评论，通常每年分春秋两季发行。这类时尚杂志极大地推动了巴黎与法国宫廷在时尚中的领军地位。此外，时尚杂志也培养读者不断追逐时尚潮流的习惯。《风雅信使》成为传播和推广时尚流行的先锋，而作为一种文化现象，时尚潮流在18世纪晚期逐渐被社会所认知⑦。法国这种年度化生产时尚产品的模式开始影响其他国家。在英国，这种模式被印花丝绸生产商以及优质丝毛混纺织物制造商所采用。然而，此时期大多数法国产时尚商品仍未实现时尚潮流的周期化更新。⑧

　　在英国，属于社会最高阶层的皇室与贵族男女引领着时尚潮流。然后，依据人们的审美品位与收入多寡，新的时尚潮流趋势依次逐层向下渗透到社会的各个阶层中。1660年君主制恢复以后，法国时尚的影响更为广泛，这些最富有且最时尚的消费者，无论男女都在巴黎和伦敦购买纺织品与服装。伦敦是英国时装制造业和零售业的中心。1750年，英国的人口为67.5万，这67.5万人中包括最富有的精英阶级和最贫穷的社会底层，但其时装业的零售店及服务却可以满足各社会阶层的消费水平。约克郡（York）和诺维奇（Norwich）这样的商业中心甚至可以满足当地贵族、富商及其家人的一切时尚需求。

---

　　❶　玛丽·萨默塞特，英国贵族阶层，是博福特第一公爵夫人，同时也是园艺师和植物学家。16世纪90年代，她开始认真收集植物，在丈夫去世后，她更加全身心地投入园艺的研究当中。玛丽是英国最早的贵妇园丁之一，她不仅栽种植物，还喜欢将植物干燥后，做成标本。她收藏的植物种类远超过英伦三岛，其中有1500种来自印度、中国和南非。她一生制作了12册巨大的植物标本集，去世后全部留给了汉斯·斯隆爵士，而后又由汉斯·斯隆爵士全部遗赠给英国自然历史博物馆。

　　❷　本杰明·威尔克斯（约于1749年去世），是18世纪伦敦艺术家和博物学家。威尔克斯最初从事绘画职业，后来一位朋友邀请他参加奥勒良学会（Aurelian Society）的一次会议时，他在那里第一次看到了蝴蝶和飞蛾标本，并相信大自然将是他在色彩和艺术形式方面的"最佳导师"。自此，威尔克斯开始研究昆虫学，并利用业余时间收集、研究和绘制鳞翅目昆虫的成虫、幼虫、蛹和拟寄生物（寄生蝇科和姬蜂科）。其主要作品包括Twelve new designs of English butterflies、English moths and butterflies。

　　❸　《风雅信使》，又译"文雅信使"，是世界上最早的文娱期刊，也是法国历史上最负盛名的文学刊物之一。其杂志社几经变迁，19世纪末发展为出版商，最终成为伽利玛出版社。1672年，法国文人让·多诺·德·维泽（Jean Donneau de Visé）在巴黎创立了一份杂志，以宫廷轶事、民间趣闻、诗歌及史话等作为主要内容，并取名为《风雅信使》。杂志得名于罗马神话中众神的信使墨丘利（拉丁语：Mercurius）。杂志在创刊之初为季刊，五年后改为月刊。到1710年德·维泽去世，共出版了488卷。杂志在法国广受欢迎，并引发各地效仿。此后十余年间，主编几度易人。到1724年，剧作家安托万·德·拉罗克（Antoine de Laroque）将杂志更名为《法兰西信使》（Mercure de France），成为巴黎最富权威的文学刊物。1785年，作家和出版家庞库克（Charles-Joseph Panckoucke）成为主编，并吸引了拉阿尔普（Jean-François de La Harpe）和杜庞（Jacques Mallet du Pan）两位记者主笔。杂志的年订阅量达到15000份，成为欧洲最具影响力的刊物之一。大革命前夕，庞库克将经营权转让。第一帝国期间，杂志遭遇出版禁令，直到1815年复刊，惨淡经营至1825年停办。

尽管如此，为追赶最新时尚流行趋势，一些居住在各省县的富裕人士仍然选择到首都购买时尚纺织品与时装。而那些不能亲自去首都购买时装的人会将现有的服装送到所在地区的服装生产商那里作为样本进行仿制，或者委托代理人去当地购买。

随着人们赚取可支配的收入越来越多，追逐时尚的机会也随之增加，这样就刺激了时装行业的扩张。从17世纪中叶开始，人口增长的同时，大多数社会阶层的生活水平也在提高，时装行业潜在消费者的数量增加了两倍。[9]人们追求时尚的程度与他们的购买力取决于各种不定因素，这些不定因素包括可支配收入、社会阶层、职业、地理位置、道德观、社交能力、性别和年龄等。这时期所有的服装都是手工缝制的，许多服装，尤其是类似衬衫这样款式特别简单的服装都出自家庭成员、仆人或雇用的裁缝之手。大多数城镇都有出售面料、装饰品以及配饰的布商、服装商和裁缝，这些人中还有专门销售配饰（包括成衣）的商人，以及接受定制的剪裁师和女装裁缝。还有一些流动商贩在为偏远地区提供时装制作等相关服务。尤其是在较偏远的乡镇和港口，成衣贸易和二手服装市场蓬勃发展（图8）。[10]

从社会各层面上看，纺织品与时装本身都具有货币价值与道德意义，而这些附加价值和意义已远超时尚本身所能传达的荣誉与特权。如今存世的历史服饰上残留着被再次利用的痕迹，其记录了一种节俭的生活方式，而20世纪将这种节俭的方式作为一种生活上的美德而被倡导。浪费是违背上帝旨意与自然法则的。这些昂贵的丝绸在其图案过时之后仍被保存和再利用——所有者把这些丝绸作为遗产捐赠给教堂，制成法衣。人们对这些服装进行清洗、修补和改造以延长它们的使用时间。将旧衣服改为儿童的服饰，赠送给亲戚好友，或将其赏赐给仆人，让他们随自己的意愿处理衣物。许多赏赐给仆人的服装被卖到了二手市场，这些进入二手市场的服饰使更多的人获得穿着优质服装的机会。服装与纺织品的某些组成部分也会被回收。这种将金银线从蕾丝、丝绸和刺绣中挑出并抽离，以便再利用的做法被称为"细雨"（Drizzling）。作为一种消遣活动，其甚至在法国和英国的精英阶层中流行。金匠甚至会购买这些昂贵的金线以提取其中所含的金属成分。[11]

时尚纺织品

自17世纪初，英国开始在与中东、亚洲和美洲的洲际贸易中扮演更重要的角色。纺织品是洲际贸易的商品之一，这种远洋贸易能够将最新时尚潮流引入其他国家。位于中东的黎凡特公司（the Levant Company，1592—1825年）❶从英国进口毛织物和廉价金属；从美洲进口用于染色的银和胭脂虫，还有一些具有经济价值的原材料，如丝绸、棉花、羊毛和纱线，以及用来制鞋和手套的棉布与精细的山羊皮（来自摩洛哥）。成立于1600年的英国东印度公司（The English East India Company）❷巩固了英国在亚洲的经济地位。到了18世纪，与印度的贸易已然成为英国是否能成功转型成为经济贸易大国的关键性因素。1672年，英国东印度公司在中国台湾赢得了一个有价值的贸易站，并于1699年在中国大陆的广州建立工厂（其中包括综合办公室、仓库，并在后期建立了生活区）。在18世纪，该贸易公司通过英国羊毛和印度棉布换取中国的茶叶、瓷器、丝绸和扇子（参见第38页）。不仅如此，英国还在西印度群岛和北美洲的殖民地上开辟了从纽芬兰到南卡罗来纳州的新贸易线路，这些贸易线路的开拓使英国能够获得富含经济价值的毛皮、兽皮和靛蓝等染料，以及玳瑁等珍贵的配饰制作原料。这些领土的扩张也促使伦敦成为亚洲、北美与欧洲之间的贸易中转站。

面料是购买服装时的首要考虑因素。四大天然纤维分别是：蛋白质（动物）纤维——丝纤维、毛纤维，植物纤维——棉纤维与织造亚麻织物所使用的亚麻纤维。每种纤维都可以织造质感不同的纺织品，面料的质感取决于纤维的种类、种植方法及其加工方式。不同的纤维对染料的反应也不同，相对其他面料，某些纤维材质更适合制作一些特殊的装饰。纤维的用途非常广泛，既可以单独使用也可以多种纤维混合使用，各式各样的纤维面料用途不同，其售价也不尽相同。[12]一位名为芭芭拉·约翰逊（Barbara Johnson，1738—1825）的英国消费者收藏了一本她购买服饰面料的样品册，其中保存了

---

❶ 黎凡特公司，是16世纪晚期兴起的一家英格兰特许公司。1592年由威尼斯公司和土耳其公司合并而来，伊丽莎白一世曾为该公司颁发特许经营状。该公司成立的目的是维持和运营英国与奥斯曼帝国黎凡特地区的商业业务，其于1825年解体。黎凡特公司曾垄断东地中海地区英国与奥斯曼帝国的贸易活动，扩大了英国在近东地区的殖民范围。该公司是近代商业机构的代表，在英国海外贸易发展中发挥过重要作用，并为英国走向商业强国以及海外扩张提供了重要条件。

❷ 英国东印度公司，通常指不列颠东印度公司，是一个股份公司。1600年12月31日英格兰女王伊丽莎白一世授予该公司皇家许可状，给予它在印度贸易的特权。实际上这个许可状相当于东印度贸易的垄断权21年。当时，詹姆斯·兰开斯特爵士拜访了著名探险家拉尔夫·菲奇，了解到拉尔夫·菲奇在东方的探险经历，随后詹姆斯·兰开斯特参与了东印度公司的创建。拉尔夫·菲奇旅途中所写的关于印度社会状况的报告，成为英国东印度公司据以进行其早期商业冒险活动的重要资料之一。随时间的变迁，东印度公司从一个商业贸易企业变成印度的实际主宰者。1858年被解除行政权力之前，它还获得了助理政府和军事作用。

图8（下页）　马塞勒斯·拉隆（Marcellus Laroon，1653—1702），旧款式斗篷、西装和外套（1688年），摘自约翰·查理德·格林（J.R.Green）著的《英国人民简史》（A Short History of the English People，1874年，伦敦）

图9（左图）　芭芭拉·约翰逊，服饰面料样品册中的一页；英
国，1764—1766年；V&A博物馆馆藏编号：T.219-1973

图10（右图）　一只化蛹前正在吐丝的蚕（家蚕）

1746~1823年的织物样品，包括用天然纤维制成的多种面料，样品册上还注明了这些面料的幅宽、成本以及用这些面料制作的服装类型。如今，这些被保存的面料向我们清晰地展示了它们在当时是如何为时尚衣橱做出贡献的。据记载，芭芭拉·约翰逊是牧师的未婚女儿，她与家人以及关系亲密的朋友在英国中部地区和伦敦度过了一段非常愉快的时光。直到晚年，她一直靠每年60英镑的"微薄收入"生活，她的消费记录单表明她在购买时装上的预算十分谨慎（1760年，一个驻家女仆的年收入是5英镑左右）。从她1764—1766年收藏的面料样品册上记载（图9），她以2~6先令一码的价格购买了七件礼服面料。即便织物的幅宽不等，但是相等长度下最昂贵的织物仍然是丝绸，最便宜的织物则是羊毛。她挑选的三种印花亚麻布的价格为每码3~4先令。虽然芭芭拉·约翰逊在1764年购买的羊毛价格适中，但在她的面料样品册中最昂贵的面料却是羊毛——每码20先令。这说明每种纤维都可以制作成不同品质的面料。这本面料样品册涵盖了54种丝织物样品和37种棉织物样品。棉织物样品大多为印花织物，物美价廉与实用性强是棉织物在时装材料应用中广受欢迎的原因。除了这54种丝织物和37种棉织物外，其余的织物样品还包括11种羊毛织物和7种亚麻织物，以及13种主要为丝与羊毛混纺的织物。这种混纺纤维结合了多种纤维成分的功能特质与美学特征，创造出密度不同、质地与外观迥异的服装材料。[13]

丝纤维是一种奢华的纤维，它富有光泽、韧性好、轻盈、保暖且亲肤。丝纤维的染色性佳，并且根据丝线质量的不同以及织造工艺复杂程度的差异，创造出的织物会产生超常丰富的纹理以及视觉效果。丝纤维是一种在蚕蛾（家蚕）的幼虫或毛虫中抽取的纤维，这种养蚕业（养蚕缫丝）起始于新石器时代的中国。桑蚕养殖的技术在6世纪传入中东，并于10世纪传入欧洲。蚕的幼虫以白桑的叶子为食，白桑原产于中国北方，但也可以种植在气候温暖的地方。蚕的幼虫能够在可控温的室内环境中被养殖。一旦幼虫完全成熟，它就会从头部两侧的两个小孔吐出带有丝胶的纤维，然后当成虫变为蛹时，它会把这些丝胶纤维旋转成茧以来保护自身（图10）。在蚕蛹变成飞蛾之前，它会被热空气或蒸汽杀死。然后将这些茧浸泡在热水中以便软化丝胶，这样的操作可以使丝分离利于加工。一个蚕茧剥离出的丝长度在700~1000米之间。如果蛹存活了下来或不是人工养殖用于取丝的，那么幼虫则会在蚕茧上穿一个洞，然后破茧而出，变成一只飞蛾。但这种被破坏的蚕茧会导致丝受损

而使生产出的丝长度短很多，这种短丝只有通过纺捻才能够使用。

英国的丝织业集中在伦敦东部的斯皮塔佛德（Spitalfields）地区，为了获得生产原材料——生丝，该地必须与欧洲其他丝织生产国保持竞争。英国的气候并不适合大规模的养殖桑蚕。由于家蚕在幼虫阶段会生病，所以生丝的价格昂贵，且受限于蚕桑养殖虫患疾病等因素的影响而供应情况不稳定。能够在织机上保持张力的高质量经丝是从中国和意大利进口的，这些国家还提供制作经丝的加捻丝。从土耳其和西班牙则可以进口其他种类的丝。[14]托马斯·洛姆贝爵士（Sir Thomas Lombe，1685—1739）❶在英国建造了第一家丝加工厂，为进一步的染色与纺纱工艺做准备。该工厂位于德比郡附近的德温特河岸的一个岛屿上，其于1719年投入使用，由水力驱动。

例如锦缎这种技术含量最高的丝绸，造价十分高昂，特别是加入金属丝线与多彩丝线织造而成的织锦缎。1767年1月，科克子爵（Viscount Coke）的遗孀玛丽·科克夫人（Lady Mary Coke，1727—1811）为了参加夏洛特女王（Queen Char-lotte，1744—1818）在宫廷举办的生日宴会，花费70英镑购买了一件曼图亚（宫廷礼服裙）以及与之搭配的一套新银色蕾丝饰品。这套礼服显然饱受赞誉，同时参加这次生日庆典的鲍伊思夫人（Lady Powis，1735—1786）曾记载道："相形之下，我的礼服简直就是破衣烂衫[原文]，这件礼服的确由漂亮的丝绸制成……国王对我特别和蔼可亲，彬彬有礼。"[15]这些关于宫廷服饰的文字记载说明了着装者之间的炫耀攀比，也证明了丝绸具有财富、品位和身份的象征意义。男人们会用丝绸制作礼服、套装与背心，在宫廷宴会和正式社交场合中穿着，而在家时穿着名为"banyans"的丝质宽松休闲长袍（图11）。而且无论男女都会穿着针织丝袜。事实上，从丝带和手帕到平纹、格子和条纹的丝织品、混纺丝织物，还有简单或更繁复的锦缎与天鹅绒服饰品，无论哪种消费水平都能够购买到投其所好的丝绸制品。

羊毛纤维服饰因更加亲民而几乎遍及每个人的衣柜。这个时期，羊毛是欧洲最典型的服装面料。羊毛纤维因具有保暖性好、吸水性好、耐磨性强与弹性大等特性而价格不菲。羊毛纤维能够用于机织物和针织物，羊毛纤维表面有毛鳞片的特性也使其可用于制毡。英国羊毛织物的原料几乎全部源于本国羊毛。在几个世纪以来，毛织物一直是英国经济的支柱产业，一些本土绵羊品种广负盛名。赫里福德郡（Herefordshire）出产的雷兰羊毛（Ryeland）品

---

❶ 托马斯·洛姆贝，是一位英国商人，同时也是缫丝机械的发明者。18世纪初期，洛姆贝前往伦敦，并在那里成为商人。1718年，他获得了一项专利，即"大不列颠以前从未制造或使用过的三种发动机，一种用来缠绕上等生丝，另一种用来纺丝，还有一种用来把最好的意大利生丝完美地进行加捻，这在英国以前从未有过"。次年，洛姆贝创立了一个新工厂——Lombe's Mill，并将自己的机器模型存放在公共机构中。

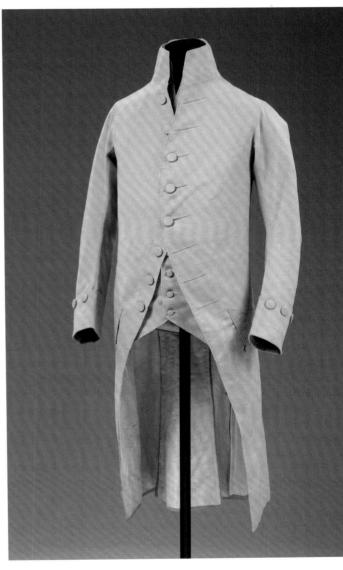

图11（左图）　宽松合身的休闲长袍，织锦缎；丝绸由中
国织造，服装由英国或荷兰裁剪制作，1720—1750年；
V&A博物馆馆藏编号：T.31-2012

图12（右图）　外套及背心，羊毛材质；英国制造，
1795—1805年；V&A博物馆馆藏编号：T.122-2015

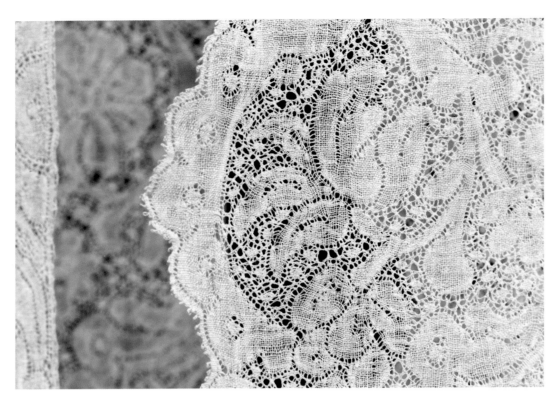

图13（上图） 机织蕾丝花边（细节），亚麻材质；法国瓦朗谢纳（Valenciennes）❶，1730年；V&A博物馆馆藏编号：T.64-2008

图14（下图） 雅各布·范·雷斯达尔（Jacob van Ruisdael,1628—1682），《位于哈勒姆的布料漂白工厂》（View of Haarlem with Bleaching Grounds）；油画，绘于1670—1675年；荷兰海牙莫里茨皇家美术馆（Mauritshuis）藏

❶ 法国的蕾丝生产集中在法国北部城市瓦朗谢纳和阿朗松（Alencon），这些城市的名字被用来描述当地特有风格的蕾丝。瓦朗谢纳蕾丝与其他法国蕾丝一样是成片编织而成的，因为此地盛产亚麻纱，所以瓦朗谢纳蕾丝通常都是采用亚麻纱编织。把它和其他蕾丝区别开来的是它独特的渔网状图案。传统的法兰德斯式瓦朗谢纳蕾丝能够做到网状线条平整、镶边平滑紧密，网眼形状是钻石状。

质最好，但这种本土羊毛却不具有西班牙美利奴羊毛（Merino）的柔软性和柔韧度，而进口的西班牙美利奴羊毛则用来生产最高等级的"超精细"织物。林肯羊毛（Lincoln）和莱斯特羊毛（Leicester）的优点则是羊毛纤维较长。羊毛织造方式包括粗纺和精纺两种。粗纺毛织物由短绒纤维制成，经过"梳理"之后的短绒纤维相互交织与黏合。经过处理后的织物表面最终呈纤维化与肌理化。金毛精纺面料（Worsteds）是一种由精梳后的长绒毛纱互相编织排列而织成的毛织物，织物表面光滑亮丽，致密紧实。大致上看，粗纺产业位于英格兰西部、东安格利亚、约克郡和兰开郡，精纺产业则位于诺福克。然而在18世纪，约克郡和兰开郡的部分地区扩大了其经营范围，开始生产粗纺和精纺两种类型的毛织品。艾尔河、考尔德河和科尔恩河则为羊毛的精练、漂染和机械化生产动力提供了丰富的水资源，支撑着英国的羊毛生产。[16]

毛织物富有弹性使其特别适合剪裁制板。毛料是男装的主要面料。最初，毛料服装主要在类似户外旅行、休闲运动等非正式场合穿着，加上适当的配饰之后才能作为正式服装穿着。自18世纪70年代中期开始，男装逐渐变得朴素，并开始流行用非常细腻的单色毛料制成的背心和马裤（图12）。背心和马裤成为非常典型的英伦风服饰，其确立了英式男装与英国毛料在时尚界的地位。致密紧实的精纺毛料的防水性可以抵御各种恶劣的环境气候且男女皆宜。与男装相比，女性时装则适宜使用较轻盈的面料。17世纪后期，女性时装减少了毛织物的使用，取而代之的是丝织物和从印度进口的摩擦轧光印花棉布（chints）以及英国仿制的印花棉布与亚麻布。[17]

亚麻与羊毛一样，都是织造服饰面料的主要原材料。考古研究表明，麻纤维提取自亚麻（一种草本植物），这种植物距今约有34000年历史[18]。亚麻的生长受益于肥沃的土壤、潮湿的环境以及紧密的种植方式，并且可以在种子未完全成熟前及时收割。麻纤维从1~2米长的束状亚麻中提取，麻纤维生长在亚麻植物的中心层与外层组织（表皮）之间。在收获亚麻植物后，将干燥的茎秆浸入水中以分解木质部分。将干燥的茎秆暴露在晨露中，或通过注水来分解植物中的亚麻纤维，当然，也可以将植物的茎秆放入水池或溪水中浸泡。然后，将植物再干燥后将茎秆弄散，除去秸秆并获得纤维。最后，对纤维进行精梳使它清洁整齐，以便用于纺纱。亚麻纤维具有良好的韧性、光泽度和吸水性，而且能

够有效散热，但却缺乏弹性。干式纺纱法能够获得韧性更好的线，而在生产中用唾液或水湿润纤维的湿式纺纱法则会使麻纤维的长度得到较好拓展。[19]湿度对亚麻织物的生产至关重要，它可以有效地防止麻纤维脆化。一旦织造完成，亚麻布可以在高温下洗涤，而这种耐高温洗涤的特点使亚麻织物非常适宜制作贴身服饰。

17~18世纪，最优质的亚麻来自荷兰、法兰德斯（比利时）、法国和德国。虽然在英格兰、苏格兰和爱尔兰都有种植亚麻，但英国却更依赖从欧洲进口亚麻。亚麻布的品质与价格多种多样。亚麻的种植与加工方式、纺纱工和织布工的专业素养，以及织物漂白的方式和特点等，都会影响到亚麻布的质量。富裕阶层与时尚人士非常喜爱经过漂白、质量上乘的亚麻织物，其质地往往细腻均匀，经过洗涤后仍能保持其纯白度与质感。最好的亚麻漂白场地位于荷兰哈勒姆附近。在雅各布·范·雷斯达尔●的画中，哈勒姆附近长满草的沙丘上铺满了亚麻布（图14）。复杂的漂白工序要依赖当地的生态系统，亚麻布漂白的过程可能需要长达6~8个月。乳品工业生产中的酪乳与沙丘中的矿物质结合在一起，可以使亚麻布料形成纯度极高的白色。[20]

亚麻布适用于制作各种各样的服饰，如男式衬衫、女式无袖内衣、马裤衬里、束腰和衬裙，长袍和背心，以及围裙、手帕、帽子、领巾和蕾丝等配饰。那些追求时尚潮流且具有经济实力的人通常乐于以亚麻蕾丝作为服饰的点睛之笔。法兰德斯能够生产质量最上乘的制作蕾丝用的亚麻线。到了17世纪末，法兰德斯不同的地区可以产出多种风格的蕾丝，如布鲁塞尔蕾丝❷（Brussels）和梅希林蕾丝❸（Mechlin or Mechelen）。以前隶属于法兰德斯的法国瓦朗谢纳地区出产一种以特别精致的亚麻线制作的蕾丝，这种生产方式即传承自法兰德斯的蕾丝传统工艺。由于瓦朗谢纳地区生产的蕾丝对亚麻线的质量要求高并且不可以多人同时协作，只能单线生产，所以瓦朗谢纳蕾丝的产量较低。在V&A博物馆的收藏品中，有一组生产于瓦朗谢纳的蕾丝饰品。这件蕾丝饰品向我们展示了这种亚麻细线可以编织出图案的密度（图13）。不同寻常的是，编织这件蕾丝饰品使用的是长度超过5米的整根亚麻线。

16世纪以来，英国开始进行棉麻混纺，最初这些混纺的织物用来制作室内纺织品或家具纺织包布[21]。棉布一直在全球范围内进行贸易流通，这

---

❶ 雅各布·范·雷斯达尔，是荷兰风景画家，出生在哈勒姆，父亲是一名艺术品商人。他极为擅长捕捉大自然的力量与活力。许多风景作品，如《倒树》（Fallen Tree）和《林景》（Forest Scene），成为19世纪欧洲风景画家们效仿的典范。雷斯达尔对自然景致有着准确的观察，在《哈勒姆麦田》（View of Haarlem，Wheat Fields）等全景式荷兰乡村风情作品中，以写实的笔法刻画的云彩占据了主导地位。他还经常使用明暗对比法，以增加作品的戏剧性和情感力度，如《墓地》（The Cemetery）和《迪尔斯泰德附近的韦克磨房》（The Mill at Wijk near Duurstede）等。

❷ 布鲁塞尔蕾丝，与所有的棒槌针织蕾丝一样，是整片编织、一次成形的，纹样通常精致纤细，有浓重的女性气息，十分唯美。因为它采用了最上等的亚麻在暗室中编织，以免阳光直射造成氧化，让织物泛黄；而且它的织法非常繁复精细，不可能被机器代替，甚至很难被学会。除了图案之外，布鲁塞尔蕾丝的网眼形状也十分百变，从不拘泥于单一的样式，因而它也不可能得到广泛的流传。物以稀为贵，布鲁塞尔蕾丝的身价因此始终悬高位而不动。

❸ 梅希林蕾丝，比利时产的一种有明晰图案的精致蕾丝，常织成六边形的细小而坚硬的花边。

一点与丝绸贸易类似，而大多数棉布则产自印度。棉布带给人们柔软、舒适、轻便的感觉，在吸收大量水分后棉布才会开始变得潮湿，并且它的导热系数很低，这就使棉质服饰具有冬暖夏凉的功效。棉织物便于清洗，易干燥，还可以高温熨烫。棉花属于棉属植物，在春天栽植，6~7个月便可以收获。棉花在种植8~10周后就会开花，种子荚（圆荚）便会从受精后的花蕊中生长出来。当圆荚成熟以后就会爆裂，露出覆盖在种子上细软的棉花。在机械化生产之前，棉花生产的工艺会因产地和所需生产的布料不同而采用不同技术手段，包括从棉花种子上剥离棉纤维，制备、纺纱到纺织纱线等生产环节的差异。[22]

英国过去会进口原棉、纱线和棉布。在如今这样一个织物色彩鲜活丰富、数字印刷技术成熟的时代，我们很难想象在17世纪那些从印度进口的印花布料（棉布）带给当时人们的惊喜。1696年，在《商人开放的商铺》（The Merchant's Ware-house Laid Open）一书中，作者曾就那些印度进口印花布的图案与染料赞扬道："织物上所有的图案，无论是鸟兽还是抽象纹样都以精妙的色彩印刷，如果不是经常性洗涤的话，这些牢固鲜艳的色彩甚至可以保留至布料损毁。"[23]为了适应英国人的审美，这些棉布上独特的纹样进行了调整，但这些纹样还是因富含异域文化特征而独具设计特色（图15）。英国建立的东印度公司从印度进口了各式各样的棉织物。这些棉织物的密度、质地、颜色、图案、用途和价格各异，其能够满足社会各阶层多种消费水平的人的不同需求。[24]

印度产彩色印花织物在欧洲的广泛流行促使欧洲各国丝绸业与羊毛业试图去获得政府的保护。1700年，英国议会通过一项法案来禁止除白棉坯布以外的所有亚洲纺织品的进口。位于伦敦泰晤士河沿岸的英国国内纺织印染业是这项法案直接的受益者。在吸收印度改良染色技术的基础上，印染工人使用欧洲传统木刻雕版法印染花布。据估计，到1719年，白棉坯布的进口量增加了四倍，达到200多万件，如此巨大的进口量使丝绸行业与羊毛行业加大了对棉织物的抵制力度。[25]于是1721年，英国议会进一步立法，全面禁止英国进口、销售、使用以及穿着印花棉布，但是允许在亚麻布和粗厚棉布（一种经纱为亚麻、纬纱为棉的织物）上进行印花生产。虽然英国纺织印染厂用了很长时间才精通棉布染色与印花，但对于消费者而言，英国产印花棉布有着与印度产印花棉布相似的吸引力。这些织物非常实用，并且颜色与图案的设计风格各异，最重要的是其价格比较实惠。[26]

英国棉花的生产总部设立在兰开郡。由棉和麻联合制成多种混纺织物，这些混纺织物是对一种名为"Cherryderry"（音译为查瑞德瑞）的印度织物的仿制，Cherryderry是一种以丝为经纱、以棉为纬纱的混纺织物，通常用来制作女装和手帕。纯棉面料也分为很多种类，包括一种名为曼彻斯特天鹅绒（Manchester velvet）的织物在内，其经常被用于制作马裤及背心等。一件前片为丝质天鹅绒，后片为棉质天鹅绒的男装背心（图16）展示了这种织物是如何在高级奢华的服饰上被作为替代面料使用的，被着装者外套遮挡住的背心后片往往就是用普通的亚麻布等造价相对低廉的织物制作。1774年之后，关于棉纺业生产的禁令被取消，为了供应国内消费，印花棉织物重新开始在英国生产。

英国织造纯棉布料的经纱皆由印度进口，因为英国的手工纺纱技术无法制作出满足生产需要的、足够长度与强度的经纱。詹姆斯·哈格里夫斯（James Hargreaves）研制的珍妮纺纱机（制造于1765年，1770年获得专利）和理查德·阿克莱特（Richard Arkwright）研制的水力纺纱机（制造于1767年，1769年获得专利）以及塞缪尔·克朗普顿（Samuel Crompton）研制的走锭细纱机（1779年），这一系列越来越高效的纺纱机的出现解决了英国无法生产符合要求的棉质经纱的技术问题。当埃德蒙·卡特赖特（Edmund Cartwright）在1785年为其研发的蒸汽动力织机申请专利时，就已预示着在19世纪将要实现的纯棉产品大规模生产。在河流湍急的地区，水力则可以代替蒸汽成为更实惠的动力源。1771年，阿克莱特在德比郡风景秀丽的德文特河旁的克罗姆福德建造了第一座水力纺纱厂。随后，第二个水力纺纱厂马森（Masson）也在1783年紧跟着建造起来。以蒸汽为动力的成本主要取决于当地煤炭的价格，虽然人们从18世纪90年代末期就开始使用蒸汽进行纺织品生产，但与以水为动力的成本比较，蒸汽动力的成本仍然十分昂贵。

除了上述的这四种主要纤维外，还有许多其他材料被应用到人们的日常服饰中。从17世纪晚期到1795年左右，时尚的女性胸衣（紧身胸衣的前身）以及用来支撑女式裙子的加宽环形衬裙均使用鲸骨来实现加固与塑型（图17、图18）。鲸骨是鲸须的俗名，是在须鲸类上颚发现的角质板。这些角质板长达3.5米，外层包裹着像过滤筛一样的鲸须毛，其主要作用是可以从鲸鱼的食物——浮游生物和磷虾中把海水过滤出去。鲸须坚固耐用，重量轻。制作鲸骨的过程是：首先把这些角质板分离出来，然后去除上面的须毛并清洗干净，然后将角质板浸泡在热水中以使其变得柔软，便于切割与制作。

马鞭、伞骨和一种被称为"折篷式大兜帽"的圆拱形帽脊支撑架都是由鲸须制成。鲸须的价格取决于鲸鱼的供应情况。1736年的一家报纸报道："由于荷兰人今年在格陵兰海岸捕获的鲸鱼数量不到去年的一半，在短短的时间内，鲸骨价格就已增长了30%；但改穿藤条制裙撑的女士逐渐增多，这使鲸骨的需求逐渐减少。"[27]许多鲸骨销售商出售从东印度洋群岛进口的藤条，因为它可以替代鲸须，同样在服饰上起到支撑作用。[28]除了鲸须在服饰上的使用价值外，鲸鱼体内的鱼油和鲸脂还可以用来照明、制作肥皂、润滑机械以及制作皮革和布料。也正是因为这些珍贵的鱼油和鲸脂，鲸鱼

图15（第32页）　卡拉克短上衣（Caraco）和衬裙，面料为防染与媒染工艺结合制作的印花棉布；印度（面料）和英国（服装板型）制作，1770—1780年；由卢克·费尔德斯爵士（Sir Luke Fildes KC）提供；V&A博物馆馆藏编号：T.229-1927

图16（第33页）　背心，丝质天鹅绒前片与棉质天鹅绒后片；17世纪50年代由法国或英国制作；V&A博物馆馆藏编号：T.197-1975

图17（右图）　紧身胸衣的表面与内里，丝绸为面，亚麻为里；英国，18世纪80年代；由E.兰德尔夫人（Mrs E.Randall）提供；V&A博物馆馆藏编号：T.56-1956

图18（第36~37页）　尼克·维西（Nick Veasey），紧身胸衣的X光照片；英国，2016年；V&A博物馆馆藏编号：T.56-1956

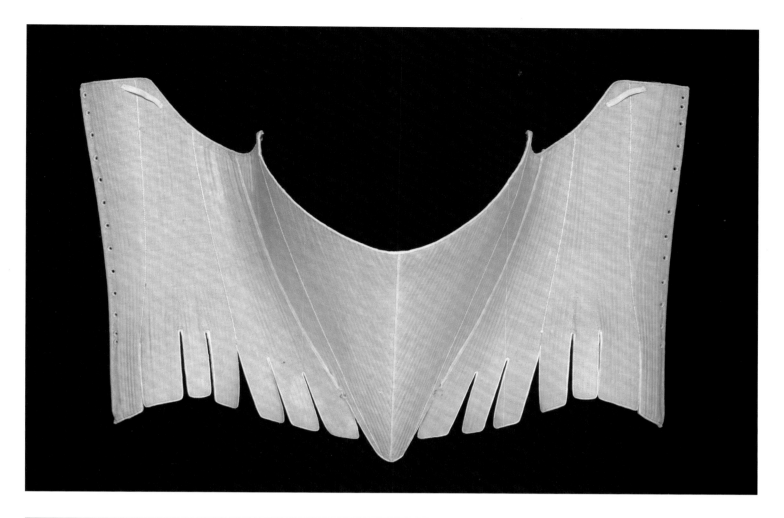

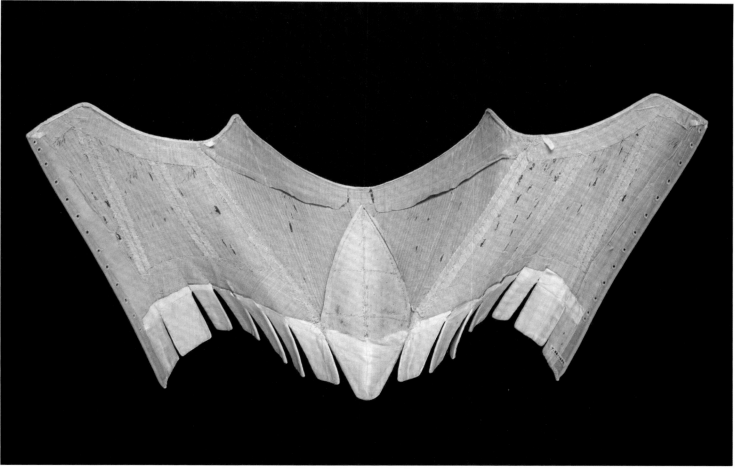

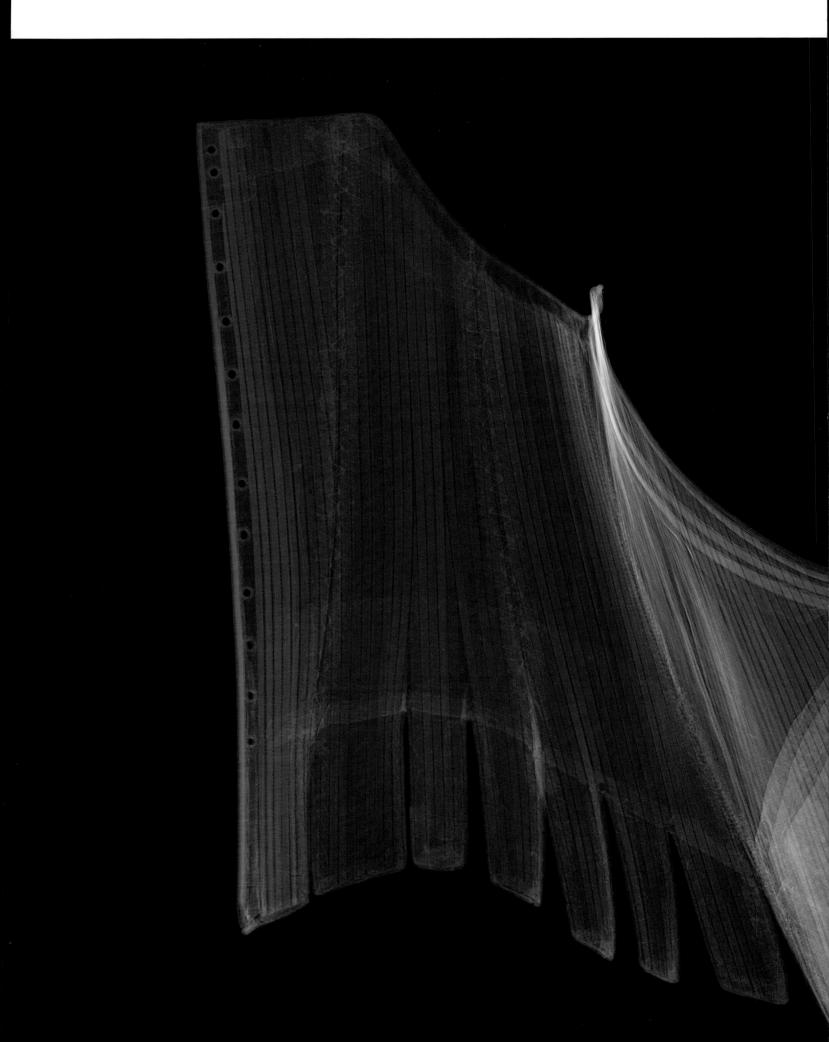

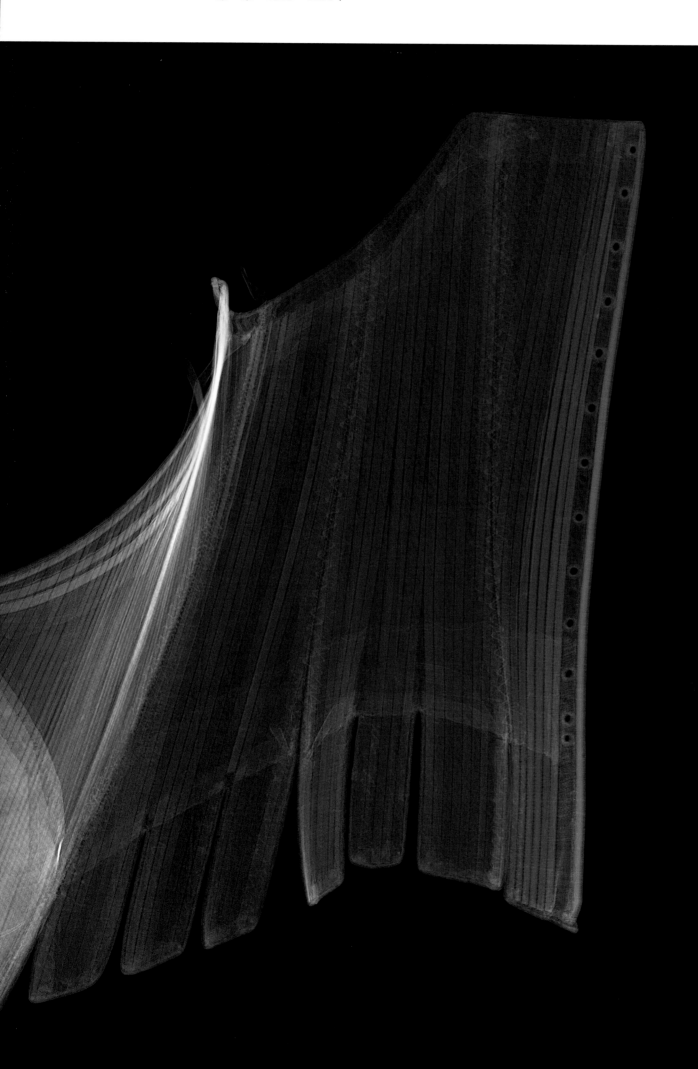

持续被猎杀。此外，鲸须上的须毛还可以用来制作室内装饰品，抹香鲸的颌骨还可以用来制作拐杖。

其他动物也在牺牲它们的皮毛来为人类提供时尚，无论男女都会选择皮草衬里的服装，并佩戴毛皮围巾和皮帽。女性尤其喜欢将动物的头部、爪子和尾巴结合起来制作的配饰或围巾。使用动物的整件皮毛能清晰地展示出动物种属及其蕴含的昂贵价值，同时毛皮的形状、重量和质地也因多样化加工方式而减少了毛皮使用的浪费。毛皮充满感性的、情欲的吸引力，部分原因与它具有野性、不易被驯服的天性有关。文西斯劳斯·霍拉（Wenceslaus Hollar，1607—1677）通过逼真的蚀刻版画展现皮毛的材质：坚硬光滑的外层粗毛与柔软的下层绒毛的不同纹理被清晰地对比出来，色彩的深浅变化展现出柔软的动物身体所带来的体积感（图21）。皮草因其保暖性和奢华的外观而广受欢迎，而那些如紫貂皮和白貂皮等价格高昂的皮草，则因其独一无二而备受推崇。

除了林肯郡的养兔场饲养兔子外，英国几乎没有用来进行贸易的毛皮动物，大多数的毛皮是从俄罗斯、斯堪的纳维亚半岛和波罗的海各国进口的。主要用于制作毡帽的欧洲海狸数量逐渐下降以来，英国与法国开始竞争北美这一海狸的新供应点。英法两国都成立了贸易公司以便从美洲原住民那里购买毛皮，那些原住民非常了解当地的生态环境，并且擅长捕猎，这使得他们可以在严冬中生存下来。到17世纪80年代，英国的哈得逊湾公司（Hudson's Bay Company）已经运送充足的毛皮回国以供应国内的毡帽市场，甚至在此基础上还开展了一项皮毛帽子出口的重要贸易，这种贸易一直持续到18世纪中期。

海狸制成的这种毡帽备受欢迎，社会最高层的男女骑马和步行时都佩戴这种帽子。塞缪尔·佩皮斯（Samuel Pepys，1633—1703）在日记中谈到，时尚的外表带给他很强的自我认同感，甚至对他的事业前景有着十分重要的影响。他还写到，自己在1662年购买了几顶海狸帽，以及一顶二手皮草帽："威廉·巴顿爵士（Sir William Batten）的旧帽子是一顶非常棒的帽子，为此我支付了不少钱，但我乐于如此。"[29]

海狸毛茸茸的底层绒毛非常适合制毡（图19）。在去除表层的粗毛后，将下层绒毛从毛皮上剪下来或撕下来。毡合法制作的第一步需要不停地搅动这些绒毛，使得动物绒毛上的鳞状角质纤维均匀地混在一起，层层叠叠。在染整前，用水分、热量和压力对毛毡进行缩绒、加固和定型。由海狸绒毛制成的这种毛毡可塑性较好，可以塑造成宽檐高冠形的毡帽（图20），即使暴露在潮湿的天气中或经受长期使用的磨损也可以保持其原有的造型。

配饰是时尚装扮最后的点睛之笔，许多配饰都是由豪华的进口材料制成。其中包括象牙、龟壳及珍珠母。象牙主要来自非洲象和亚洲象的牙齿。象牙的密度非常大，这使它能够被塑造出适宜的造型，通过钻孔或雕刻，象牙以各种各样的造型方式呈现出精美的细节。象牙即使被切成非常薄的横截面也不会轻易断裂，而且运用水蒸气加工可以使它永久地弯曲。英国与法国都从亚洲进口象牙，或者通过加勒比海的运奴船从西非进口象牙。[30]法国北部城市迪佩普（Dieppe）的象牙雕刻技术十分卓越。中国工匠们雕刻与加工的象牙多来自非洲、印度和东南亚。从17世纪初开始，葡萄牙、荷兰和英国的商人会把象牙带到广东，广东成为中国最重要的象牙加工生产中心，为国内市场与出口贸易提供服务。广州的作坊也使用珍珠母来生产和装饰物品，珍珠母是某些软体动物分泌的一种软质层状物质。珍珠母大部分产自南海，在印度洋和波斯湾等水域中也有发现。珍珠母因其拥有多变的颜色与光泽而闻名。在拆除坚硬的珠母贝的外壳后，可以对珍珠母进行雕刻和抛光。在英国产的珍珠母多由东印度公司供应原料。

"龟甲"，更准确地说是龟壳，是从热带和亚热带的某些种类的海龟背甲的延长板上获得的，这些延长板可以形成保护龟体的外壳。龟背上的甲板（甲壳）颜色为深棕色、琥珀色和红色，而底部（腹甲）通常是透明和黄色的（"金色"）。有三种海龟的甲壳经常被用于制作装饰品：具有最好鳞片的玳瑁（鳞状玳瑁），赤蠵龟（红海龟）以及绿蠵龟（绿海龟）。龟甲的价值在于它的颜色、透明度以及抛光后可以获得的光泽。它是一种角质材料，很容易锯开并且具有热塑性，这些特性与鲸须类似。龟壳在加热时会变得柔软，可以融合在一起进行塑形；一旦冷却下来，龟壳会保持这种新的形态。英国从加勒比海进口龟壳。

上述所有的材料都可以用来制作或装饰服装配饰，包括扇子、鼻烟壶和手杖，配饰使得这些物品不仅仅局限于实用的层面而且极具豪华性。在时尚人士的装扮中，手杖扮演着极其重要的角色，这就使得人们会频繁购买不同样式的手杖。法国哲学家和作家伏尔泰（Voltaire，1694—1778）据说拥有80根手杖[31]。手杖的把手和杆通常由不同的材料制作而成。杆的部分通常会使用藤条、硬木、象牙和兽角。而把手的材质通常则会选择镶嵌着银或珍珠母的象牙或龟壳。扇子中的一些部件也是由各种材料制成的。最具装饰性且最昂贵的扇子的扇骨和护罩通常由象牙、龟壳或珍珠母这些材料组合制成。有些扇子还会进行额外的雕刻，以镀金、涂色、贴锡箔以及镶嵌珠宝等方法进行装饰。在折扇上，贴在扇骨上的扇面与装饰品必须是可折叠的材料，如牛皮、纸或织物等。平常的扇子一般采用绘画装饰，同时也可以将珍珠母的长条、麦秆和金属片（亮片）作为装饰，用这些材质装饰的扇面可以反射光线，使扇子看起来闪闪发亮。中国为欧洲市场生产了许多扇子的扇骨，这些精雕细琢过的扇子反映了东方工匠对西方审美品位的理解（图22）。

图19（左上图）　野生海狸

图20（右上图）　男女通用的海狸毛毡帽；产于英国，1590—1670年；由斯皮克内尔夫人（Lady Spickernell）提供；V&A博物馆馆藏编号：T.22-1938

图21（下图）　文西斯劳斯·霍拉作品《一组暖手皮套筒及皮草服饰》；安特卫普，1647年；V&A博物馆馆藏编号：E.7095-1908

图22（右图） 画着伯沙撒盛宴（Belshazzar's Feast）的扇子，牛皮纸上的水彩画，象牙雕刻的扇骨；法兰德斯或意大利制作的扇面，中国制作的扇骨，1700—1725年；由罗伯特上将（Admiral Sir Robert）和普伦德加斯特夫人（Lady Prendergast）提供；V&A博物馆馆藏编号：T.22-1957

图23（第42页） 约阿希姆·韦奇曼（Joachim Wichmann，已知在世期17世纪70~80年代），《捕鲸业》（The Whale Fishery），雕刻版画，约1683年；皮博迪埃塞克斯博物馆馆藏

时尚对自然界的影响

　　到了1800年，时尚产业的生产过程以及其对原材料不断增长的需求开始对环境和一些动物种群产生影响。我们可以从报纸上看到许多公众对纺织品工业所造成的污染而感到不安。工业化的普及也引起了社会学与美学尤其是生态美学领域方面的关注，但是对于大多数人来讲，这些"微不足道"的负面影响都会被它带来的经济利益所掩盖。[②]人们对动物的态度一向众说纷纭，但18世纪下半叶，人们从宗教、道德以及政治角度探讨人与动物之间的关系，使人与动物间的矛盾日益彰显。某些不愿妥协的人，尤其是卫理公会教徒，谴责人类对动物的残忍行为，并认为无论是家养动物还是野生动物都应该被人道对待。哲学家杰里米·边沁（Jeremy Bentham，1748—1832）[❶]则更激进地提出应该通过立法保护动物不受虐待[③]。尽管他们的观点非常具有影响力，但对于贸易商和生产商来讲，动物的经济价值才是放在第一位的。那些关于捕鲸的图像通常表现鲸鱼血淋淋的尸体，但这些图像的立场却是以人类为中心的。这些图像表达的主旨是赞扬那些对工业发展与国家财富做出贡献的人，他们鼓起勇气，与恶略的天气与危险的海洋作斗争，冒着生命危险捕捞鲸鱼（图23）。

　　过度捕捞对物种带来的影响已显而易见。早在17世纪，由于欧洲野生海狸的数量急剧减少，已不能再满足人们的需求了。同样，随着人类对鲸鱼产品需求的增长，在格陵兰岛（Greenland）

───────

　　[❶] 杰里米·边沁，英国的法理学家、功利主义哲学家、经济学家和社会改革者。他是一个政治上的激进分子，亦是英国法律改革运动的先驱和领袖，并以功利主义哲学的创立者、一位动物权利的宣扬者及自然权利的反对者而闻名于世，创造了"国际化"（International）一词。他还对社会福利制度的发展有重大的贡献，主要作品包括《道德和立法原则概述》《赏罚原理》等。关于动物权利方面，边沁论证说动物的痛苦与人类的痛苦其实并无本质差异。只要制造出痛苦，便是不道德的，而人类施加于动物身上的暴行，并无正当性。

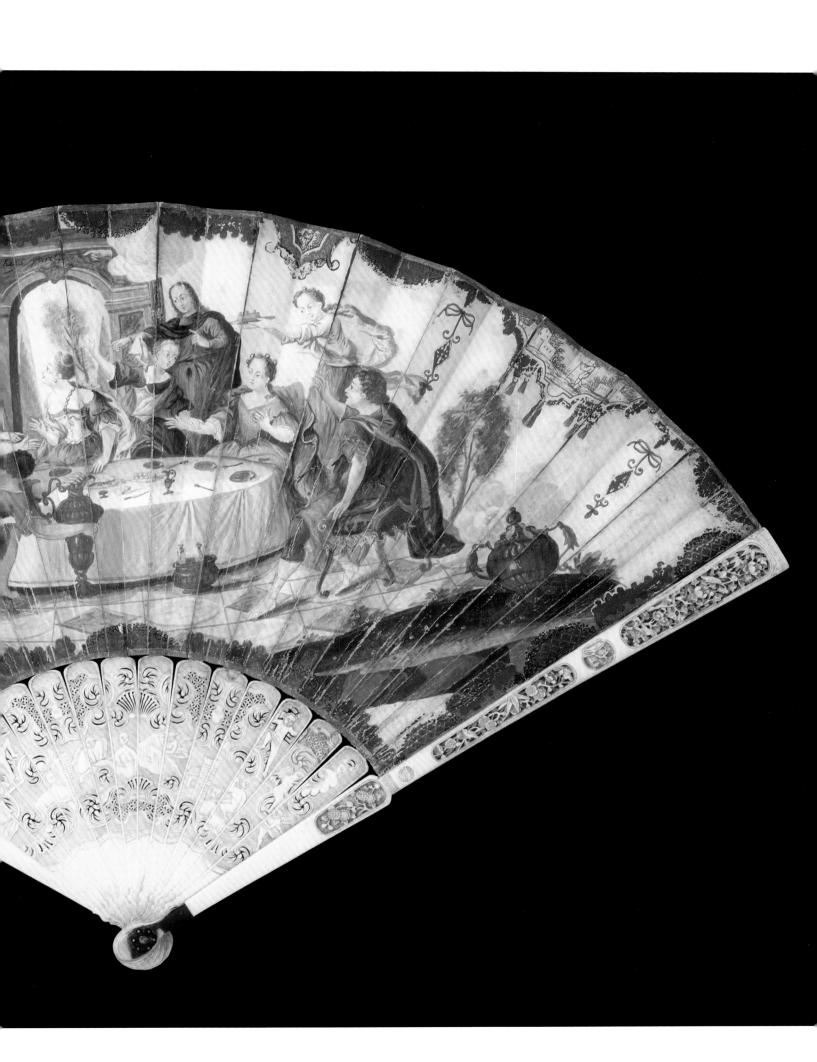

和斯匹茨卑尔根岛（Spitzbergen）附近海域靠近海岸游动的鲸鱼也越来越少。当捕鲸船越来越深入海洋内部时，这些鲸鱼也越退越远：从北极水域进入北大西洋，最终到达北部巴芬湾（Baffin Bay）危险的浮冰区。鲸鱼遭受着长期而残酷的猎杀。捕鲸的过程如下：首先把固定在长绳上的倒钩铁鱼叉从长艇上抛出，鱼叉会扎进鲸鱼的身体，然后捕猎者把长绳拴在船上在海中拖曳鲸鱼。当鲸鱼试图通过潜水逃跑时，小船会与它保持一定的距离，当鲸鱼筋疲力尽时渔船会再次靠近，并用长矛将其杀死。大象也因为人类对象牙的需求而遭到捕杀。在19世纪后期引入大口径猎象枪之前，人类需要多次射击才能杀死大象。经验丰富的猎人都会直接瞄准猎物的肺。[34]

在英国国内，纺织品行业对水的依赖也对环境造成了影响：从生产的准备阶段一直到制作完成，纺织品生产中的许多工序都会导致水污染。以亚麻生产为例，在水池或溪流中使亚麻脱胶以分离其木质部分会导致纤维腐烂，产生刺鼻的气味。当成捆的亚麻茎秆腐烂时，它们会影响水流和水质。因为涉及化学用品，纺织品的染色环节对水质的破坏最为严重。例如，在生产彩色羊毛面料的约克郡，利兹与亚耳河及其支流沿岸的村庄水质污染十分严重。1783年，当地报纸《利兹情报员》（the Leeds Intelligencer）刊登了一封匿名信，信中提到因染色污染的水源对公众健康的危害。这封信的内容强烈要求该镇的治安官员和那些有社会影响力的人解决水污染的问题。居民的用水受到许多染料的污染，这些染料中含有"如浓硝酸、硫酸酒精、铜绿、绿矾这样的有害物质，也含有包括人类排泄物在内等许多其他有毒或有害物质。"[35]这些受到污染的水影响着人类的生活以及河流的生态系统。

从蚕茧到宫廷：
18世纪的礼服裙（曼图亚）

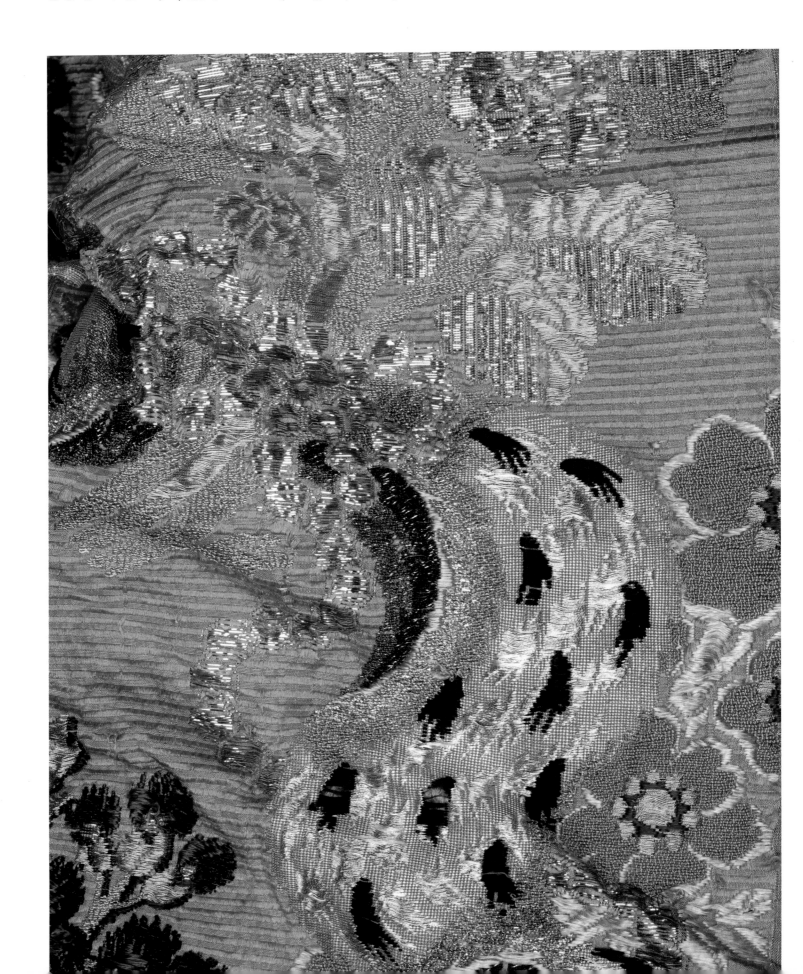

莱斯利·埃利斯·米勒[1]（Lesley Ellis Miller）

[1] 莱斯利·埃利斯·米勒，维多利亚与艾尔伯特博物馆纺织品与时尚部的高级研究员与策展人。出版有专著《巴黎世家：塑造时尚》。

这件华丽的宫廷礼服裙（曼图亚）是真正意义上全球合作的产物（图29）：服装的原材料来自美洲、亚欧大陆以及中东地区；其布料和装饰品则可能是由法国或英国制造；服装的结构造型几乎可以确定是伦敦设计制作的。尽管近250年来这件质感丰富的丝绸服饰大部分时间都是在被收藏保存，但它现在仍旧色彩鲜艳生动。这件礼服裙上绣着许多银线和镀金银线，它们仍旧闪闪发光，深色的貂尾从略失光泽的银色蕾丝中探出。这件服装最初的剪裁和结构均符合18世纪英国伦敦宫廷中较为刻板僵化的着装要求。[1]而后，这件服装可能曾为了参加19世纪的化装舞会而被改动过，这样的改动和剪裁是为了符合新穿着者的身形以及新的着装目的。

这件礼服裙最初很可能是为某位英国社会精英或政治精英而设计的，她会穿着这件礼服去参加皇室在圣詹姆斯宫（St James's Palace）或其他地方组织的正式社交活动（图25）。[2]这些款式过时的服装往往被人们从绸缎商的仓库或系列样品单中挑选出来加以翻新，装点上流行的丝绸和配饰。这些被选中的过时的丝绸服饰或面料被送到女装裁缝那里，加工成一件完美合身的新礼服。由于那些被翻新的丝织物造价高昂，所以裁缝在进行翻新改装时会将面料余量捏成褶皱后用连续的针脚将其缝合在一起，不到万不得已绝不会对原有的面料进行剪裁。如此，这些被翻新后的织物或服饰在回收后将很容易被拆开。

17~18世纪，丝绸的图案设计会应和季节而改变。因此，这些带有应季时尚信息的织物会即刻告知诸位时尚达人，该女士穿着的曼图亚礼服裙是否为最新的流行时尚。图29引中的这件礼服裙于1760~1765年被首次穿着，因为有许多此期的欧洲丝绸上都流行以有花束的卷曲花纹图案做点缀。[3]里昂是法国主要的丝绸织造中心，里昂以生产混合金银线织造的丝绸与时尚的图案设计而闻名。[4]然而伦敦东区的斯皮塔菲尔德的织布工们则认为，进口法国丝绸威胁到了他们的生计。尽管夏洛特女王（Queen Charlotte）在这一时期鼓励女士们"购买英国本土生产的丝绸"，以支持伦敦斯皮塔菲尔德的纺织厂，但从礼服裙使用的这种特殊的面料和图案分析，这些丝绸很可能产自法国里昂。[5]

这种丝绸面料仅适用于制作宫廷礼服和宗教法衣，并且丝织品经常会被回收以获取其中的金属丝线，而这些金属则是制作硬币的必备元素，因此，这类纺织品往往无法大量留存下来。[6]即便在宫廷范围内，这类织金丝绸也是极尽奢华的。正如伊丽莎白·蒙塔古（Elizabeth Montagu，1718—1800）描述她的那件相对朴素的裙子一样："这件白貂皮镶边的蓝色平纹绸礼服裙装饰着精美的蕾丝和宝石，虽然貂皮于我而言花费很少，但它还是使我成为一个受人尊敬的人。"[7]在这个社会阶层，貂皮镶边的衣服和时髦的披肩（图26）只搭配特殊的服装，如皇家加冕礼的斗篷。[8]从北美或俄罗斯进口到西欧的貂皮是白鼬的冬季毛皮[9]，从白色毛皮中凸显出来的黑色尾巴就是这种奢华皮草的特征。

在这张肖像画中的礼服裙仅使用了白鼬皮草的黑色尾巴部分，其被嵌入到银质蕾丝花边内，装饰在颈部和服装前部。这一设计理念与丝绸缎带的图案完美地融合在一起，缎带上的条纹图案以相似的手法凸显了貂皮的特征：黑色的尾部上装饰着波浪状纹理的银质丝带（图24）。这种贵金属来自比白鼬产地更南部的地区，可能来自著名的波托西银矿（现位于玻利维亚）。自16世纪西班牙殖民秘鲁以来，波托西银矿就一直在被开采。[10]银被广泛运用于四种不同的金属丝线当中，这些银丝被织入丝绸而使丝绸成为当时欧洲第二昂贵的织物。[11]在英国，一件类似的本土产连衣裙的价格可能相当于一名熟练技术工人一年的收入，而类似的法国织造的合法进口连衣裙的价格可能是这个数字的两倍。[12]

即便不把其中含有的金属价值考虑在内，这种织金锦的价格也十分昂贵，因为生丝是进口的，而且需要经过一系列耗时且高技术的加工过程才能够生产出丝织物。养殖桑蚕可以获得生丝，法国的桑蚕养殖行业从未满足其国内的纺织业需求（图27）。根据德尼·狄德罗（Denis Diderot）[1]所著的《科学、美术与工艺百科全书》（Encyclopédie）记载，直到18世纪中叶，每年有6000捆蚕丝进入里昂：其中1600捆来自西西里，1500捆来自意大利，1400捆来自黎凡特（中东），300捆来自西班牙，剩下的1200捆则来自法国南部。[13]蚕丝通过帆船和马车由海陆两路运送而来，一经运到就会被捻成丝线，随后这些一股股经过加捻的丝线就会经过染色，制作成经纱和纬纱；然后把这些丝线穿在纺织机上，准备纺织出那些设计好的图案纹样。最后织布工和其助手开始以每天仅几厘米的速度纺织布料。因此，制作一件上述样式的礼服所需的织物大约需要一个半月的时间织成。[14]相比丝绸漫长的生产织造过程，裁缝和她的助手（们）把面料裁制为服装却仅需三天时间。[15]

对环境而言，最具有危害性的制作工艺或许就是染色，因为在染色过程中需要按程序在一系列的脱胶桶与染色桶里浸泡（图28）。这些染料全部

图24　宫廷礼服裙（曼图亚，局部细节），丝、银和镀金银线制成；法国，18世纪60年代；V&A博物馆馆藏编号：T.252-1959

[1] 德尼·狄德罗（1713—1784），法国启蒙思想家、哲学家、戏剧家、作家，百科全书派代表人物，毕业于法国巴黎大学。德尼·狄德罗出生于法国东部郎格勒外省小城朗格尔的一个制刀师傅家庭，1732年获得巴黎大学的文学学士学位。毕业后他当过家庭教师，翻译过书籍，结识了卢梭等一批志同道合的启蒙思想家。1749年因出版他的无神论著作《给有限的人读的盲人书简》而入狱。获释后，他顶着压力主持编纂《科学、美术与工艺百科全书》，撰写哲学、史学条目一千多条。其主要作品包括《怀疑者漫步》《科学、美术与工艺百科全书》《论聋哑者书信集》《对解释自然的思考》等。

图25（上图） 乔治·诺贝尔（George Noble，已知在世期1795—1806年），《在圣詹姆斯宫廷中，一位女士觐见女王的仪式》（View of the Court of St.James's with the Ceremony of Introducing a Lady to her Majesty）；英国，18世纪70年代晚期到80年代早期；皇家收藏编号：R-CIN 750504

图26（右图） 艾伦·拉姆塞（Allan Ramsay，1713—1784），《埃弗拉德夫人》（Mrs Everard）；油画，绘于1768—1769年；由威廉·弗里曼（William Freeman）提供；V&A博物馆馆藏编号：1147-1864

来自植物或昆虫。有的染料原产于欧洲，有的染料则是从中东和南美进口而来。[16]丝线染色是通过使用媒染剂或固色剂进行的，而这些媒染剂和固色剂也是从自然中提取的。法国的丝线染色师认为，丝线的光泽度对于创制一种优质的丝绸色彩来说至关重要，而且染色之前对丝线进行全面脱胶也是十分必要的。脱胶的过程需要将丝线置于加入白色肥皂的沸水中"煮"至少三个半小时，并且把废水排入河流，然后在将丝线放入冷水和明矾的混合溶液之前通过清洗和拍打的方式排出残留的皂液。要染出优质的黑色丝线则需要超过四天的时间。[17]

这件礼服的色彩与百科全书中的记录相符：地色为暗粉色，这种色彩的染料来自红杉，也有可能是巴西红木；从红杉中提取的暗粉色与黄栌中提取的黄色混合为棕黑色，这种色彩中有一些铁元素的痕迹，可能是用来固色的；其他染料来源则还包括槐蓝属植物或菘蓝属植物以及青苔。[18]里昂的纺织从业者以其丝绸色彩的质感为傲，吹嘘称城市里的两条河流为染色提供了最优质的自然条件并恳请当局禁止向纺织竞争者们出口染色丝线。[19]

图29所示的这件礼服体现了当今时尚工业生产的一些特点，足以引起人们的关注：全球不可再生资源的开发、"有计划报废论"❶的提出以及向空气和水资源中排放污染物。[20]然而在当时，这些问题对环境的影响可能微乎其微，因为快速的时尚潮流的更迭仅存在于小批的精英阶层中。此外，在时尚商品交通运输的过程中也不使用会导致空气污染问题的化石燃料。

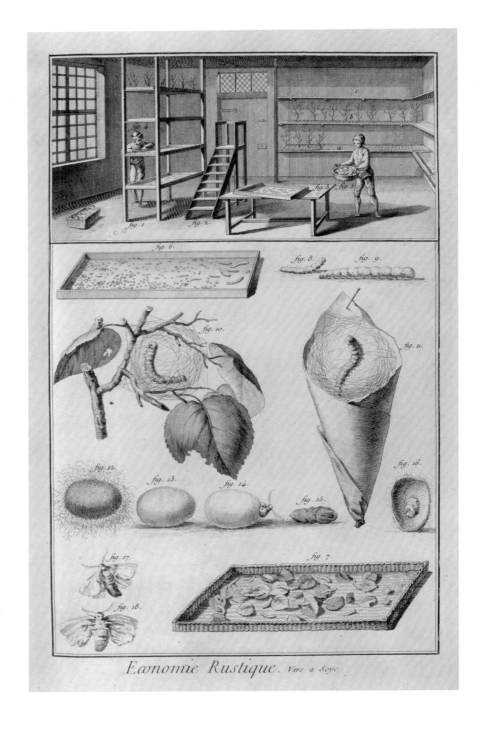

Économie Rustique. *Vers a Soye*

❶ 有计划报废（Built-in Obsolescence），商品制造出来就是为了被废弃的。该理念源于20世纪70年代左右在工业设计领域中的"计划报废"或"内建报废"，是一种人为限制产品使用寿命的规划或设计策略。在这种策略规划指导下，产品在一段时间后就会过时或不再起作用，从而使消费者放弃对产品的使用而去购买新的替代商品。该策略背后的基本原理是通过减少重复购买之间的间隔时间(称为"缩短更换周期")来产生长期销量。奉行这一战略的公司认为，这一战略带来的额外销售收入超过了研发的额外成本和现有产品线相互竞争的机会成本。

图27（上图） 桑蚕养殖的过程；德尼·狄德罗和让·勒隆德·阿伦伯特（Jean Le Rond d'Alembert）（编辑），《百科全书》第1卷《关于科学、自由艺术和机械艺术及其解释的印刷品汇编》；布里亚森（法国巴黎，1762—1772）；收藏于V&A博物馆内的英国国家艺术图书馆（National Art Library）

图28（下图）　河边染色厂，用于丝绸染色的夹具及各式各样的染色工艺流程；德尼·狄德罗和让·勒隆德·阿伦伯特（编辑），《百科全书》第10卷《关于科学、自由艺术和机械艺术及其解释的印刷品汇编》；布里亚森（法国巴黎，1762—1772），收藏于V&A博物馆内的英国国家艺术图书馆

Teinturier de Riviere, Atelier et différentes Opérations pour la Teinture des Soies.

图29（左图）　宫廷礼服裙曼图亚和衬裙，材质为丝绸、银线及镀金银线和貂皮；法国产丝绸及英国裁剪制作服装，产于18世纪60年代，曾于1870—1910年进行过改制；V&A博物馆馆藏编号：T.252 to C–1959

取材于自然:
1600—1800年

克莱尔·布朗
(Clare Browne)

几乎所有被生产出来的具有图案的纺织品，其设计灵感都来自自然。[1]在中世纪以及文艺复兴时期的欧洲，活版印刷的发展促进了自然科学的研究，因为活版印刷的方式为插图作品的流通提供了现实可能性，这些绘画作品极大程度地拓宽了人们对动植物以及其他生物的认识范围，而这些生物的形象均可以作为装饰进行复刻。康拉德·格斯纳（Conrad Gesner, 1516—1565）[1]所撰写的《动物史》（Historia Animalium, 1551—1558）是文艺复兴时期最重要的动物学著作，影响深远。苏格兰的玛丽女王（Mary Queen, 1542—1587）[2]在她于16世纪后期被囚禁的那些岁月里，就是从这些丰富的插图中选择图案进行刺绣的。[2]尽管格斯纳把他的著作当作那个时期的前沿知识，但他的作品仍是那个时期古典作家和中世纪作家大量作品中的典型，如他提供了独角兽存在的证据。约翰·杰拉德（John Gerard, 1545—1612）[3]的著作中，无论是《草本志》（Herball）或是《植物通史》（Generall Historie of Plants, 1597年）大约都包括了1800幅插画，他在书中描述道："装饰着植物的大地，就如同有着刺绣的长袍。"这样的描述把花与他们对时尚的描绘优美地联系在一起。《草本志》中的植物插画可以用来为纺织图案提供固定模板，但是其中只有少数插图是按照最新鲜活的植物绘画的，其余部分都是按旧木刻中的植物形象进行的第二手或第三手临摹。[3]

在16世纪晚期到17世纪早期，描绘自然世界的作品开始出现新的类型，从早期对模板的临摹渐渐转向对动植物以及其他生物的观察记录。观察记录是推动收集与编目的一部分动力，这种动力是17世纪许多科学发展的基础。这些被称为群芳谱的花卉书册对植物的描绘越来越全面，这是由于其所具有的装饰性而不是实用性。群芳谱和图案样本书之间有着直接的联系。皮埃尔·瓦莱（Pierre Vallet, 1575—1650）是17世纪第一位被任命的法国宫廷植物画家，同时他也是一位皇家刺绣工艺师。他的著作《亨利四世非常喜爱的花园》（Le Jardin du Roy Très Chrestien Henri IV, 1608）是专门为画家、绣花师和织锦师所绘的图案书，主要以卢浮宫花园中的植物为创作基础。[4]其他自然历史的书籍则以一种附带的方式为纺织设计师提供灵感来源，但是这种方式同样有效。刺绣装饰图案绘画师在袖子上的34处进行了图案设计，其中包括多种多样逼真的昆虫类设计。它们很可能是模仿或受托马斯·莫菲特（Thomas Moffet, 1553—1604）[4]的《昆虫剧院》（Theatrum Insectorum, 去世后于1634年出版）（图31）等作品的启发，该作品突出了用新分类方法记录的"低等生物"。

18世纪，人们对自然历史研究的兴趣和热情持续增长。殖民扩张和探索冒险源源不断地提供着新的物质材料，其中包括一些植物、禽类、昆虫的标本以及那些探险艺术家们所记录下来的图像资料。他们的研究范围已超过了出版书籍中的内容，因此，到1746年，植物收藏家彼得·柯林森（Peter Collinson, 1694—1768）[5]向瑞典博物学家卡尔·林奈（Carl Linnaeus, 1707—1778）[6]讲道，在英国关于自然历史研究的书籍最为畅销。[5]柯林斯是一位富有的纺织品商人，他与当时的著名自然学家，如林奈和汉斯·斯隆爵士（Sir

图31（左图）　托马斯·莫菲特，《昆虫剧院》（*Insectorum sive Minimorum Animalium Theatrum*）（伦敦，1634）

图32（右图）　袖面（细节），丝线绣花亚麻布；英格兰，1610—1620；V&A博物馆馆藏编号：T.11–1950

Hans Sloane，1660—1753）❶，以及伦敦丝绸工业的几位顶尖设计师都有联系，这些都表明了他非常乐于分享其对植物学的知识与热情。

　　纺织大师、丝绸设计师詹姆斯·勒曼（James Leman，约1688—1747）❷和丝绸设计师约瑟夫·丹德里奇（Joseph Dandridge，1668—1746）❸都是生产顶尖时尚的英国服装面料的关键性人物，并且与植物收藏家柯林森同为奥里利安学会（Aurelian Society）❹的成员。奥里利安学会是英国最早的专业昆虫学会。丹德里奇同时也是一位杰出的植物学家、禽类学家以及昆虫学家。安娜·玛利亚·加斯维特（Anna Maria Garthwaite，1689—1763）❺是一位丝绸图案设计师，她设计了一些英国有史以来最为精致的花卉图案，并且通过她的药剂师和皇家学会会员的姐夫文森特·培根（Vincent Bacon，卒于1739年），与这个自然学家聚集的学会取得了联系。在她最早的作品中，加斯维特就展现出与其他设计师相比更为杰出的对植物形式的洞察力，与18世纪上半叶的欧洲的植物形式相比，这种类型的植物形式被认为是英国丝绸的特征（图32）。她的自然历史知识很有可能是通过个人观察获得的，也有可能是从展示稀有植物和非本地植物的植物学与科学著作中学习到的。1727年她的刺绣作品中融合了组成和谐的野生植物群（图33），这样的设计很有可能是受了类似皮埃尔·波美特（Pierre Pomet，1658—1699）的《药物通史》（*A Compleat History of Druggs*，1712）这样著作的启发（图34）。❻

　　在18世纪后期，纺织印染技术的进步使得图案的细节表

❶　汉斯·斯隆，出生于爱尔兰基利里，是一名内科医生，更是一名大收藏家，其收藏品来自世界各地。1687年，斯隆开始了他的收藏家生涯，那时他作为新总督阿贝玛公爵的随行医师前往牙买加，旅程中他收集了800个植物种及其他活标本，并将它们带回了伦敦。其游记在1707年和1725年出版。1753年，他去世后遗留下来的个人藏品达79575件，还有大批植物标本及书籍、手稿。根据他的遗嘱，所有藏品都捐赠给国家。这些藏品最后被交给了英国国会。在通过公众募款筹集建筑博物馆的资金后，大英博物馆最终于1759年1月15日在伦敦市区附近的蒙塔古大楼成立并对公众开放。

❷　詹姆斯·勒曼，是一名服装图案设计师，同时也是一名丝绸生产商。勒曼不仅生产自己设计的丝绸，还聘请了其他设计师，尤其是著名的克里斯托弗·鲍杜安（Christopher Baudouin）和约瑟夫·丹德里奇。

❸　约瑟夫·丹德里奇，英国服装图案设计师、自然史插画家、昆虫学家，并且也是奥里利安学会的创始人之一。尽管没有发表任何著作，也没有加入任何皇家学会，但丹德里奇还是被当时的众多昆虫学家所称赞，他的收藏品中包括昆虫、贝壳、化石、鸟卵、毛皮、苔藓以及开花植物等。这样丰富的收藏也为当时的昆虫研究提供了宝贵的帮助。

❹　奥里利安学会，于1745年在伦敦成立，被认为是世界上第一个昆虫学会。于1748年大火烧毁了其图书馆和学会记录后解散。

❺　安娜·玛利亚·加斯维特，英国18世纪著名的纺织丝绸手工编织图案设计师，她是公认的首屈一指的英国设计师。许多最初由她设计的水彩手稿幸存了下来，随后在此基础上设计出的丝绸作品已在英国和海外的定制服装中被鉴别出来。加斯维特是林肯郡一个牧师的女儿。从1726~1728年，她离开格兰瑟姆住在纽约姐姐家，1728年，搬迁到王子街（现在的普林斯莱特大街），即伦敦东部斯皮塔佛德的丝织街区。在那里，安娜·玛丽亚在接下来的30年中为丝绸纺织创造了1000多个图纹设计。一些她1720~1756年设计的水彩原稿幸存下来，现被收藏在V&A博物馆。

图33（右图） 安娜·玛利亚·加斯维特的机织丝绸设计图样，纸上水彩画；英格兰，1727年；V&A 博物馆馆藏编号：5970:46

达更为精细。印花师威廉·基尔伯恩（William Kilburn，1745—1818）在他的设计中很好地表现了柔软的海草和蕨类植物的造型（图35、图36）。⑦基尔伯恩具有一个植物学家所能具有的技能，他为威廉·柯蒂斯（William Curtis，1746—1799）的《伦敦植物志》（*Flora Londinensis*）提供了许多插图。《伦敦植物志》是一本在1777—1798年出版的关于伦敦约16千米范围内的植物生长记录的著作；也是一部18世纪中叶装饰设计与绘画手册的典型书籍，"这本书可供织花绸厂、刺绣厂和印刷厂参考使用，用来设计和绘制树叶、花卉等图案的装饰物、图案模板以及图形"。书中接着描写道：

"但是，当大自然如此慷慨地为我们提供各种各样的绘画主题的时候，为什么我们还要因为我们的兴致而折磨我们的大脑呢？我们的大脑只想用丰富的想象力和灵巧的双手来进行创作。一年四季每个季节都会生长出不同的绿植、花卉和灌木，尽管我们生活在'玛士撒拉'（Methusalem）❶这样的时代，但是自然生长的植物品种远比我们能够模仿的种类要多得多。春天每年都会打开它丰富的宝藏，无穷无尽地为地球装饰着，它热情邀请我们尽可能地模仿它这些华丽的素材。"⑧

---

❶ 玛士撒拉：为《圣经》中记载的人物，据说他在世上活了969年，后成为西方长寿者的代名词。

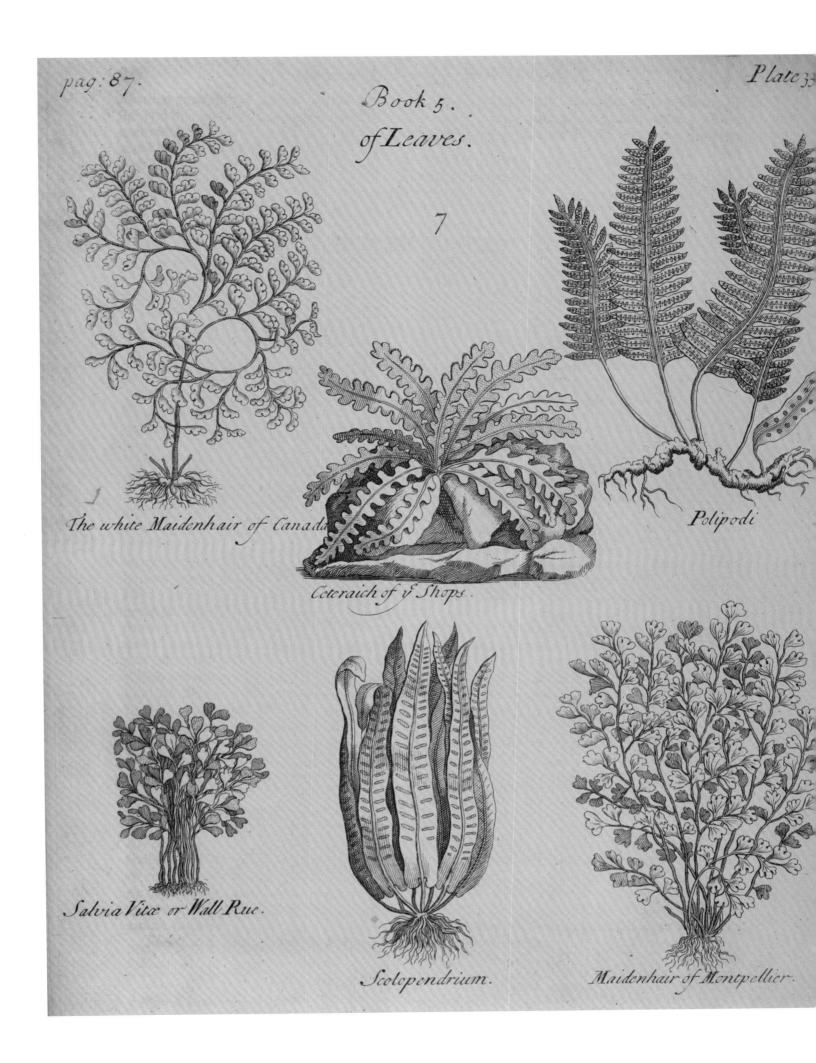

pag: 87.

Book 5.
of Leaves.

Plate 35

7

The white Maidenhair of Canada

Ceteraich of y Shops.

Polipodi

Salvia Vitæ or Wall Rue.

Scolopendrium.

Maidenhair of Montpellier.

图34（上页）　皮埃尔·波美特，《药物通史》（1712年伦敦出版）第33版

图35（下图）　长袍（细节），威廉·基尔伯恩设计的印花棉布；英格兰，约1790年生产；V&A博物馆馆藏编号：T.84-1991

图36（右图）　威廉·基尔伯恩的印花棉布设计；纸上水彩画；英国，约1788—1792年；购买于H.B.默里遗产捐赠基金会；V&A博物馆馆藏编号：E.894:49/1-1978

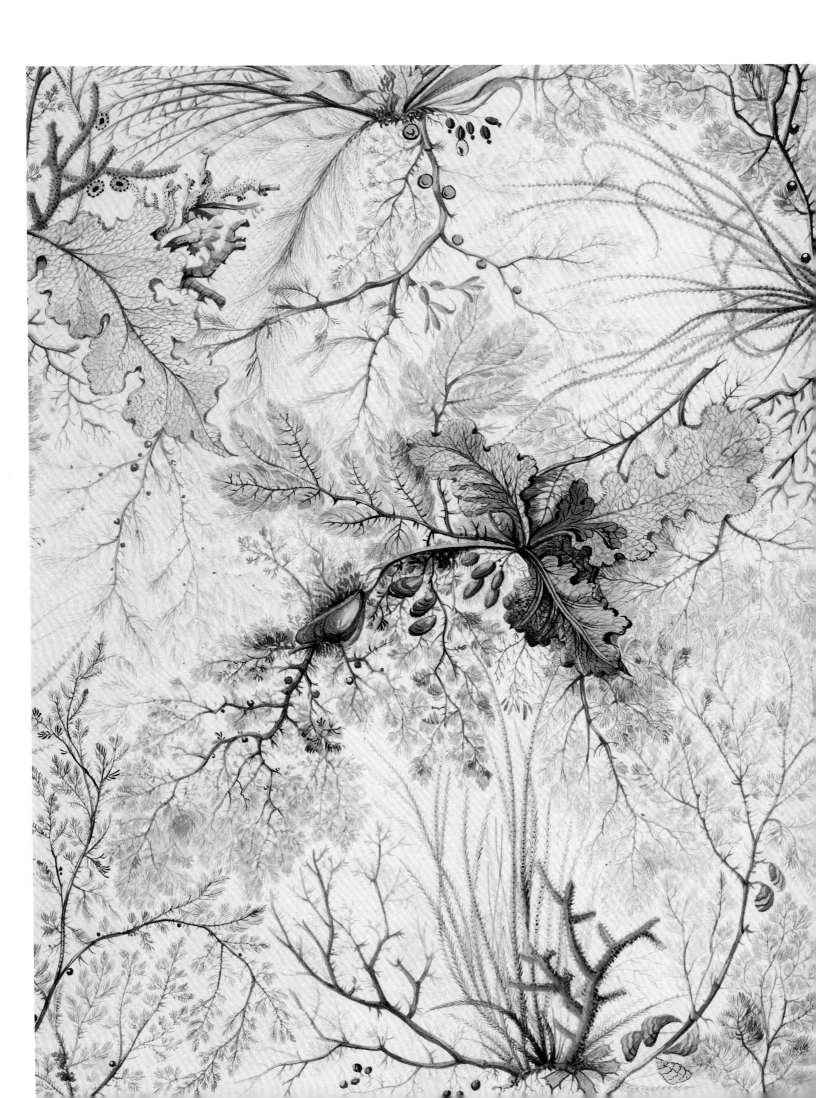

第二章
1800—1900年

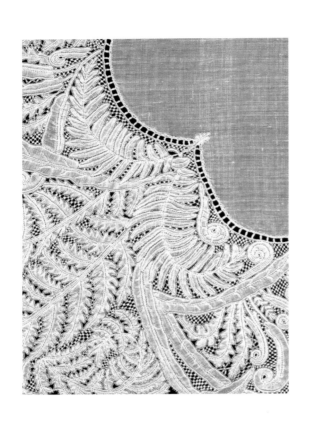

19世纪，新的交通运输方式、价格更为低廉的书籍和期刊以及自然历史博物馆的建立，都为中产阶级和工人阶级学习自然史知识、享受乡村风光，以及欣赏当地的动植物风光提供了良好的氛围和更多的机会。19世纪40年代，铁路交通网迅速扩张，旅行者们可以去往各地的自然风景区与科学兴趣园。①在19世纪90年代中期，工人阶级已经能够购买安全脚踏车，因此从19世纪末开始，安全自行车成为步行之外的另一种交通工具选择。

埃德温娜·埃尔曼

搜寻树林、灌木丛和岩池，以及收集贝壳、化石、海藻、野花与蕨类植物等，并且对其进行保存和命名，成为一种大众爱好，但令人遗憾的是，女性穿戴的服饰并不适合参与这种活动。《英国海草》（British Sea-weeds）（第二卷，1872年）的作者玛格丽特·盖蒂（Margaret Gatty）❶就当时的女性服饰给出了一些尖锐的建议：

尽可能地使用羊毛织物做面料；永远不要让衬裙的长度超过脚踝以下……斗篷和披肩必然会妨碍胳膊的活动……虽无法阻止但应尽可能避免斗篷和披肩等拖沓的服饰被浸湿；有檐的帽子比无檐软帽要轻便一些，美利奴毛呢袜要胜过棉质袜，一双结实的手套则是必不可少的。所有具有女性特色的装饰物，包括丝绸、缎带、蕾丝、手镯以及其他珠宝首饰等，每一个想要去野外进行搜寻工作且具有理性意识的人必将选择卸下这些累赘的服饰。②

铁路的发展使得人们有机会前往伦敦参加1851年和1862年的国际工业展览会等活动，这些展览展示了一些原材料和最新制成品。除展览外，人们还可以参观首都的商店。1828年对公众开放的伦敦动物协会的花园（Zoological Society's Gardens）位于摄政公园（Regents Park）中，深受游客和伦敦当地家庭的喜爱③。这个园区中的每个动物房舍都由建筑师设计，并将驯化的动物与各种为人类服务的活动相结合。例如，给动物园内一头名为杰克的印度象和一只名为托比的俄罗斯熊等人类的"宠物们"投喂蛋糕和面包。英国自然历史博物馆（Natural History Museum，1881年）❷位于伦敦展览路，提供了大量动物标本以供人类与野生动物接触。大英博物馆的藏品原先收藏在蒙塔古居（Montagu House），其入口大厅上方的楼梯平台上曾摆放着三只长颈鹿与一只犀牛的标本。④

对大英帝国境内外的深入探索，以及英国与海外贸易及文化日趋紧密的联系，都促使自然史标本（尤其是植物）的收集进入狂热阶段。与此同时，纸质出版物的减税政策以及蒸汽动力印刷机所带来的印刷成本降低也使得出版物售价逐渐合理。探索自然的出版物的主题大多关于自然发展史和园艺，这样的书籍得到了生活在大城市周边、被绿树环绕的郊县的中产阶级家庭的极力追捧。约瑟夫·帕克斯顿（Joseph Paxton，1803—1865）❸爵士是查茨沃斯庄园（Chatsworth House）的园丁主管，并且是水晶宫（Crystal Palace）的建筑设计师。1854年，他被选为考文垂的议会议员。此外，他还出版了大量的书籍，包括《帕克斯顿的植物学杂志与花卉植物登记册》（Paxtons' Magazine of Botany and Register of Flowering Plants，1843—1849）。图37中的这件19世纪40年代的提花丝绸背心上的图案原型大概就来自帕克斯顿爵士书中绘制的紫钟藤，这个案例表明了此时纺织品设计师仍旧使用植物插图来进行服装图案设计。不巧的是，裁缝和面料设计师对服饰图案的设计并没有达成一致，裁缝在制作服装时并未将这种墨西哥攀缘植物的花朵向下垂（图38），而是将其朝上倒置。

时尚：体系与实践

19世纪，英国皇室、贵族以及精英阶层的品位仍然主导着英国的时尚潮流，这些英国时尚的主导者被统称为"上流社会"。此时，新兴富裕家庭通过贸易和工业生产的方式获得了财富，并且一跃成为上层阶级的一部分。原有的上层阶级开始担忧由新兴富裕家庭所建构的新上层阶级对其原有的排他性与权威性带来威胁，而这种担忧也使得原上层阶级更加重视阶层等级自身的私有性与控制力。这个强大的精英阶层并不是一成不变或固若金汤的，但是这个社会阶层的入场券被管控的十分严格，而那些有能力且企图加入的人必须得到批准和邀请。⑤从宫廷仪式至海德公园马道上的晨骑活动，再到八月初考斯的游艇活动与苏格兰的射击比赛，上流社

---

❶ 玛格丽特·盖蒂（1809—1873），英文儿童读物的写作者，同时也是海洋生物学家。她的作品将儿童文学与科学相结合，通过寓言的方式将科学思想融入在内并具有强烈的道德基调。盖蒂是达尔文《物种起源》的反对者。她将《大自然的寓言》作为媒介，希望影响儿童对科学的态度，利用宗教和上帝来熏陶儿童的成长。

❷ 英国自然历史博物馆，位于伦敦市中心西南部、海德公园旁边的南肯辛顿区，为维多利亚式建筑，形似中世纪大教堂。英国自然历史博物馆总建筑面积为4万多平方米，馆内大约藏有世界各地的7000万件标本，其中昆虫标本有2800万件，是欧洲最大的自然历史博物馆。原为1753年创建的大英博物馆的一部分，1881年从总馆分出，1963年正式独立。英国自然历史博物馆拥有世界各地动植物和岩石矿物等标本约4000万号，其中古生物化石标本 700多万号，图书馆有书刊50万种，并保存着大量早期的自然研究手稿和图画等珍贵品。

❸ 约瑟夫·帕克斯顿爵士，英国的园艺师及建筑设计师。初为德文郡公爵的园林工人，后成为主人的家务总管。1840年用铁和玻璃结构建造了一间温室。1850年为英国国际博览会设计展览厅，采用铸铁预制构件和玻璃建成，建筑覆盖面积为罗马圣彼得大教堂的4倍，工期在半年时间内完成，有"水晶宫"之称。当时，伦敦的污染已经成为严重的社会问题，在水晶宫之后，这位功成名就的建筑师提出一个大胆的设想，他计划建造一个环绕伦敦的玻璃走廊，让人们生活在其中，以免遭受城市污染之苦。可能因为不切实际，这个计划最终没能实施。这不仅反映了英国工业革命的成果，也促进了19世纪建筑技术的革命。

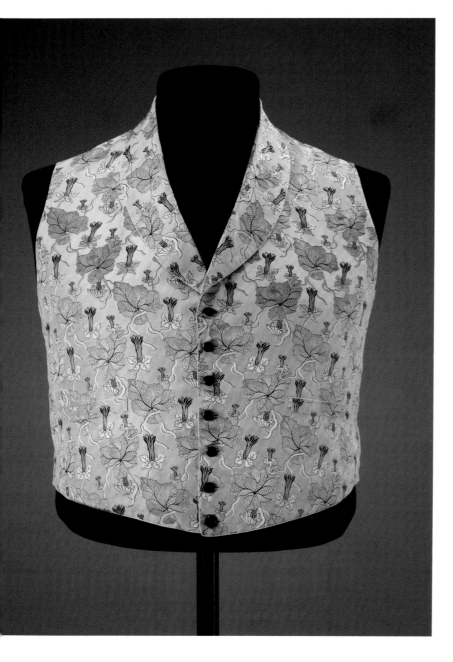

图37（左图） 背心，丝绸材质；英国，1840—1860
年；由P.M.朗博尔德夫人（Mrs P.M.Rumbold）提
供；V&A博物馆馆藏编号：T.19–1984

图38（右图） 弗雷德里克·威廉·史密斯（Frederick
William Smith，1797—1835），"紫钟藤"，《帕克斯
顿的植物学杂志与花卉植物登记册》第2卷，第27页

图39（第66~67页） 用于展示成衣定制样式的时装样
片；平版印刷，手工上色；英格兰（不确定），约1845
年；V&A博物馆馆藏编号：E.1501–1954

会一直坚持举办一系列流程庄严完整的社会性仪式活动，以确保上流社会人们的曝光度和出镜率。在每次上流社会举行的仪式活动中，都有其特定的着装礼仪规定，即活动的参加者需要穿着符合特定场合的服装。当这些引领时尚潮流的上流社会成员到全国各地旅行或出国前往巴黎、巴登巴登和比亚里茨时，他们的行程就会被《时代》（The Times）杂志或社会杂志《女王》（The Queen）记载下来。《女王》杂志为那些不能紧密接触上流社会的读者开辟了许多专栏，专栏的内容着重介绍那些上流社会成员的服饰细节。

在这个引领时尚潮流的精英群体中，未来的爱德华七世国王的妻子亚历山德拉公主（Princess Alexandra，1844—1925）❶因其美貌以及时尚的着装风格而广受赞誉。19世纪末，来自社会其他领域的名人，尤其是轻歌剧和带有当代情节的歌舞喜剧中的女主角们也对时尚潮流产生了不小的影响。有些女演员则会请服装设计公司为她们制作舞台表演服装，其中包括沃斯（Worth）和杜埃利特（Doue-illet）等著名的法国时装屋。这些服装的样式与详细的文字描述都会通过媒体公布于众，这也为女演员与时装制作公司提供了广泛的宣传。⑥

本书第一章（参见第24页）描述了时尚流行周期年度化的最初表现形式，而如今，这种年度时尚流行周期已经渗透进了女性时装的发展中。时尚媒体持续巩固着巴黎在时尚界的领导地位，同时也承认伦敦是英国时尚的中心地带。时尚杂志的内容包括对法国风格的长篇报道，并以时装样片的形式加以图示，这种形式的时装杂志最初服务于法国读者。而后，有一些如《福莱》（Le Follet，1829—1892）❷这类英文版的法国时尚杂志服务于女帽制作商和时装裁缝，因为他们的顾客希望他们自己对时尚的认知和了解能够更加全面，并且同时也是足够时尚的消费者。⑦全国各地的地方报纸都转载了此类期刊中有关最新时尚风格的节选，这些节选可能会对那些无力支付或不愿意订阅原时尚杂志的读者产生影响。时尚贸易自身的各环节也变得越来越复杂和讲究，通过媒体广告和社会舆论来推动销售并采用新的销售方式，尤其是百货商场，它在一个商场内提供了更多的时尚商品和全面服务，并且鼓励消费者随意浏览和闲逛（参见第93页）。

在19世纪的大部分时间里，时装的生产方式和购买方式与20世纪类似。为了满足各类需求和不同层次的消费者，女装裁缝与男装板师都持续按订单制作服装。此时还出现了蓬勃发展的成衣产业以及有组织的二手服装贸易链。但大多数服装还都是自家缝制的。到了19世纪末，时尚系统发生的变化表现在规模、成衣市场的组织和营销等各方面。此外，作为新的时尚生产概念，服装设计师成为时尚生产体系中最高层次的把握者。

1858年，英国人查尔斯·弗雷德里克·沃斯（Charles Frederick Worth，1825—1895）❸在巴黎开设了沃斯·波本时装店（Worth et Bobergh），他向顾客提供原创设计样册，可以让他们从中选择款式并进行个性化的服装定制。这些服装的面料和配饰都是沃斯从法国纺织公司挑选和委托制作的，并由他自己的服饰工作室完成最终成品的设计制作。当时，购买服装最普遍的做法就是消费者首先自己选购面料，并把面料带给裁缝，随后裁缝根据顾客的想法来制作服装。而沃斯定制服装的方式则填补了服装设计市场的空白。沃斯的工作室提供许多服装和配饰的设计方案，几乎包含了所有类型的服饰，甚至包括斗篷这样的成衣设计方案。同时，他还推出了一种预先推广服装设计的方案，即赶在某个季节之前展示当季的服装设计作品。如在一月便推出他设计的一批春夏季服装作品，以便有足够的时间为私人客户赶制他们订购的服装。沃斯工作室的组织和运作方式奠定了巴黎高级时装系统运行的基础。沃斯成功地塑造了一个崭新的时尚创始者形象，这种成功也为他带来了在时尚领域的权威性、影响力与社会名流的地位。⑧

在英国，"宫廷女装裁缝"为上流社会女性提供服务。他们深谙有关宫廷着装的礼仪规定，并且拥有专业人员能够根据客户的要求为其打造符合礼仪、场合与季节的服装。这些"宫廷女装裁缝"持有一定数量的服饰面料以供客户选择，他们会给客户提供设计建议，或者协同客户制作服饰，但他们并不替客户决定如何穿着。生活背景和生活方式相似的男性会选择到位于伦敦西区的萨维尔街及其周边的裁缝店去定制服装。

注重节约成本的成衣生产则按季节推出各种正装与休闲装。自19世纪30年代以来，成衣产业就在英格兰南部迅速发展起来，尤其是中年男装与青年男装的成衣生产。随着工业化生产的推进，纺织品

❶ 亚历山德拉公主，英国国王及印度皇帝爱德华七世的王后。她出生于丹麦首都哥本哈根的黄宫（Yellow Palace），她的父亲当时是石勒苏益格-荷尔斯泰因-宗德堡-格吕克斯堡的王子克里斯蒂安，母亲是黑森-卡塞尔的路易丝公主。

❷ 《福莱》，巴黎最古老的时尚杂志之一，是研究时尚历史的宝贵信息来源。它于1829年11月至1871年每周出版，并一度与《时装信使》（Le Courrier de la Mode）合并。

❸ 查尔斯·弗雷德里克·沃斯，被称为现代时装之父。他出生于英国伦敦一个律师家庭，13岁进入伦敦首家面料公司"斯旺-埃德加"当学徒。7年后满师，而后转入当时城里最时髦的面料商店供职。20岁时，沃斯只身闯荡巴黎，经过一年的语言学习后，受雇于经销披风、披巾和精纺毛织物等纺织品的"加儒兰"百货公司，并在这里工作了整整10年。在这期间，他邂逅了他的妻子——日后他创作的灵感缪斯。他把新设计的衣服让工作室的漂亮姑娘穿起来向顾客展示推销，开创了服装表演（作品发表形式）和时装模特（新的职业）的先河。他还创立了自己选购衣料、自己设计、在自己的工作室里制作、雇佣专属自己的时装模特每年向特定的顾客举办作品发表会等一系列独特的经营方式，从而形成了巴黎高级时装业的原型，确立了巴黎"世界时装发源地"和"世界流行中心"的国际地位。

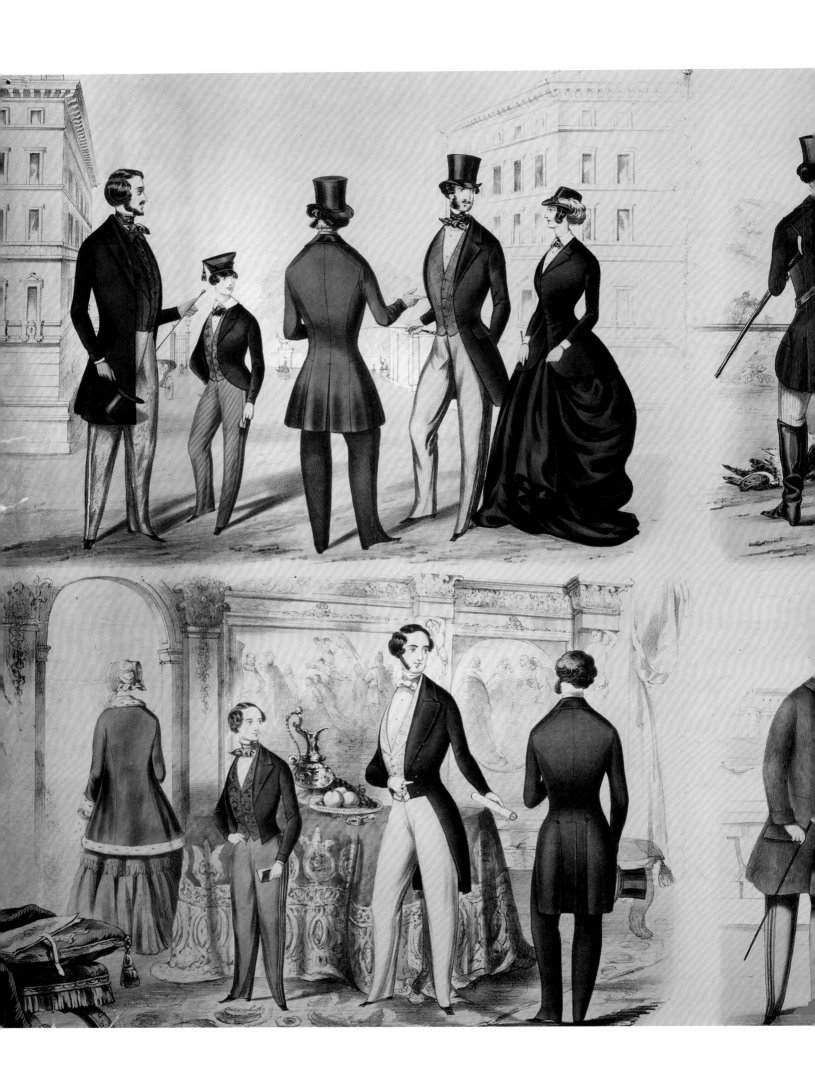

成本开始下降，继而促进了成衣行业的快速发展。纸样剪裁方法的改进，缝纫机（19世纪50年代开始产业化批量生产）和环式带刀设备（1860年）等新技术的采用，以及合同转包、细包、廉价的"劳动力"，都为时尚行业的不断发展做出了贡献。成衣业不断增长的商业优势主要体现在平价销售，现金购买和资金快速周转等方面，这些优势源于商品的低成本和低利润，引人注目的广告与那些位于人来人往的购物街上货品充裕的零售店。类似海姆公司（Hyam & Company）和伊莱亚斯·摩西公司（Elias Moses & Son）这样最顶尖的百货公司位于伦敦金融城和西区以及曼彻斯特等城市的中心区。摩西百货公司甚至还会从澳大利亚进口羊毛和皮革。这些百货公司的经营业务非常广泛，其中包括缝制服装、零售、剪裁和销售服装，以及定制服装和销售成衣。重要的是，这些公司有财政支持，可以利用市场波动，在价格低廉的时候大量买入，从而降低针对消费者的商品售价。⑨

成衣贸易发展得益于英国人口的增长。在英格兰，人口数量从1801年的830万经一个世纪后增长到3050万。苏格兰和威尔士的人口也经历了类似的增长速度，1901年有200万人居住在威尔士，450万人居住在苏格兰。⑩其中，收入各异的"社会中产阶级"的人口增长速度比任何其他群体都要快，使得该阶层的人能够在一定程度上追求时尚潮流。⑪

在类似海姆、摩西和H.J.& D.尼科尔（H.J.& D. Nicoll）这样的百货商店中，库存商品内还包括一些颇具设计想象力的标准化成衣与时装。广告也在不断提升这些新奇商品对顾客的吸引力。季节性广告鼓励人们购买休闲装去海边远足或参加赛马会，以及购买运动装进行散步、狩猎、射击和钓鱼等传统野外运动（图39）。这些时尚界的龙头企业还推广1839年政府通过的《英国外观设计著作权法案》（the 1839 Design Copyright Act），并对受此法律保护的服装进行宣传推广，依次让消费者注意到这些时装蕴含的原创价值，目的是提升公众对时尚品牌的认知。⑫但这些企业生产的服装很少能一直存世，这可能是由于这些服装使用了易过时、更廉价、更不耐用的面料，又或者因为它们低廉的价格削弱了其作为珍藏品的可能性。

摩西和海姆百货公司均出售传统意义上由裁缝制作的女式猎装，至1851年，摩西百货公司开始提供皮草、披肩、针织袜、鞋品和遮阳伞等商品。十年后，牛津街的托马斯·福特（Thomas Ford）开始销售更为合身的女式成衣。由于时尚业规模的扩大满足了日益增长的人口对物质、社会和文化的需求，以及人们不断增长的购买欲，时尚业对原材料的需求量也不断增长。

图40（上图）　女式紧身上衣，棉质；英
国，19世纪60年代；由朱丽叶小姐（Miss Ju-
liet）、G.F.先生（Messrs G.F.）和A.L.里基特
先生（A.L.Rickitt）提供；V&A博物馆馆藏编
号：T.132 and 134–1923

图41（右图）　美国佐治亚州萨凡纳的棉花采
摘，约1890年

时尚的面料

　　19世纪，社会各阶层都穿着棉制品，许多服装和配饰都以棉布取代亚麻（图40）。在工人阶级的服饰里，棉织物也代替了毛织物。但丝绸和羊毛在时装制作中仍占据一席之地。因为蚕微粒子病❶等家蚕养殖疾病的原因，丝绸生产会出现原材料供应不足的情况，所以人们运用人造纤维的最初目的是寻找一种替代丝绸的纤维。而以人造纤维替代毛纤维的主要目的是减少羊毛加工过程中对环境造成的影响。由橡胶和化学合成的苯胺染料，表明新技术的运用与科技发明对提升时尚产业经济效益的重要价值。有些色彩很难被人工创造。在某些鸟类、甲虫和贝壳中发现的彩虹色非常珍贵稀有。到19世纪末，用各种羽毛和毛皮生产的时尚服饰已被人们广泛使用，而这些与动物紧密相关的时尚的普遍流行导致了一些物种濒临灭绝，而它们所支撑的生态系统也遭到了破坏。

　　19世纪，棉纺织业成为英国最重要的纺织产业。在19世纪30—40年代中，纺织机械化以及从手摇织机到动力织机的加速发展赋予英国纺织业巨大的竞争优势，使织物得以高速生产，并达到更好的质量。在1816年至1850年间，棉织物占英国所有出口商品价值的近50%。❶这些棉织物销往世界各地，有效地破坏了印度历史悠久的棉产业。

　　用来供应英格兰北部工厂以及苏格兰格拉斯哥与佩斯利工厂的进口原棉，其进口量从1785年的1100万磅增加到1850年的5.88亿磅。❶从19世纪初起，美国就成了原棉材料的主要供应国，而自16世

纪开始，美国就已经开始种植来自新旧世界的多个棉花品种。然而，由于19世纪连续引进墨西哥棉花品种，美国在大西洋沿岸以外的西部各州种植的陆地棉的库存量显著提高。❶伊莱·惠特尼（Eli Whitney，1765—1825）❷发明了可以从棉绒中分离出种子的轧棉机（1793），使棉花生产中最耗时的工序之一实现了机械化。而棉花地频繁的除草过程仍然需要繁重的手工操作。在美国南北战争之前，种植园主主要依靠残忍压榨奴隶的体力劳动来进行棉花种植，战争之后他们则开始剥削弱势佃农（图41）。

　　化学漂白方式的改进将漂白棉布的时间从几个月缩短至几个小时，并且可以在室内操作完成，这种技术改进有助于加快棉织物的生产。1799年，查尔斯·坦南特（Charles Tennant，1768—1838）❸与化学家查尔斯·麦金托什（Charles Macintosh，1766—1843）❹（参见第74页）合作，通过使用氯气与熟石灰反应来制作漂白粉，并获得了专利。在1800年，查尔斯·坦南特在格拉斯哥附近的圣罗洛克斯建立了一个化工厂来生产漂白粉、苏打灰以及其他碱性物质。纯碱用于生产肥皂，在纺织业中广泛应用于洗涤（水洗）工序。在制作此类碱性物质过程中会排出氯化氢气体，在大气中转化为盐酸而对大气层和环境造成污染。1863年的英国《制碱法令》（Alkali Act）意在减轻制碱过程中对空气造成的污染，从而降低这一问题的危害。❶

　　为了满足迅速发展的成衣业以及更高层次服装业的需求，工厂生产了种类与质量各异的棉织物。无论是素色的、有图案的、印花的，还是刺绣

---

❶　蚕微粒子病（Pebrine Disease of Chinese Silkworm，PDS），又称为锈病、斑病等，是由原生动物孢子虫纲的微孢子虫（microsporidia）寄生而引起的一种蚕的传染性原虫病。蚕微粒子病的第一次流行发生于1845年的法国，后来传遍意大利、西班牙、叙利亚及罗马尼亚。1865年，此病使法国及意大利的养蚕业陷入绝境。截止至2011年为止，世界各养蚕国家都有蚕微粒子病的发生。此病会危害种蚕的生产，导致桑蚕业严重的经济损失。

❷　伊莱·惠特尼，生于马萨诸塞州韦斯特博罗。1780~1782年在父亲开设的商店中工作，制造、修理小提琴和各种五金零件。后到纳撒内尔·格林夫人经办的种植园工作。1793年设计制造出轧棉机，一人操作机器每天可轧棉五十多磅，将相关流程的生产效率提高了约50倍。1794年获轧棉机美国专利，与人合伙开办轧棉机制造厂，后因侵权事件及长期诉讼，亏损倒闭。1798年，惠特尼接受美国政府制造10000支滑膛枪的合同，在纽黑文附近开办专门工厂，生产军火武器。惠特尼是实行标准化生产的创始者。最初在制锁中采用标准化零件，保证零件可互换，后推广到枪械生产中。由于实现产品标准化，大大提高了生产效率，方便了产品在使用过程中的维修，是工业走向成批生产的重要一步。惠特尼曾设计制造出第一台卧式铣床，在自己管理的工厂中实行工人之间劳动分工，对生产发展起了重要作用。1900年，惠特尼的名字和事迹被选入美国名人纪念馆。

❸　查尔斯·坦南特，苏格兰的化学家和实业家。在化学家查尔斯·麦金托什的帮助下，他在伦弗鲁郡的赫尔特建立了苏格兰第一个明矾工厂。1798年，他获得了一种漂白粉的专利，这种漂白粉是通过氯气与熟石灰反应来制成的，这个过程中会产生漂白粉（氯化钙）、次氯酸钙和其他衍生物。由于使用熟石灰代替了碳酸钾，此类漂白粉的价格要低于当时普遍使用的漂白方式，一跃成为应用最为广泛的漂白剂。

❹　查尔斯·麦金托什，苏格兰的化学家兼发明家，也是防水织物的开发改良者。年轻时，麦金托什对于化学产生了浓厚兴趣，在20岁期间便投入化学物品制造相关事务。1823年，麦金托什申请了一项专利，该专利内容是透过天然橡胶溶解在煤焦油里的石脑油来产生出一种可防水材质，并因此当年被选为皇家学会的院士。1824年，麦金托什来到曼彻斯特找寻棉纺厂和织工合作，设法将其创新的材质合成在布料上做出防水衣物，但因为制作出的成品有气味问题，使麦金托什的防水衣物起初未被一般大众所接受。而1825年英国发明家汤玛斯·汉考克（Thomas Hancock）取得了麦金托什的专利许可，为其提供了更易于被溶解的橡胶从而促进了合作。此外，麦金托什在1825年还构想了一种可将铸铁转换成钢的方式。1843年6月25日麦金托什离世，死后于格拉斯哥大教堂火化并葬在教堂旁的墓园。

的棉织物，对于女性服装来说，棉布与平纹细布几乎永远不会过时（图40）。男式服装也开始用棉质细布制作领巾、衬衫褶边以及装饰着精致手工刺绣图案的衬衫前襟，而且越来越多的衬衫开始摒弃亚麻面料而选择使用棉质细布进行制作。虽然新引进的机织网眼棉布、蕾丝和刺绣会消耗更多的面料，但这些新面料却进一步满足了人们对平价时尚的需求。

在克里米亚战争（Crimean War，1853—1856年）期间，俄罗斯对英国亚麻和大麻的供应被切断了，英国国内掀起了一阵开发罕为人知的植物纤维的兴趣热潮。英国人对这些植物纤维面料在印度实现种植与加工，然后到英国设计制作等一系列生产环节的适宜性展开研究。这些植物纤维中包括菠萝纤维（Pineapple Fibre）❶。菠萝叶中的粗纤维可以用来制作麻线，而其中含有的白色细纤维则可以单独织造或者与其他纤维混合织造成菠萝布。在南美洲与加勒比海地区，早在西班牙占领之前就已经在使用这种菠萝纤维制作的织物。在19世纪的欧洲，它的法语名被称为"batiste d'ananas"；而在亚洲，尤其是菲律宾人又把它称为"piña"。19世纪40年代，菠萝纤维风靡法国，由其制成的手帕广受欢迎，作家德尔菲·德·吉拉丁（Delphine de Girardin，1804—1855）❷将其描述为"洁白、光滑、闪耀，如纯净水波般的清新、透明和靓丽"⑰。

1851年，英国的世界博览会展出了来自爪哇岛、西里伯斯（今苏拉威西、印度尼西亚）、新加坡、马德拉斯和印度其他地区的菠萝纤维布与菠萝纤维线，以及来自菲律宾和中国的绣花手帕。《伦敦新闻画报》（The Illustrated London News）指出了菠萝纤维布在英国作为时尚面料的潜在用途并称其"漂亮"，而且显然"可以被加工成有用的面料并值得关注，尤其是它们的生产成本低廉"⑱。19世纪50年代，伦敦和利物浦进口了少量的菠萝纤维，但如何使用它们还不得而知。⑲船只横渡大西洋并停靠在利物浦，表明部分菠萝纤维可能来自南美或西印度群岛。

1828年，伊莎贝拉·戴维森（Isabella Davison，1809—1883）与诺森伯兰郡（Northumber-land）博拉罗顿庄园（Burradon Hall）的托马斯·福斯特（Thomas Forster，1797—1878）结婚时，穿着一件传统样式的礼服裙，这件礼服裙的面料就是由菠萝纤维织造而成（图42）。这种不同寻常的织物上装饰着花朵与半透明的菠萝叶纹样。我们对这种织物的来源一无所知，只能推测其来自亚洲。当时报纸上很少提及菠萝纤维，这表明菠萝纤维在欧洲时尚界的地位并不高；但对其进一步研究之后，我们可能就会发现，菠萝纤维是一种极具异国情调的纤维。

生丝的供应及其价格的波动推动了玻璃纤维的探索。玻璃的主要成分为石英和沙子中含有的二氧化硅。玻璃纤维纺成的细线柔软细腻而富有弹性，只有在对其施加压力的时候才会断裂（图44）。玻璃纤维有许多优点：相对于丝绸来讲它的价格较便宜；不会褪色或失去色泽；不易受虫蛀、锈蚀、霉变的影响；而且这种纤维可以防水防火。19世纪30年代，玻璃纤维纺织而成的织物在法国和英国注册了专利。对于生产者来说，主要的挑战是要运用玻璃纤维制作出非常细、坚固且有弹性的线。路易斯·施瓦布（Louis Schwabe，1798—1845）❸是曼彻斯特的一名纺织技师及发明家，他为威廉姆斯·索尔比公司（Williams & Sowerby）研发玻璃薄绸，该公司在伦敦牛津街的商店里销售这种布料。施瓦布在玻璃纤维纺纱方面的创新研究预示着人造纤维生产技术的可行性。在传统意义上，玻璃纤维纺纱是通过加热玻璃棒，拉出一根线并将其连接到一个高速旋转的铁筒上，将玻璃纤维抽出并卷起来，玻璃纤维在与空气接触时会冷却并凝固。施瓦布发明了一种纺丝机，可以使得熔融的玻璃穿过细孔，"在纺纱时将纤维分离……实际上，100根这样的纤维能形成一根纬纱。"⑳除了施瓦布以外，其他的玻璃纤维研发者和制造者也成功地生产出了更长、更灵活、更结实的玻璃纤维纺成的线。

英国皇室和威灵顿公爵（Duke of Welling-ton，1769—1852）❹很快就认可了由丝质经纱和玻璃纬纱纺制成的玻璃薄绸，并于1840年从威廉姆斯·索尔比公司购买了玻璃薄绸制成的门帘布。㉑虽然这种面料主要是用于室内装饰，但1840年威灵顿公爵的儿媳威灵顿第二公爵夫人（Mar-

---

❶ 菠萝纤维，即菠萝叶纤维，又称凤梨麻，是从菠萝叶片中提取的纤维，属于叶片麻类纤维。菠萝纤维由许多纤维束紧密结合而成，每个纤维束又由10～20根单纤维细胞集合组成。纤维表面粗糙，有纵向缝隙和孔洞，横向有枝节，无天然扭曲。单纤维细胞呈圆筒形，两端尖，表面光滑，有线状中腔。菠萝纤维外观洁白，柔软爽滑，手感如蚕丝，故又有菠萝丝的称谓。菠萝纤维经加工处理后，外观洁白，柔软滑爽，可与天然纤维或合成纤维混纺，所织制的织物容易印染，吸汗透气，挺括不起皱，穿着舒适。

❷ 德尔菲·德·吉拉丁，一位法国作家。1827年，吉拉丁访问意大利期间受到了罗马文人的热烈欢迎，甚至在国会大厦加冕，并创作了各类的诗歌，其中最具代表性的是《拿破仑》（Napoline，1833）。吉拉丁在当代文学社会中发挥了相当大的个人影响力，她的作品集共出版了六卷。

❸ 路易斯·施瓦布，曼彻斯特的一位真丝和人造丝织物制造商，他以用纺纱机生产人造玻璃纱的开创性创举而闻名。

❹ 威灵顿公爵，名为阿瑟·韦尔斯利（Arthur Wellesley），是第一代威灵顿公爵，人称铁公爵。他是拿破仑战争时期的英国陆军将领，第21位英国首相，英国出将入相第一人。19世纪最具影响力的军事、政治领导人物之一。威灵顿公爵最初发迹于印度军中，在西班牙半岛战争时期建立战功，并在滑铁卢战役中联合布吕歇尔击败拿破仑。最终成为英国陆军元帅，且被俄罗斯帝国、奥地利帝国、普鲁士王国、汉诺威王国、西班牙王国、葡萄牙王国和尼德兰王国七国授予元帅军衔，是世界历史上唯一获得八国元帅军衔者，沙皇亚历山大一世称他为世界征服者的征服者。

图42（右图）　结婚礼服，伊莎贝拉·戴维森在诺森伯兰郡的莫佩市（Morpeth）嫁给托马斯·福斯特时穿着；菠萝纤维和蚕丝纤维，织物来自印度（可能），英国（服装结构），1828年；鲍威斯博物馆（Bowes Museum）馆藏编号：2003.2332.1

图43（左图） 在位于芝加哥的世界哥伦比亚博览会上的一张"橱柜照片"上，西班牙公主尤拉莉亚（Princess Eulalia，1864—1958）穿着利比玻璃公司制作的玻璃纤维连衣裙；1893年，纸本水墨；康宁玻璃博物馆（Corning Museum of Glass）馆藏编号：134150

图44（下图） 玻璃纤维纱线；英国，约1847年；由T.T.巴纳德上尉（Captain T.T.Barnard）提供；V&A博物馆馆藏编号：T.11-1951

chioness of Douro，1820—1904）❶出席宫廷晚宴时，佩戴着璀璨的钻石，身穿一件淡绿色波纹绸连衣裙，裙上饰以金色蕾丝边饰及"华丽的金色和白色玻璃丝薄绸"。裙裾上装饰着更多的金色蕾丝和钻石，以及桃金娘和淡粉色玫瑰的花束。㉒

　　玻璃纤维织物取得的巨大成就使其生产得以延续，伦敦的丝绸商人格兰特（Grant）和加斯克（Gask）在1862年的国际展览会上展出了一种名为"皇家御用薄绸"的玻璃纤维装饰织物。19世纪90年代，俄亥俄州托莱多市的利比玻璃公司（Libbey Glass Company）生产了一种适用于制衣的玻璃纤维织物（图43），并于1880年由赫尔曼·哈姆梅斯法尔（Hermann Hammesfahr，1845—1914）❷获得该发明的专利。㉓毫无疑问，这是一项新奇的发明。19世纪20年代到20世纪初，玻璃纤维甚至被制成人工"羽毛"和女帽装饰。1898年，玻璃纤维被推荐为更具人道主义的真羽毛装饰替代品。㉔在19世纪的最后20年内，由于开始利用化学改性纤维素生产人造丝，人们对玻璃纤维织物进一步探索的兴趣受到了抑制。1884年，路易斯·德·夏尔多内伯爵（Count Louis de Chardonnet，1839—1924）❸研发了第一批复合人造纤维。虽然"夏尔多内人造丝"取得了复合人造纤维最初的成功，但缺点是极为易燃。而后，黏胶纤维❹的发明也随之而来，该

---

❶ 威灵顿公爵夫人，名为伊丽莎白·韦尔斯利（Elizabeth Wellesley），是特维尔八世侯爵乔治·海伊的女儿。在1839年4月18日，嫁给了威灵顿公爵的儿子洛尔·杜罗，并于1852年成为威灵顿第二公爵夫人。她在维多利亚女王统治期间曾获得维多利亚和艾尔伯特颁发的三等皇家勋章。

❷ 赫尔曼·哈姆梅斯法尔，美国发明家，他创造了一种玻璃纤维的织物，将玻璃纤维纱线与真丝交织在一起，并于1880年被美国专利局授予了该项专利。这是关于玻璃纤维最早的一项专利。除此之外，哈姆梅斯法尔还因提供了用于开发和生产的实践基础光纤被誉为"光纤鼻祖"（the grandfather of fiber optics）。

❸ 路易斯·德·夏尔多内伯爵，法国工程师、实业家。1870年后期，在研究治愈法国蚕流行疾病的过程中，意外发现硝化纤维可以代替真丝。在意识到这一发现的价值之后，夏尔多内快速地投入了研究。他将这种人造纤维的新发明称为"夏尔多内人造丝"，并于1889年在巴黎展览会上展出，但由于这种材料极为易燃，随后被其他更为稳定的人造丝所取代。

❹ 黏胶纤维，古老的纤维品种之一。1891年，克罗斯（Cross）、贝文（Bevan）和比德尔（Beadle）等首先以棉为原料制成了纤维素磺酸钠溶液，由于这种溶液的黏度很大，因而命名为"黏胶"。黏胶遇酸后，纤维素又重新析出。根据这一原理，1893年发展成为一种制造纤维素纤维的方法，这种纤维就叫做"黏胶纤维"。1905年，米勒尔（Muller）等发明了一种稀硫酸和硫酸盐组成的凝固浴，实现了黏胶纤维的工业化生产。黏胶纤维的吸湿性符合人体皮肤的生理要求，具有光滑凉爽、透气、抗静电、防紫外线、色彩绚丽、染色牢度较好等特点。其具有棉的本质与丝的品质，是地道的植物纤维，源于天然而优于天然，可广泛应用于各类内衣、纺织、服装、非织造等领域。

纤维在1892年获得专利，并于1905年开始投入商业化生产（参见第131页）。

　　化学在橡胶的商业化发展过程中也至关重要。橡胶是从几种植物内发现的乳状树液（胶乳）中提取的。最主要的来源是三叶橡胶树（巴西橡胶树），这是一种原产于南美洲亚马逊雨林地区的植物。通过在树皮上切一个开口，插入供胶乳流出的管子，树胶就被提取出来了。19世纪，胶乳主要通过高温或雾化的方法凝结，然后形成球状或者通过其他模具被塑造成各种形状；一件乳胶固化的乳胶产品甚至能重达50磅（约45斤）。中美洲和南美洲的土著居民已经掌握了橡胶的弹性、回复性和防水性等特性，将其用于制造球状物或其他更实际的用途。18世纪70年代，在英国，橡胶首次被制成橡皮擦，可以擦掉纸上铅笔所留下的痕迹。

　　1823年，查尔斯·麦金托什（参见第69页）发明了一种在萘（Naptha）（煤气副产品）中溶解固体橡胶的方法，并申请了专利。他把液体橡胶均匀涂抹在两层织物之间，第一次真正意义上制作出了一种防水的面料，并因此得名，尽管这种织物是经过改良的"麦金托什"（Mackintosh）（《牛津英语词典》中第一次将这个词用作名词使用可追溯至1835年）。虽然第一个于1843年获得橡胶硫化专利的人是英国的托马斯·汉考克（Thomas Hancock，1786—1865）❶，但美国的查尔斯·固特异（Charles Goodyear，1800—1860）❷才是橡胶硫化真正的发明者。⑤硫化过程改善了橡胶的性能，使其拥有更好的稳定性且不易受温度变化的影响。19世纪50年代和60年代流行服装廓型的宽松风格以及为追求面料的透气性而采用的小孔织造，都使橡胶制品的缺点（非常刺鼻的气味、出汗引起的闷热和不透气性等）在时装中得到了缓解。

　　硫化橡胶也改善了针织类服装、服装松紧带和带状织物所使用的弹性纤维的质量。1840年，约

❶ 托马斯·汉考克，英国橡胶工业的创立者，发明了橡筋。汉考克将他的发明用在手套、吊裤带、鞋子和袜子的固定物中，于1820年获得专利。橡筋的出现是一场革命，因为它可以使衣服紧贴在身体上不掉下来。这又使得它成为服装生产中一种关键的材料组成。

❷ 查尔斯·固特异，美国发明家。固特异出生于美国康涅狄格州的纽黑文市。他的父亲是个发明者，能创造一些小五金和家具，他的祖父也有这方面的专长，因而固特异家族在当地小有名气。1830年，由于过度的扩张，固特异与其父亲合办的冶金厂破产了。家族没落，固特异本人也接二连三地遭受牢狱之苦。但即使在监狱之中，固特异仍坚持自己在橡胶方面的试验。出狱之后，由于财力有限，他终止了自己在五金上的业务，专门对橡胶材料进行"改性"。固特异经过一系列改良，最终确信他所制备的这种物质不会在沸点以下的任何温度分解，"橡胶硫化技术"问世了。硫化橡胶的发明被美国《金属杂志》评为材料科学与工程领域历史上的十个"最伟大事件"之一。

图45（下图）　靴子，羊毛、帆布和橡胶松紧带；英国，1845~1865年；由A.L.B.阿什顿（A.L.B. Ashton）先生提供；V&A博物馆馆藏编号:T.24-1936

图46（右图）　J.C.科丁（J.C. Cording）的广告，"防水产品生产商，保证抵御任何气候影响"，摘自世界博览会（英国1851年）参展商简介，第16卷；V&A博物馆里的国家艺术图书馆藏

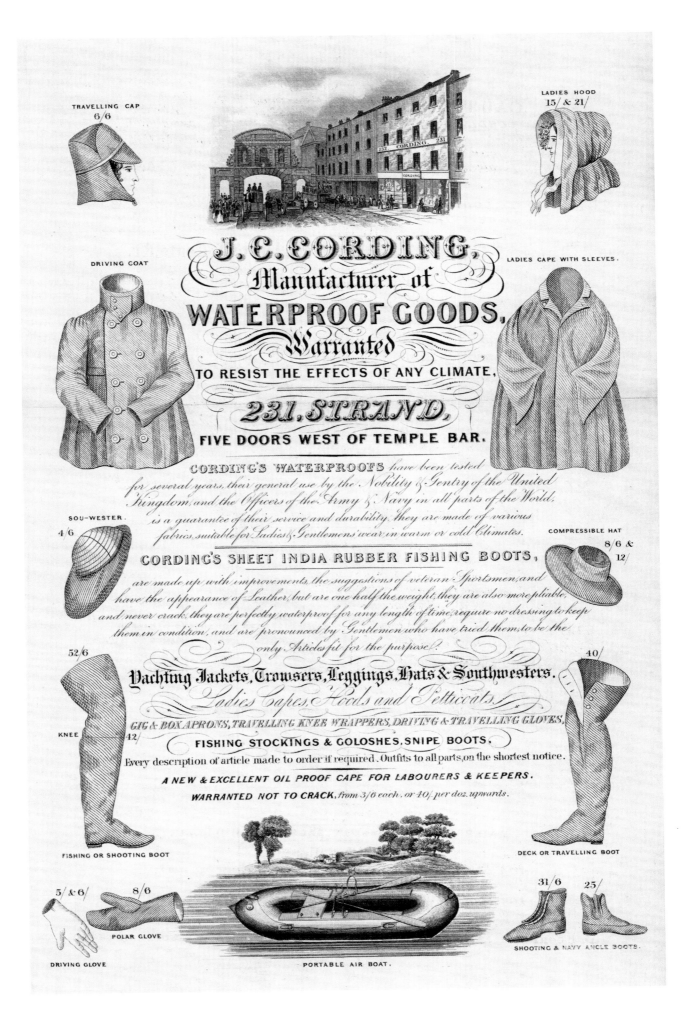

图47（上图）　日间礼服，用甲基紫、苯胺蓝合成
染料染色的丝绸；英国，约1873年；由布里斯托尔
侯爵夫人（the Marchioness of Bristol）提供；V&A
博物馆馆藏编号：T.51&A–1922

图48（右图）　护理服，土耳其红地的滚筒印花棉
织物；英国，1825—1830年；由D.A.弗雷森小姐
（Miss D. A. Frearson）提供；V&A博物馆馆藏编
号：T.74–1988

瑟夫·斯帕克斯·霍尔（Joseph Sparkes Hall，1811—1891）❶设计的一款短靴成为第一个被注册的弹性设计专利，这款靴子的侧面由弹力松紧带制成。年轻的维多利亚女王（Queen Victoria，1819—1901）甚至也是斯帕克斯·霍尔设计的这种便于穿脱的靴子的客户之一。由于这种新产品的开发，斯帕克斯·霍尔甚至在伦敦主要的购物中心摄政街开设了一家靴子店。[26]许多博物馆都收藏了这种有松紧带的男靴和女靴（图45）。但由于松紧带的弹性经常会老化，可能会出现丑陋的松弛和褶皱。另一位伦敦制鞋商吉恩·乔治·阿特洛夫（Jean Georges Atloff，约1809—1876）宣称，可以通过将松紧带设计在鞋帮上，以克服在穿着磨损过程中使松紧带老化而形成"像因痛风而肿胀的外观"，从而"让脚背可以（因松紧带的弹性）自由拱起，并制造出令人赞叹的……弧线（拱形）形状"[27]。

橡胶还被用来制作各式各样的防水服饰（图46）。1857年，芭芭拉·利·史密斯·博迪肯（Barbara Leigh Smith Bodichon，1827—1891）❷宣称："每个女人都应该拥有一件带风帽的防水外套。最好质量的防水外套需要花费2英镑，而普通质量则只需1英镑。"虽然，作为一名女权主义者，博迪肯为争取妇女受教育权、法律独立权、公平从业权与同工同酬权而不懈努力；但她对传统着装观念也持赞同意见。她认为，女性需要防水衣物是为了基本的防寒保暖，正如她们需要工作来保持身心健康一样。[28]

工业用橡胶的需求不断增长，使得政府试图建立巴西橡胶树种群，以便将橡胶树的种植引入帝国。1876年，英国皇家植物园的植物学家们成功地培育出足够的种子，并把这些种子装在沃德箱（参见第101页）里送去锡兰（斯里兰卡）和新加坡的植物园。第一个亚洲橡胶种植园于1896年在马来亚（现在是马来西亚的一部分）建立起来。

天然气工业的另一个副产品是煤焦油，它是制作人造苯胺染料的必备成分，这种染料可以改变纺织品的颜色。苯胺染料比从植物、昆虫和贝类中

---

❶　约瑟夫·斯帕克斯·霍尔，维多利亚女王的御用制鞋师，1839年，硫化橡胶的发明为他的设计提供了支撑，为了设计出一种便于穿脱的靴子，霍尔将硫化橡胶运用于靴子的侧面，首次创造出了切尔西靴。切尔西靴方便穿脱的特点让女王的靴子日日不离脚。很快，该靴子就广泛流行了起来。

❷　芭芭拉·利·史密斯·博迪肯，19世纪英国教育家、艺术家兼女权运动的领袖人物。芭芭拉早年间就展现出极强的同情心，这使得她在慈善家和社会工作者中赢得了重要地位。19世纪50年代，芭芭拉和她的朋友开始通过定期会议讨论妇女的权利，并由此被称为"兰厄姆女士团体"，这是英国最早具有组织性质的妇女运动之一。芭芭拉于1854年发表了英国有关女性法律的摘要，并于1858年，与人共同创办了《英国妇女杂志》（English Womans' Journal），以便专门讨论与女性直接相关的就业和平等问题、尤其是体力劳动或知识产业就业、扩大就业机会以及改革性别相关的法律。

提取的传统天然染料更便宜，也更容易使织物着色，在20世纪，苯胺染料已然成为商业染色的主流。1856年，威廉·亨利·珀金（William Henry Perkin，1838—1907）❶偶然发现了合成苯胺紫（苯胺紫），这一发现使人们开始关注苯胺染料的应用潜力，并持续推动苯胺染料新颜色的开发，苯胺染料的研发与应用在德国和瑞士尤为盛行。如何研发出适用于丝绸织物、羊毛织物尤其是棉织物的苯胺化学染料是该项研究的重点，这种研究也具有更重要的商业价值。

1868年,两位德国化学家对茜素的化学结构进行了分析，发现茜素来源于煤焦油烃蒽。茜素存在于茜草植物的根部，这种染料广泛用于棉布印花并且可以染出土耳其红的棉织物（图48）。这一发现使得人工合成茜素成为可能，经过英国的珀金和赫斯特公司的染色厂，以及德国巴斯夫股份公司的化学家海因里希·卡罗（Heinrich Caro，1834—1910）❷对此种染料的进一步实验后，开发了一种更为经济的人工合成茜素染色法。㉙无论茜素是来源于天然茜草还是人工合成，以其为基础的染料着色都非常迅速。

第一批色彩鲜艳的人工合成染料问世时，由裙撑支撑的廓型宽松的裙子正在流行。这种从煤焦油中神奇地衍生出来的那些令人振奋的新颜色，正是这种时尚的完美广告。这些色彩是现代性的彰显和体现。尽管包括淡紫色、品红、孔雀石绿和甲基紫在内的许多染料最初都因为其快速着色的能力而备受追捧（图47），但令人失望的是，这些染料同时也极易挥发。部分染料在接触汗液和体温后就会变得不稳定，从而引起皮肤肿胀、呕吐、皮疹等不适症状。苯胺中毒成为染整工人的职业危害。㉚1890年，约克郡理工学院第一任染色学教授、快速易挥发染料研究专家约翰·詹姆斯·赫梅尔教授（John James Hummel，1850—1902）的科研专题即是煤焦油染料的固色。在30种天然染料中约有10种可以快速着色；而在1890年使用的300种煤焦油染料中，大约有30种化学染料被证明着色迅速，而另30种着色速度中等的化学染料则为染色工人提供了更多染料的选择。㉛直到20世纪初，天然染料仍然独立使用，或与化学染料结合使用（参见第93页），但化学染料的优势始终如一并且价格更为便宜。

运用无数色彩的能力是保持时尚最有效的工具之一，因为它可以带来新鲜感与多变的外观。由于染料较易褪色，本身自然美丽、色牢度好的原材料会被运用于各类服装和配饰上也就不足为奇了。彩虹色尤为令人喜爱。尽管用对比色的经纬线织成的闪光丝绸和云纹绸（图49）能产生相似的光学效果，但彩虹色在纺织品中其实很难模拟。彩虹色是由微小的表面结构产生的颜色，这些表面非常细，足以干扰可见光。彩虹色会因光线落在织物表面的角度差异和观察者的角度差异而变化。㉜珍珠母（图53）、一些鸟类的羽毛（图50）和珠宝甲虫（吉丁虫）耀眼的金属翅膀，它们闪闪发光的颜色都是这种光线折射与角度变化相互作用的结果（图51）。

吉丁虫是钻木昆虫，生存于世界上包括欧洲在内的许多地方。在许多文化中，甲虫都会被用来装饰服装并象征身份高贵，它们耀眼的色彩使其在时尚服饰中得到广泛应用。无论是吉丁虫在休息时用来保护翅膀的坚硬前翅，还是整只甲虫，都会被用来装饰服装和配饰，如披肩、扇子和钱包等。1828年，受人尊敬的爱德华·考斯特夫人（Mrs Edward Cust，1800—1882）订购了一件粉红色丝绸的宫廷礼服来纪念国王的诞辰，"礼服上面绣着金色的昆虫翅膀，饰有绿色和金色的流苏"，还有一条绿色的裙裾。爱德华·考斯特夫人对珍珠和祖母绿宝石的选择以及整件服装的材料都反映了她的家庭财富和殖民背景。㉝爱德华·考斯特夫人的父亲路易斯·威廉·博德（Lewis William Boode）来自南美洲英属圭亚那的一个种植园奴隶主家庭。印度的出口纺织品包括薄纱披肩与饰有鞘翅和刺绣着镀银金属线的裙片、荷叶边等（图52）商品，成功地启发了英国的服装制造商，驱使他们效仿这种鞘翅装饰法。1867年，英国从印度进口货物的一次运单就包括两万五千只昆虫的翅膀。㉞

时尚对新奇的不断追求导致以活昆虫入饰这种现象的出现。19世纪80年代末，美国短暂地出现以活昆虫入饰的狂热时尚现象，人们流行佩戴在铁托上饰有珠宝和活甲虫的装饰链，这些装饰链被系在翻领上或做胸花装饰。但这种流行现象曾遭到评论界的反对："对待那些小可怜虫的方式……就好像它们是金子而不是活物"。㉟同时，人们还曾使用萤火虫装饰晚礼服，这种装饰行为的确创造了一场炫目迷人的大自然光线秀，并毫不夸张地使着装者成为聚光灯下的焦点。㊱这两种以生物装饰的风

❶ 威廉·亨利·珀金，英国化学家，出生于伦敦。1853年在皇家化学学院就学于德国有机化学家A.W.霍夫曼（A.W. Hofmann），在做霍夫曼助手的同时建立了自己的实验室。随后当选为英国皇家学会会员，并担任英国化学会会长。1856年用铬酸氧化含杂质的苯胺盐，制成了最早的合成染料——苯胺紫染料，当年取得了专利；之后又合成了甘氨酸、酒石酸等。其主要著作有《实用化学教程》《有机化学》《无机化学》等。
❷ 海因里希·卡罗，德国化学家。卡罗出生于普鲁士波森省，1855年，在柏林皇家工艺学校学习了印染技术后，在慕尼黑的一家印花布作坊工作。1859年卡罗到英国曼彻斯特继续学习印染技术和染料生产，随后回到柏林，就读于柏林大学。在获得博士学位后，卡罗进入巴斯夫公司，为其开发新染料。在巴斯夫期间，1878年卡罗和阿道夫·冯·拜尔一起合成了第一种靛蓝染料。他还第一个分离出了茜素染料，并为巴斯夫申请了专利；到他退休时，他已经为巴斯夫发明了26种不同的染料。同时，他发现了过氧硫酸，这种强氧化剂被命名为卡罗酸。

图49（右图） 日间礼服，云纹绸；英国，约1858年；由珍妮特·曼利小姐（Miss Janet Manley）提供；V&A博物馆馆藏编号：T.90&A-1964

图50（下图） 一对耳环，镀金金属、玻
璃镶嵌与红脚旋蜜雀的头；英国，约1875
年；V&A博物馆馆藏编号：AP.258–1875

图51（上图）　印度孟买桑贾伊·甘地国
家公园（Sanjay Gandhi National Park）
里的吉丁虫

图52（右图）　紧身上衣和裙子，饰有吉
丁虫鞘翅（绿点椭圆吉丁）的棉织物；英
国（大概），1868—1869年；由凯西·
布朗（Kathy Brown）提供；V&A博物馆
馆藏编号：T.1698:1 to 5-2017

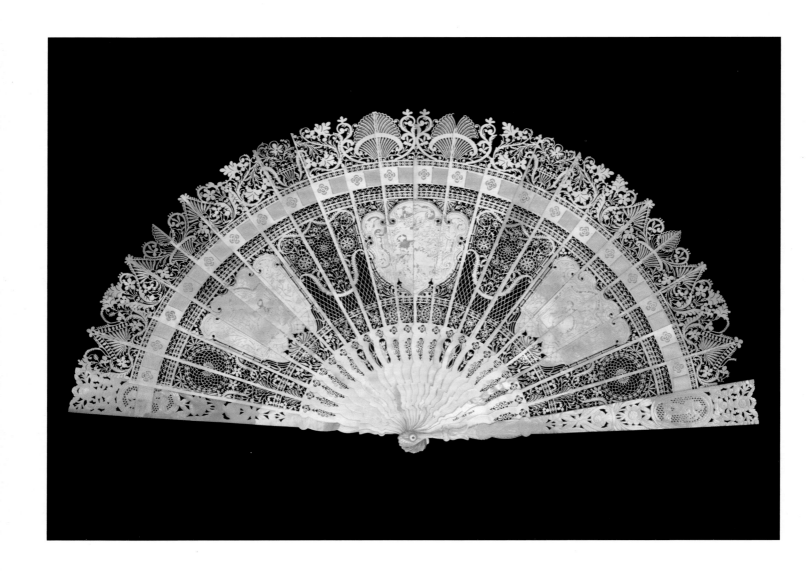

图53（上图）　扇子，镂空雕花珍珠贝母；法国，1800—1850年；由英国玛丽王后（Queen Mary）提供；V&A博物馆馆藏编号：CIRC.248-1953

图54（右图）　Mesdesmoiselles M.&E.（一种法国未婚女子专用的扇子名），席文绸和装饰着蜂鸟与西澳的雄吉丁虫的羽毛；巴西，19世纪80年代；由玛格丽特.S.珀金（Margaret S. Perkin）提供；V&A博物馆馆藏编号：T.15-1950

尚都是从中美洲和南美洲的传统着装习俗中借鉴而来的。

在用于装饰服装的众多进口鸟类中，那些拥有彩虹色羽毛的鸟类最受欢迎。尽管羽毛的色彩会褪去，但由于特殊的纤维结构，其中的彩虹色却得以保留。来自南美洲的孔雀、蜂鸟以及喜马拉雅山脉的锦鸡因羽毛色彩鲜艳、闪闪发光而备受赞誉。或许，蜂鸟最巧妙的用途是将其应用于扇子装饰（图54）。灵巧的双手和娴熟的技艺使呆板而毫无生气的鸟羽似乎又重获生命而在空中自由翱翔。一些扇子还以甲虫和甲虫的鞘翅为装饰特色，其明亮的彩虹色系与蜂鸟羽毛的光泽交相辉映。

从18世纪70年代至1914年，鸟类的身体和羽毛被大量地应用于装饰头发、女帽、棒球帽和舞会礼服，以及制作如胸衣、手套和扇子这类精美的配饰。此时，两种时尚潮流的趋势呼之欲出：即使用整只鸟类作为装饰的时尚与改造自然的冲动。早期的案例发生在1829~1830年，当时有一顶装饰着一对天堂鸟的女帽被誉为时尚的最新传奇。毫无疑问，以整只鸟作为装饰的时尚物品，其价格与外观都与那些仅以鸟羽作为装饰的大多数时尚物品有差异。[37]1859年，法国拿破仑三世的夫人欧仁妮皇后（Empress Eugénie，1826—1920）❶戴了一顶装饰有蜂鸟栖息在紫丁香花上的帽子。[38]从物种上看，这只蜂鸟很可能是皇辉蜂鸟的填充标本。1856年，鸟类学家、标本制作师兼出版商约翰·古尔德（John Gould，1804—1881）❷将这只蜂鸟献给了欧仁妮皇后。这个被广泛宣传的"时尚案例"似乎掀起了一股利用蜂鸟、唐纳雀、燕子和知更鸟等小鸟来装饰服装、女帽的时尚热潮，但这也导致了数百万只小鸟的死亡。

---

❶ 欧仁妮·德·蒙蒂霍（Eugénie de Montijo），法兰西第二帝国皇帝拿破仑三世的妻子。人们称之为欧仁妮皇后（也译为尤金妮娅皇后或尤金妮皇后）。她出生于西班牙的贵族家庭，天生丽质，体态风流，和同时期的奥地利茜茜公主，并称为欧洲两大美女。欧仁妮皇后以美貌和时髦著称，成就了许多时尚奢侈品牌。法兰西第二帝国时代，大批时尚奢侈品家族从个人作坊逐渐发展成为现代的品牌，行业逐渐成型，其中包括路易威登、娇兰、卡地亚等。欧仁妮皇后还跟随丈夫出使多国，凭借自己的聪明才智，和英国的维多利亚女王结下了深厚友谊，并让女王陛下对法兰西帝国的印象有了改观。

❷ 约翰·古尔德，19世纪英国的一位鸟类学家、商人、艺术家，出生于英格兰。1830年，古尔德受到一套珍贵的喜马拉雅鸟皮收藏的启发，写下了他的第一卷对开插画书《喜马拉雅山珍稀鸟类图鉴》（A Century of Birds from the Himalaya Mountains，1831—1832年）。古尔德为该书手绘了80幅草图，这些草图经由他的妻子伊丽莎白——一位很有天赋的艺术家，转刻到平石板上成为石版画。图册有威格斯配合撰写的文字。在已经出版的国外鸟类书籍中，该图册最为全面、准确。1838年后古尔德与其妻一同前往澳大利亚，在当地发现了许多新物种并给它们命名。从澳大利亚旅行归来后，他出版了最受赞誉的作品——七卷本的《澳大利亚鸟类》（The Birds of Australia，1840~1848年）。

图55（上图） 哈罗德百货（Harrods），《伦敦毛皮时尚中心》（London's Centre for Fashionable Peltry）；广告；伦敦，1901—1914年；V&A博物馆的纺织品和时装部门藏

图56（下图） 普费弗布鲁内尔服饰公司，带有皮手筒的皮草大衣，海豹皮；巴黎，约1905年；由霍耶·米拉（Hoyer Millar）女士提供；V&A博物馆馆藏编号：T.49 and 50-1961

维罗妮卡·艾萨克（Veronica Isaac）展示了一顶装饰着椋鸟的帽子（参见第97页），这是一个表明人们渴望改造自然的绝佳例子。使用另一种鸟类经过染色和绘制后的羽毛，作为椋鸟羽毛重新着色的补充，以形成一种不同动物杂交后的新样式，从而人为地创造出一种"精心设计"的新物种。通过技巧和干预将人类的审美观强加于自然的这种本能，即是人类与自然关系的核心问题。这顶帽子展示了人类控制和操纵自然的欲望，这种控制是为了使其变得对人类来说更"有用"、更"美丽"或是更"稀有"。[39]

在19世纪，以新工艺方法加工的毛皮能够更加柔软，这促使皮草大衣的广泛流行。在这之前，毛皮通常被用来制作服装的衬里或用于服装上的点缀物。海豹皮，来自生活在寒冷北方水域的海豹（北海狗），是最早被用来制作毛皮外套的皮草种类之一。海豹皮用于制作服装时，通常将其深色、粗糙的外层粗毛剪除，露出柔软、光滑的下层绒毛，这些绒毛会呈现一种华美的栗褐色。从19世纪中叶开始，用海豹皮制成的夹克和服装配件广为流行，在现实生活中和小说里都可以发现关于其的拥有者对此引以为傲的记载。[40]最优质的毛皮大衣代表着奢华。这些柔软、温暖的毛皮大衣还经常被加工上丰富绚烂的色彩，在熟练的毛皮制作者手中，毛皮大衣可以被加工得非常合身且时髦。V&A博物馆的收藏品中就有一个很好的例子：1905年,由巴黎的普费弗布鲁内尔（Pfeiffer-Brunel）服饰公司制作，伊丽莎白·林赛·德·马雷·范·斯温登（Elizabeth Lindsay de Marees Van Swinderen，1878—1950）穿着一件将外层粗毛海豹皮与内层绒毛海豹皮拼合为一体的大衣（图56）。经过处理的外层粗毛皮用于衣领、袖口和配套的暖手筒，与制作大衣衣身部分的短而柔软的皮毛形成视觉与纹理的对比。

为了与一些皮草服饰相搭配，如女用披肩和暖手筒等，在维多利亚晚期和爱德华七世时期有一个鲜明的时尚特征，就是用动物的尾巴、爪子和头来做装饰。质量最好却也最昂贵的白貂皮来自俄罗斯、挪威和瑞典，狐狸、水貂和貂鼠（图57）则从加拿大进口，而浣熊成为北美最常被捕杀的对象。如海豹、白貂（白鼬）和熊这类的动物标本会在毛皮商品陈列室里作为装饰品展出（图55）。当时，许多低档毛皮被用做那些昂贵或独特的毛皮的替代品。例如，以松貂作为紫貂的替代物，用最低端的"兔毛海豹皮"（由兔毛制成）代替真正的海豹皮。即使是填充物，使用真正的动物毛皮也能促使消费者信任，零售商所销售的商品是货真价实的。这类时尚服饰本身就具有炫耀色彩，而对于那些谴责虐待动物和反猎杀鸟兽运动的动物保护主义者来说，这种时尚行为令人厌恶并且缺乏道德感。

图57（下图）　卡罗琳·瑞邦（Caroline Reboux，1837—1927）（不确定），帽子，松貂皮和罗缎丝带；巴黎，约1893—1897年；由乔姆利侯爵夫人西比尔（Sybil, Marchioness of Cholmondeley）提供；V&A博物馆馆藏编号：T.374-1974

时尚对自然世界的影响

出于人们对环境、物种所遭受的破坏，以及对动物遭受的残忍对待等问题的深切关注，诸多相关社会组织逐步成立，如动物保护协会［the Society for the Prevention of Cruelty to Animals，简称SPCA，1824年成立，1840年更名为英国皇家动物保护协会（the Royal Society for the Prevention of Cruelty to Animals）］和鸟类保护协会［the Society for the Protection of Birds，简称SPB，1891年成立，1904年更名为英国皇家鸟类保护协会（the Royal Society for the Protection of Birds）］，并将毛皮、羽毛和鳍类保护协会（Fur, Fin and Feather Folk，1889年成立）和羽翼联盟（Plumage League，1889年成立）纳入其中。女性在保护土地、马匹等家畜以及限制狩猎运动（猎杀鸟兽的运动）、限制活体解剖与皮毛贸易等公众运动中发挥着主要社会作用。其中包括社会改革者奥克塔维亚·希尔（Octavia Hill，1838—1912）❶，英国皇家动物保护协会主席伯德特-库茨男爵夫人（Baroness Burdett-Coutts，1814—1906）❷，艺术史学家兼作家李弗农（Vernon Lee，1856—1935）❸，新闻工作者兼女权主义活动家弗朗西斯·鲍尔·科布（Frances Power Cobbe，1822—1904）❹，SPB副总裁兼出版物编辑伊丽莎·菲利普斯（Eliza Phillips，1822/3—1916）❺以及该协会的秘书弗兰克（玛格丽塔）莱蒙夫人［Mrs Frank (Margaretta Lemon)］。㊶

1869年6月颁布的《海鸟保护法》是第一部限制屠宰鸟类并被载入英国国家法典的法案。该法案规定，每年在鸟类繁殖的4月1日至8月1日为禁止狩猎季，期间为33个鸟类提供保护。海鸟不仅面临着羽毛要被用于时尚制作的风险，同样也面临着来自鸟蛋拾取者、猎鸟运动爱好者的威胁，这些人或者想把它们做成标本，或者想以它们的蛋为食。尽管这项法律与其他随后制定的英国野生鸟类保护法一样出于善意，但由于其难以监管，并且仅限于繁殖季节，所以收效甚微。

英国皇家鸟类保护协会的工作重点是提高人们对屠杀鸟类进行羽毛贸易而造成的生态后果的认识，并游说大众采取保护鸟类的措施。要求"女性成员"以身作则，避免"穿着任何除鸵鸟外非食用类鸟的羽毛制成的时装"（南非饲养鸵鸟是为了获取其羽毛，但正确采集羽毛的方式并不会对鸵鸟造成伤害）。该协会还出版了手册、传单以及明信片，并且还通过一些独具想象力的方式来吸引人们对环保事业的关注。例如一次抗议活动的标语牌上的画，画上的人穿着白鹭的羽毛，强调了穿着白鹭羽毛制成的时装将会给白鹭带来怎样的破坏性后果。威廉·亨利·哈德森（William Henry Hudson，1841—1922）❻等自然学家、讽刺杂志《笨拙》（Punch）（图59、图60）、艺术家乔治·弗雷德里克·沃茨（George Frederick Watts，1817—1904）❼（图58）以及约翰·拉斯金

❶ 奥克塔维亚·希尔，19世纪英国的慈善家和女性环境主义者，更是一位杰出的住房改革家。她主要关注19世纪下半叶伦敦居民的福利。由于父亲生意的失败，希尔早年间在困境中成长并未接受教育，14岁开始便为工人的福利服务。早年的经历使得希尔致力于改善伦敦贫民区贫困、混乱的状况，她通过修建廉价实用住房帮助伦敦贫苦的房客们养成卫生习惯和自助精神。采取私人经营的方式，将政府政策落到实处，并填补了政府管控的不足和空缺。1881年，英国"慈善组织协会"将这种行为誉为"奥克塔维亚·希尔制度"，并在英国和爱尔兰广泛传播。

❷ 安吉拉·乔治娜·伯德特-库茨，第一位伯德特-库茨男爵夫人，同时也是19世纪的慈善家，被称为"英格兰最富有的女继承人"。她将其大部分财产都用于奖学金、捐赠和各类慈善事业。她最早的慈善行为之一是为那些靠卖淫和偷窃为生的女性建立一个收容所。她回避参加党派政治，但对改善非洲原住民的状况、教育和救济世界上任何地方的穷人或苦难者抱有极大的热情。爱德华七世将其称为"继母亲（维多利亚女王）之后，王国最伟大的女性"。

❸ 李弗农，英国作家维奥莱特·佩吉特（Violet Paget）的化名，她以"移情美学"著称，也以此为中国读者所熟悉。她极具天赋，十多岁时就用法语、意大利语、德语等非母语的语言在报纸刊登文章。她的作品中以超自然小说最为独特，文学成就也最高。英国作家、翻译家蒙塔古·萨默斯（Montague Summers）将其誉为"现代超自然小说中最伟大的代表人物"。

❹ 弗朗西斯·鲍尔·科布，爱尔兰作家、社会改革家，以反对活体解剖而闻名于世，同时还是一个极端的女权主义者。1875年，科布成立了世界上第一个反对动物实验的组织。其主要作品包括《道德直觉理论》（The Intuitive Theory of Morals）、《论女性的追求》（On the Pursuits of Women）、《时代的科学精神》（Scientific Spirit of the Age）等。

❺ 伊丽莎·菲利普斯，英国动物福利活动家，也是皇家鸟类保护协会的联合创始人，同时也是SPB的副总裁兼出版物编辑。她为英国鸟类做出了重要贡献，SPB团体旨在反对以鸟羽制作服装及配饰，保护鸟类的生命安全和生活方式。到1898年，SPB已拥有两万名会员，仅在1897年就分发了16000多封信和50000张传单。该协会于1904年获得英国皇家宪章。

❻ 威廉·亨利·哈德森，出生于阿根廷布宜诺斯艾利斯的基尔梅斯，是一名作家、博物学家兼鸟类学家。1874年，哈德森在英国定居，居住在贝斯沃特的圣卢克路。哈德森一系列的鸟类学著作，诸如《阿根廷鸟类学》（Argentine Ornithology）、《英国鸟类》（British Birds）等使之声名鹊起。除鸟类研究外，哈德森在文学方面也做出了巨大贡献，如著名小说《绿色大厦：热带森林的罗曼史》（Green Mansions: British Birds A Romance of the Tropical Forest）等。

❼ 乔治·弗雷德里克·沃茨，维多利亚时代最为神秘的艺术巨人之一，被誉为"英国的米开朗基罗"。他不属于"拉斐尔前派"的成员，走着与当时学院派不同的道路，专爱用象征手法来表现自己内心的复杂意图，从而摆脱了学院派的创作与生活现实没有联系的动机，改变了文艺复兴以来绘画色调重复传统的规范，是对艺术的又一次革命与反叛。沃茨认为艺术应该宣传普遍的真理，应该"给人以德性上的启示"，而不是为了取悦于人，因此他采用文学性的手段，画了许多深含人生哲理的寓意画，代表作《希望》是最为杰出的一幅。

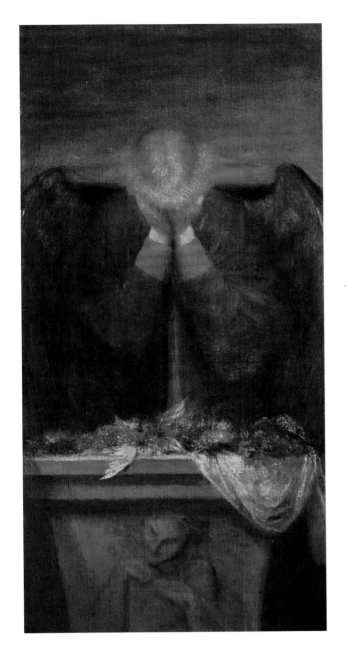

图58（左图）　乔治·弗雷德里克·沃茨的《献辞》（*A Dedication*），"献给所有热爱美丽的人，为毫无意义并且对鸟类生命与美丽进行残忍破坏的行为表示哀悼"（G.F.沃茨），布面油画；英国，1898—1899年；沃茨画廊馆藏编号：COM-WG.157

图59（右图）　爱德华·林利·桑伯恩（Edward Linley Sam-bourne，1844—1910），"猛禽"（*A Bird of Prey*），《笨拙》，伦敦（1892年5月14日）；V&A博物馆：国家艺术博物馆藏

图 60（右图）　奥古斯特·香波（Auguste Champot），披肩（背部），公鸡和野鸡的羽毛；巴黎，约 1895 年；由梅林夫人（Mrs Mailin）提供；V&A 博物馆馆藏编号：T.84–1968

图 61（第 90、91 页）　布拉德福德市的景色；《伦敦新闻画报》（*The Illustrated London News*），伦敦（1873 年 9 月 20 日）；V&A 博物馆：国家艺术博物馆藏

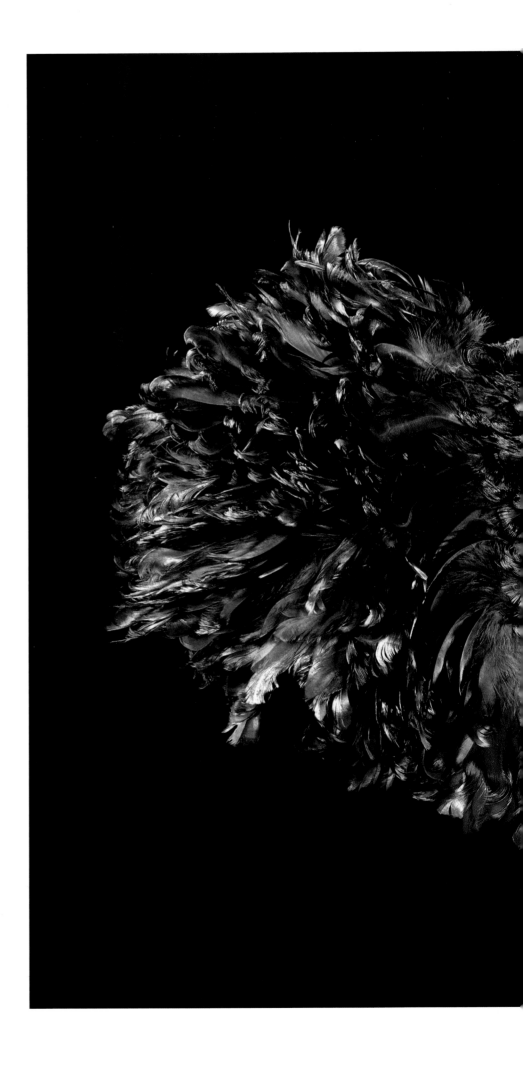

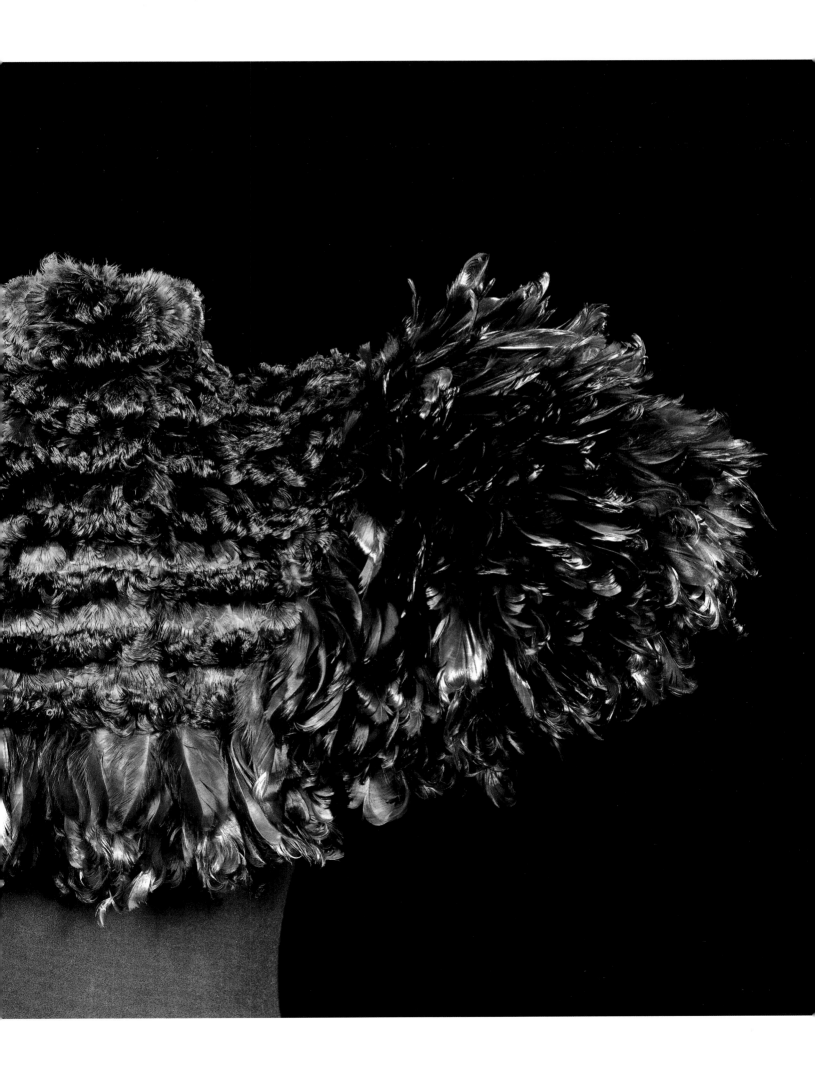

（John Ruskin，1819—1900）[1]等作家都给予英国皇家动物保护协会极大的支持。限制贩卖鸟类羽毛的运动几经波折，最终于1921年的英国议会上通过了《禁止》羽毛进口法案。这项法案仅限于进口产品，并且具体操作时能够轻易回避此项法案的制裁，但是考虑到这项法案对鸟类的保护作用，这无疑已经是一个突破性的成就了。

英国皇家动物保护协会和人道主义联盟（1891~1919年）等有关动物权利与保护的组织提高了人们对毛皮贸易残酷性的认识。这些组织倡导的一些活动尤其强调了海豹皮贸易的残酷性。与白鹭等因羽翼的时尚价值而被捕杀的鸟类相同，人们在猎杀海豹时也不会考虑到其正处于繁殖季节。海豹会被枪杀、被棍击，甚至有时还会被人们活活剥掉身上的皮。1899年，约瑟夫·柯林森（Joseph Collinson）通过人道主义联盟发表了《海豹皮斗篷的代价》（The Cost of a Seal-skin Cloak）一文，痛心疾首地揭露了海豹皮贸易背后的残暴。19世纪90年代至1911年，加拿大在北太平洋的海猎非常密集，北太平洋海豹的数量从450万只到500万只减少到约30万只。1911年，为了阻止加拿大的捕猎，美国、英国、俄罗斯和日本联名签署的《北太平洋毛皮海豹保护公约》（the North Pacific Fur Seal Convention）出台了严格的保护法规。[12]这项具有国际约束力的协议是关于动物保护所取得的重要进展。

尽管各种动物保护组织的形成打击了动物虐待行为并且保护了鸟类和动物种群，但英国持续的工业化依然对空气和水造成了严重的污染。在人口密度高并且使用化学燃料生产热、光和电等能源以进行工业生产的中心地带，情况更为恶化（图61）。曼彻斯特及其周边城镇的空气和水污染臭名昭著。应用化学家罗伯特·安格斯·史密斯博士（Dr Robert Angus Smith，1817—1884）[2]，曾任曼彻斯特市民与政府监察员，负责监督《碱与河流污染防治法》（Alkali and Rivers Pollution Prevention Acts，1863年和1876年）的实施，并对城市工业化对空气的影响及其对人类健康的潜在长期影响和防治办法进行了一系列的研究。现在，他被人们定义为一位原型环境学家（Proto-environmental Expert），1859年他创造了"酸雨"（Acid Rain）这个词语。煤中含有大量的硫元素并在燃烧过程中产生和排放大量二氧化硫，使雨水呈酸性，并逐渐侵蚀石头，破坏植被。[13]人类对煤炭的依赖性也导致了严重的煤炭燃烧后废弃物处理的问题。煤矿边上堆砌着煤渣堆，城市里也充满了堆积如山的炉渣。蒸馏煤气的过程中产生的恶臭的水、硫化物以及煤焦油都被排放进了河流，这些污染物使得鱼类丧生并且影响了当地社区居民的健康。[14]

英国皇家河流污染调查委员会（the Royal Commission for Inquiring into the Pollution of Rivers，1867年）的第三份报告重点关注了约克郡西区的纺织制造业所造成的污染。亚耳河和考尔德河沿岸有491家精纺厂、2050家毛纺厂以及222家棉花厂；还有包括化工厂、酿酒厂、矿山以及制革厂在内的其他地方产业。被这些工业包围的亚耳河和考尔德河在工业生产中受到了严重污染，以至于"液体看起来更像墨水而不是河水"。这些河流被一种液体和固体废弃物的混合物所污染，这种混合物从源头便开始污染整条河流系统，随着河道变窄，这些污染则变得更加集中。当时的英国河流污染泛滥成灾。羊毛和毛织品的洗涤、冲刷、毡合、缩绒等工序产生了油脂、肥皂、悬浮物和污垢等污染物；染料厂排放的废水源自化学物质和染色物质的污染；并且固体废料中还掺杂了灰烬。[15]英国皇家河流污染调查委员会的报告直接促使了《河流污染防治法》（The Rivers Pollution Prevention Act，1876年）的颁布，这项法令规定，禁止向河流排入固体废物、污水和污染物。该法案是英国皇家河流污染调查委员会取得的首创性成功，但它的漏洞使制造商很容易规避法律的制裁。此外，地方当局办事不力往往是造成河流污染的重要原因之一，所以，让地方当局来执行这项法案也是没有远见的做法。[16]尽管工业界意识到了健康危害与环境污染之间的联系，但这往往被认为是工业发展的必要代价，而制造商也不愿在控制污染上花费超出强制规定的更多经费。[17]

---

[1] 约翰·拉斯金，英国作家、艺术家、艺术评论家、哲学家、教师以及非专业的地质学家，1819年2月8日生于伦敦。他是一个独生子，其父亲是一位成功的苏格兰雪利酒商人。1836年进入牛津大学基督学院，1840年因病退学。此后两年在意大利养病，同时搜集资料从事著述。他深深地感受到科学发展的力量，尤其是对地理产生了浓厚的兴趣。在这一时期他开始研究艺术和建筑学，并加入了拉斐尔派。1843年，他因《现代画家》（Modern Painters）一书而成名，书中他高度赞扬了威廉·特纳（J. M. W. Turner）的绘画创作，这以及其后的写作总计39卷，使他成为维多利亚时代艺术趣味的代言人。拉斯金对于自然主义和哥特风格在设计中运用具有浓厚兴趣，被人称为"美的使者"。他一生为"美"而战斗，其文字也非常优美，色彩绚丽，音调铿锵。如《现代画家》（Modern Painers）、《威尼斯之石》（The Stones of Venice）、《时间与潮流》（Time and Tide）等都是经典之作。同时，他也是19世纪"工艺美术"运动的精神指导者，对工艺美术运动产生巨大的推动作用，唤醒了人们对工业革命之后艺术现状的反思。

[2] 罗伯特·安格斯·史密斯博士，19世纪中叶英国化学家。他致力于改善大气污染，并因这方面的业绩，于1857年被推举为英国国家协会的会员。1872年史密斯在伦敦出版了一本关于大气和降水化学的著作《大气与降水——化学气候学的开端》，介绍了大气降水的化学研究。在此过程中，他发现了1852年在英国北部城市由富硫煤燃烧所导致的酸雨，因此又被称为"酸雨之父"。1884年，他被授予苏格兰工程师和造船家学会名誉会员。

在动植物间漫步：
19世纪的女裙和帽子

维罗妮卡·艾萨克❶
（Veronica Isaac）

❶　维罗妮卡·艾萨克，自由策展人、讲师兼作家，除了在布莱顿大学工作外，她还在纽约大学伦敦分校和罗斯布鲁福德大学任教。作为一名跨学科的服装历史学家，她的学士学位专业是英国文学和历史，而她的硕士学位则侧重于博物馆和画廊的研究，专业方向是历史纺织品和服装。2016年9月，她完成了一篇博士论文，研究女演员艾伦·特里（Ellen Terry, 1847—1928）的个人和戏剧服装，获得了布莱顿大学的博士学位。维罗妮卡博士曾在维多利亚和艾尔伯特博物馆工作了十年，并且为英国各地的博物馆和私人收藏策划过展览，并进行了广泛的演讲。维罗妮卡博士的研究领域主要包括18世纪后期到20世纪中叶的服饰、戏剧服装及其历史，但她的兴趣和出版书籍远不限于此。

19世纪时尚生产的规模和速度都发生了显著变化，这一点在图中所示的女式外出服（Walking Dress）和帽子上得到了体现。①此件外出服是为女装裁缝特里杜夫人（Madame Tridou）量身定做的，她于1880年至1895年期间在巴黎第八区的罗马街78号经商（图62）。这顶帽子或许是在卢浮宫百货公司（Les Grands Magasins du Louvre）购买的，因为帽子的内衬上印着一只金色的狮子，上面缠着一个大写字母"L"，旁边相应的文字则是"巴黎卢浮宫样式"（Modes du Louvre, Paris）。卢浮宫百货公司于1855年建立，随后其规模迅速扩张，并因销售"时尚且昂贵"的成衣而驰名。到1875年，这家百货公司至少占地数层楼以上，共拥有52个品类的商品部，其中就包括一个女帽类专业销售部。②

百货公司的兴盛体现了零售业的创新发展，并说明购物已经变成了一种愉快的休闲活动。这些"消费大教堂"占据了19世纪晚期零售市场的主导地位。③百货商场显眼的广告标语、奢华的橱窗展示，以及美妙绝伦的室内装饰都将目标对准了资产阶级消费者，并向他们承诺，这些可以与时装沙龙的优雅和奢华相提并论的商品的价格都是他们能够负担的。④百货商场庞大的规模及种类繁多的商品储备，都表明了服装的生产和消费出现了显著增长。新的机械装置和科技创新使得服装面料价格更为低廉，也为时尚着装提供了更多元的合成色彩。同时，科技的进步也改进了通信方式和运输网络，进一步加速了时尚的传播。

尽管许多百货公司既有定制部门也有成衣部门，但如特里杜这样的独立女装设计者，则为客户提供了一种个性化与专属化的服务。她设计的服装或许有些昂贵，超出了大多数消费者的预算，但价格却低于"著名的服装师"与时装设计师的报价，那些"著名的服装师"与时装设计师设计的价格最高昂的作品的售价在500~2000法郎。⑤相较于丹尼斯（Denise）的工资，这种价格简直就是天价。丹尼斯是1883年爱弥尔·左拉（Émile Zola, 1840—1902）❷小说《妇女乐园》（Au Bonheur des Dames）中的女主人公。她是小说中重点描述的一家百货公司的售货员，预计年薪为1200法郎，随着她工作经验的增长，她的收入或许最多可达2000法郎。⑥

如图所示，这套服装由独立的紧身上衣和裙子组成，仿效当时最流行的时装板型；其廓型也采用收紧腰身的设计，以及前襟趋于扁平、后部突出的

裙子造型。图63具体阐明了这种繁复造型的内部结构：11条鲸须沿着紧身胸衣的线条对上衣的廓型进行了加固，并在上衣里面搭配紧身胸衣或衬衫（有时也同时穿着）。裙子后部则由巴斯尔裙撑（Bustle）支撑。此外，裙子内部的结构被进一步强化，如用松紧带在适当的部位做出半圆箍造型。着装时，裙子内也会再搭配衬裙以塑造出裙子的体积感。后中腰部还填充了一个可拆卸的马鬃毛丰臀垫。这条垂褶套裙和这件合身背心式紧身上衣的制作耗费大量布料，绝大部分布料都是分片裁剪后再缝合成型的。

裙子的底部和紧身上衣的衣片是由天鹅绒制成。这种面料以素色缎面绒绸为底，面料上的纹样是用两种不同高度的毛圈绒头塑造出的抽象的互连花叶图案。这种纹样是对凸起的威尼斯针绣蕾丝的图案、针脚和结构的一种模仿，由两种不同高度的绒头构成的纹样和用机织蕾丝棒织造的凸起的装饰纹交相呼应。⑦19世纪中叶，这种17世纪的蕾丝花边重新引起人们的兴趣，19世纪80年代水溶蕾丝（Chemical Lace）的发明使得蕾丝行业在模仿古典蕾丝以及设计新式蕾丝方面获得了商业盈利。这件天鹅绒上的蕾丝图案恰好迎合了这股蕾丝怀旧风。⑧

这种非常昂贵的织物可能是从里昂采购的，当时里昂是巴黎服装业的主要面料供应地。⑨这套服装的制作大约需要16米布料，而织造16米的布料大约需要4~6个星期。⑩服装制作的工时可能要比布料织造的时间短得多。的确，裁缝们时常承受着巨大的工作压力，他们需要尽可能在最短的时间内完成服装的制作，有时甚至需要在24小时之内完成一批服装的制作。⑪

染色分析表明，如图所示的这件外出服是由天然染料与合成染料共同染制而成的。用天然姜黄（取自南亚植物姜黄的茎部）和一种可能来自偶氮类染料酸性橙（使用合成茜素制造）的合成染料混合，对褶皱羊毛斜纹布罩裙的纱线进行染色（参见第78页）。⑫裙子和紧身衣丝绸部分的棕褐色色调则是由红色苯胺染料、孔雀石绿、未知的橙色染料和染料混合物（未确定）等染料合成调制而成。⑬

无独有偶，图中的羊毛毡帽（图64、图65）上也有一系列的精心装饰。帽身上围着一条赤褐色的丝带，边缘是一排梧桐树珠子和雪尼尔绸编织物装饰。⑭这顶帽子最明显的装饰点就是那只椋鸟（欧洲八哥），椋鸟的羽毛被漂白后又用粉色和橙色染料为其染色。这只椋鸟以一种展翅飞翔的姿势被装饰在帽子的前檐，身后还装饰着大鹅或天鹅的笔直造型的大羽毛。⑮这些大鹅或天鹅的羽毛也

❷　爱弥尔·左拉，法国自然主义小说家和理论家，自然主义文学流派创始人与领袖。1840年，左拉诞生于法国巴黎，主要创作作品为《鲁贡玛卡一家人的自然史和社会史》，该作包括20部长篇小说，登场人物达1000多人，其中代表作有《小酒店》《萌芽》《娜娜》《金钱》等。左拉是19世纪后半期法国重要的批判现实主义作家，其自然主义文学理论被视为19世纪批判现实主义文学遗产的组成部分。左拉作品大多是通过对交易所、世界银行、股份公司的真实描绘，展示帝国主义时代的开端。不仅表现了财团大亨之间的相互厮杀、交易所里的殊死搏斗，而且还正面展示了劳资之间的矛盾冲突，以最广大的镜头视角摄下了产业工人大罢工的全景。从种族、遗传、环境三要素出发，洞察人类社会，审视人类档案，详尽地剖析了资本主义文明纱幕掩饰下的社会罪恶。

图62（左图）　特里杜夫人，女式紧身上衣和裙子，丝绸和羊毛；巴黎，1885年；V&A博物馆馆藏编号：T.715:1&2-1997

silk

wool

walking dress with two attached petticoats right side layers

front of s

Walk

图63（右图）　展示紧身上衣结构和裙子结构的插图；艾伦·巴德（Eileen Budd）；伦敦，2017年；V&A博物馆馆藏编号：T.715–1997

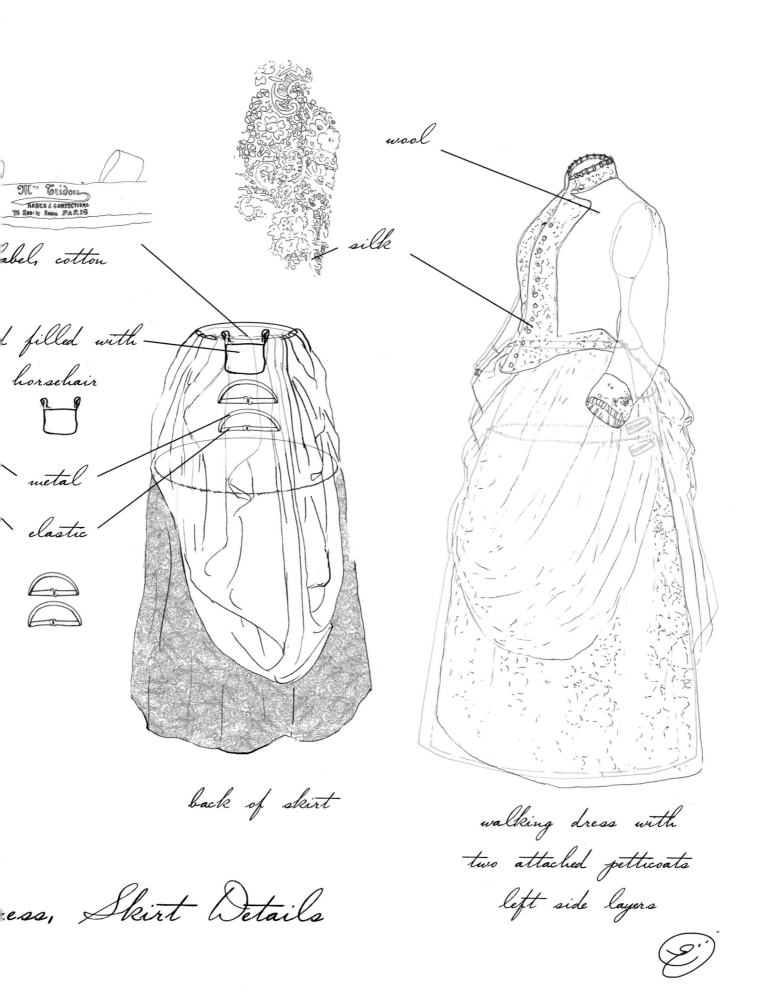

wool

silk

Mᵐ Tridou
ROBES & CONFECTIONS
78 Rue de Rome PARIS

label, cotton

filled with
horsehair

metal

elastic

back of skirt

ess, Skirt Details

walking dress with
two attached petticoats
left side layers

经过染色处理，并且用含有金属的颜料绘制上了青
铜色和金色的蓟类植物（翼蓟）装饰纹样。

　　19世纪，在装饰羽毛使用量不断增加的情况
下，以整只鸟作为女帽装饰的做法引起了人们的恐
慌和谴责。到19世纪80年代中期，英国和其他国家
的动植物保护组织相继成立，这些致力于解决环境
破坏问题的压力集团反对人类对本土与外来鸟类的
杀戮，并且制定对鸟类的保护措施。制作以鸟类为
装饰或类似以生物为装饰的配饰不仅会对生物体本
身构成威胁，同时也会对这些配饰的制作者产生危
害。此期，这种往配饰上黏合动物的工艺中通常会
使用硝酸汞以软化毛皮或皮草。[16]由于人们还未察
觉到汞对人体健康的危害，许多帽匠都遭受了汞中
毒的危害，最严重时甚至会带来致命的后果。[17]

　　一套工艺繁复的服装需要耗费材料的数量和
种类超乎我们的想象，而这些被使用过的材料也很
难被回收并加以重新利用。同时这又是一个时装被
更快速、更大规模生产和消费的时代。自然始终在
为时尚设计师们提供灵感，但是人们已经不再仅满
足于使用毛皮和羽毛来进行装饰。尽管这种过度的
装饰行为受到越来越多的非议，但设计师们还是会
选择继续使用整个动物、昆虫和鸟类来妆点他们的
作品。

图64（上图）　尼克·维塞（Nick Veasey），
帽子的X光片；英国，2016年；V&A博物馆馆
藏编号：T.715:3-1997

图65（右图）　巴黎卢浮宫样式，帽子，羊
毛、丝绸，以整只椋鸟标本以及大鹅或天鹅的
羽毛为装饰；巴黎，1885年；V&A博物馆馆藏
编号：T.715:3-1997

与自然交融：
蕨类热潮

埃德温娜·埃尔曼

蕨类植物使19世纪的公众为之神魂颠倒：人们通过蕨类植物的化石了解它们，培植各种蕨类植物来建造室内外蕨类植物园，把蕨类植物的叶子晒干并压平制作标本，将蕨类植物的纹样绣在壁炉屏风、脚凳以及软垫上等。蕨类植物可以在许多气候和环境条件下生存，且大小不等，大至树蕨，小至可以从岩石裂缝中生长的铁角蕨。

19世纪早期，蕨类植物因其在地球上存在的时长而备受地质学家和植物学家的关注，其存在比开花植物早了两亿年。地质学是一门相对新颖且能激发热情的学科——地球进化史引发了人们激烈的争论。19世纪20年代，化石的发现激发了人们对那些曾经居住在地球上的远古动植物的研究热情，如玛丽·安宁（Mary Anning，1799—1847）❶发现的一具几乎完整的蛇颈龙骨架。化石为研究远古生物提供了至关重要的证据，人类于1822年为此项研究创建了专业名称：古生物学（Palaeontology）❷。植物学家阿道夫·西奥多·布朗尼亚特（Adolphe-Théodore Brongniart，1801—1876）❸认为最原始的树蕨高12～15米，来自"最古老的植物王国"，存在于煤形成之前的地球第一纪。①而现存的树蕨植物与这些消失已久的巨型植物有着非常有趣的关联。

欧洲人曾在澳大利亚等国家偶然发现过树蕨植物。1770年，船长詹姆斯·库克（James Cook，1728—1779）❹宣称澳大利亚是英国的领土。艾伦·坎宁安（Allan Cunningham，1791—1839）❺是一名植物学家和探险家，他在19世纪20年代早期写下了《新南威尔士州植物志》（the Flora of New South Wales），将树蕨植物和寄生植物描述为"在这些高地的狂风中摇摆"。②他生动的描述使人联想到1829年左右的一件晚礼服（图66），礼服上绣有不同寻常的树蕨图案，另一种六瓣花蔓生植物蜿蜒地缠绕在蕨类植物周围，树蕨图案在裙摆上盘旋，好似被狂风席卷一般。南大西洋圣赫勒拿岛生长着一种名为狭叶蓝花参（Wahlenbergia Angustifolia）的蔓生五瓣风铃花，人们对此初步鉴定表明该树蕨可能是原产于圣赫勒拿岛的蚌壳蕨属（Dicksonia arborescens）的进化品种。1822年，圣赫勒拿岛的副总督约翰·派因·柯芬副将（Brigadier John Pine Coffin，1778—1830）向邱园捐赠了一株高达4英尺（约1.2米）的蕨类样本③。尽管我们不曾知晓这件礼服裙源自谁处，也不知道树蕨刺绣是否具有特殊的身份含义，但是这件礼服裙上的图案无疑是这一时期人们对世界植物种群兴趣的反映。

蕨类植物和地质学是宝琳娜·杰明·特雷维利安［Paulina（Pauline）Jermyn Trevelyan，1816—1866］的众多兴趣爱好之一。1833年，她跟随其父乔治·杰明牧师（Dr George Jermyn，1789—1857）一同参加了英国科学促

图66（左图）　晚礼服，绣有蕨类植物的丝绸；英国，约1829年；由伦敦哈罗德百货公司（Messrs Harrods Ltd）提供；V&A博物馆馆藏编号：T.744-1913

图67（下页左图）　约瑟夫·纳什（Joseph Nash，1809—1878），"土耳其第一"（Turkey：No.1），平版印刷画［局部细节展示了一个沃德箱（培育蕨类植物的玻璃容器）］；1851年世界博览会的狄金森全景图（伦敦1852年）；V&A博物馆：国家艺术图书馆藏

图68（下页右图）　以蕨类植物作橱窗装饰的沃德箱，《卡塞尔的家庭指南》（Cassell's Household Guide，伦敦，约1869—1871年），第四卷

❶　玛丽·安宁，英国早期古生物学家，也是蛇颈龙亚目正模和双型齿翼龙的发现者和伦敦地质学会荣誉会员，被伦敦自然博物馆称为"已知最伟大的化石采集家"。她曾有过三次重大发现，1811年发现了史上第一具完整的鱼龙化石；1821年，发现了史上第一具蛇颈龙亚目的化石；1828年，发现了双型齿翼龙化石，也被认为是第一个完整的翼龙化石。总之，玛丽·安宁的发现是生物会灭绝的关键性证据，也让人类真正理解地质时代早期的真实情况。

❷　古生物学，地质学分支学科，是生命科学和地球科学的交叉科学。既是生命科学中唯一具有历史科学性质的时间尺度的一个独特分支，研究生命起源、发展历史、生物宏观进化模型、节奏与作用机制等历史生物学的重要基础和组成部分；又是地球科学的一个分支，研究保存在地层中的生物遗体、遗迹、化石，用以确定地层的顺序、时代，了解地壳发展的历史，推断地质史上水陆分布、气候变迁和沉积矿产形成与分布的规律。

❸　阿道夫·西奥多·布朗尼亚特，法国植物学家，通常被称为"古植物学之父"。他的父亲是地质学家，祖父是建筑师。1822年，他开始发表一系列关于植物化石分类和分布的论文，并出版了《植物化石史》（Histoire des végétaux fossiles）。本书是他在灭绝植物与现有植物之间的关系方面具有开创性贡献的绝佳例证，为其赢得了"古植物学之父"的头衔。

❹　詹姆斯·库克，英国皇家海军军官、航海家、探险家和制图师，人称库克船长。他曾经三度奉命出海前往太平洋，带领船员成为首批登陆澳洲东岸和夏威夷群岛的欧洲人，也创下首次有欧洲船只环绕新西兰航行的纪录。库克年少时曾于英国商船队服役，在1755年加入皇家海军后，参与过七年战争，后来又在魁北克围城战役期间协助绘制圣劳伦斯河河口大部分地区的地图，战后在1760年为纽芬兰岛制作多张精细的地图。库克绘制地图的才能获得海军部和皇家学会的青睐，促成他在1766年获委任为奋进号船长，首度出海往太平洋探索。在历次的航海旅程中，他展现出集合航海技术、测量和绘图技术、逆境自强能力和危机领导能力等各方面于一身的才华。

❺　艾伦·坎宁安，英国植物学家和探险家，主要因其在澳大利亚收集植物的旅行而闻名；1814~1816年前往巴西，为邱园收集了标本。1816年9月，坎宁安前往悉尼，并在帕拉马塔定居下来。在坎宁安不计其数的探险旅程中，他与他人分享了宝贵的探险经验，收集了约20000个植物标本，被授予了"邱园收藏家之王"的称号。而后，他发表了7篇主要论文以及57篇较短的论文，涉及分类学、地质学、自然地理学和动物学。同时他也是最早发表有关植物地理学论文的科学家之一。

进协会（the British Association for the Advancement of Science）❶的一次会议，并遇见了她未来的丈夫沃尔特·卡尔弗利·特雷维利安（Walter Calverley Trevelyan，1797—1879）❷。特雷维利安是地质地理委员会（the Geology and Geography Committee）的成员。在这次会议结束后，特雷维利安受邀去参观乔治·杰明牧师家种植的蕨类植物。在经过一次寻找化石的旅行以及以一盒化石为信物的求爱之后，这对夫妇于1835年喜结连理。

19世纪50年代中期，特雷维利安为牛津大学的新自然历史博物馆提供了捐款。宝琳娜是一位天资聪颖的非专业艺术家，她是约翰·拉斯金（John Ruskin，1819—1900）的朋友，同时也是拉斐尔前派（Pre-Raphaelites）❸活跃的赞助人。宝琳娜建议在博物馆内部的柱头上雕刻植物装饰。不出意料，

这些植物装饰中包括蕨类植物。的确，源自自然的装饰与博物馆建筑的哥特式风格融为一体，而这样的装饰元素与博物馆的要旨与定位也完全吻合。④

1846年，在特雷维利安继承了他父亲的男爵地位与地产之后，他们在德文郡的西顿生活了一段时间。在那里，宝琳娜开始参与和改进霍尼顿当地蕾丝行业的设计工作。太多的蕾丝图案设计者并不了解蕾丝制作过程的技术限制，而宝琳娜在蕾丝手帕的设计中精心地加入了英国蕨类植物装饰元素并完美地解决了工艺技术与装饰图案之间的问题（图69）。手帕上，蕨类植物的细节处理足够精确。我们可以看出其中包括四种蕨类植物：鹿舌蕨（厚叶铁角蕨）、锈迹斑驳蕨（药蕨）、欧洲鳞毛蕨（鳞毛蕨）以及一种坚硬的蕨类（穗乌毛蕨）。⑤1881年，维多利亚女王送给比利时的

❶ 英国科学促进协会，苏格兰科学家戴维·布鲁斯特等人于1831年在约克创办的，目标是促进对科学的进一步了解——包括科学的基本原理、程序及可能产生的后果。协会实现目标的措施是组织会议、大会和讲座，与其他科技团体进行合作，支持科研和科学资料的出版工作。英国科学促进协会最重要也最著名的一项活动，是每年轮流在英国的中心城镇举行年会。这是英国国内所举行的同类会议中规模最大的会议，也是定期举行的、唯一允许科学家和普通人员以平等地位参加的科学会议。年会由17门主要学科的人员参加：农业科学、人类学、生物化学、植物学、化学、经济学、教育学、工程学、森林学、地理学、地质学、物理学和数学、生理学、心理学、社会学、动物学等。随着科学社会功能的日益增强，协会重点转向科学与社会的关系及其后果的研究。

❷ 沃尔特·卡尔弗利·特雷维利安，英国自然学家和地质学家。他出生于泰恩河畔的纽卡斯尔，是萨默塞特郡内特库木第五任男爵约翰·特雷维利安的长子。特雷维利安于1816年入读牛津大学学院，分别于1820年获得文学学士学位和1882年获得文学硕士学位。而后，他在1821年参观了法罗群岛，并在《新哲学》杂志中发表了他的观察结果。特雷维利安于1822年当选为爱丁堡皇家学会的会员。虽然植物学和地质学是特雷维利安最热爱的学科，但他对古生物也有着成熟的认知。特雷维利安为地理地质研究做出了不凡的贡献，是英国卓越的地理自然研究者。

❸ 拉斐尔前派，1848年在英国兴起的美术改革运动。拉斐尔前派最初是由3名年轻的英国画家亨特、罗塞蒂和米莱斯所发起组织的一个艺术团体，目的是为了改变当时的艺术潮流，反对那些在米开朗基罗和拉斐尔的时代之后偏向于机械论的风格主义画家。其作品基本上以写实的传统风格为主，画风审慎而细致，用色较清新。拉斐尔前派反对学院派的陈规，有的作品呈现忧郁的情调，代表人物有伯恩·琼斯（Burne Jones）等。

斯蒂芬妮公主（Princess Stéphanie，1864—1945）一件霍尼顿产的蕾丝礼服裙作为她的结婚礼物，这件礼服上装饰着"女王陛下最喜欢的蕨类植物图案"字样，这表明此类以蕨类植物为元素的设计及相关设计仍然流行。[6]

公众对于蕨类植物的兴趣普遍来源于"沃德箱"（图67）——一个由业余自然学家纳撒尼尔·巴格肖·沃德博士（Dr Nathaniel Bagshaw Ward，1791—1868）[1]所设计的微型保温室，用于植物栽培与运输。由于英国城镇的烟雾污染严重，居住在伦敦的沃德博士对园林种植植物日趋减少的情况了如指掌。到19世纪中叶，城镇里超过一半的居民几乎完全依靠煤来供应电源与热源。而沃德博士的箱子内提供了一个没有污染、光照充足的小气候（Microclimate）[2]，而这种小气候由植物蒸发的冷凝水支撑循环。到1833年，他已经在箱子里栽培了30种不同的蕨类植物。在沃德博士发表了《论玻璃温室环境下植物的生长》（On the Growth of Plants in Closely Glazed Cases，1842）之后，可供选择的保温箱培植植物的种类层出不穷（图68）。"蕨类植物箱"（Fern Cases）很快在中产阶级家庭中流行起来。[7]

从袖珍手册到奢华的对开本，许多出版物都迎合并且支持这种收集和种植蕨类植物的狂潮，并为那些无法自己收集或不愿自己收集标本的人提供专业的苗圃选购指导。作为室内装饰植物，蕨类植物有着许多的吸引力。它们的生长不随季节变化，与开花植物相比只需少许光照，并且许多蕨类的变种都具有迷人的外观和质感。不幸的是，尽管蕨类植物的采集被认为是一种健康、具有教育意义并且有益的娱乐活动，而且为男女两性相识相遇提供了一种浪漫可靠的方式（图70），但是这种活动还是对蕨类植物的生长环境产生了巨大的破坏，损坏且打乱了乡村自然环境的平衡。[8]夏洛特·博朗特（Charlotte Brontë，1816—1855）[3]在度蜜月的时候就喜欢收集蕨类植物的叶子，并将其干燥压平制成标本。相比将植物连根拔起的收集方式，无疑，这种方式是一种更可持续的、不破坏生态平衡的选择。[9]出版商们很快就推出了封面设计精美的特殊蕨类植物的收藏专辑，一些专业的收藏家，如约瑟夫（Joseph，1796—1860）和詹姆斯（James，1826—1877）其至以制作客厅展示纪念品的蕨类植物相册为业。

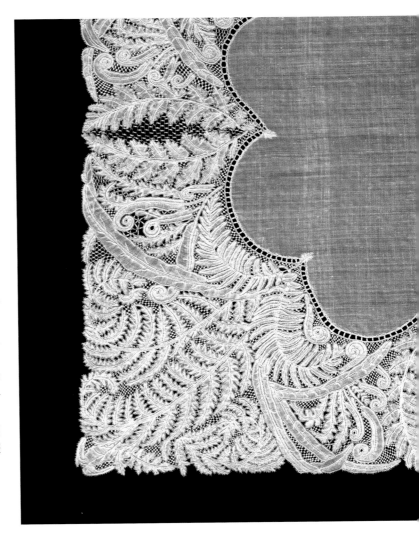

❶ 纳撒尼尔·巴格肖·沃德博士，出生于伦敦，是一名英国医生。沃德在伦敦东区的一个贫困地区从事医学工作，业余时间对植物学和昆虫学进行研究。1814年，沃德成为英国皇家外科医学院的成员，而后在1852年又入选为林奈学会的研究会员。沃德最为卓越的成就是他普及了一种种植和运输植物的微型温室箱，称为沃德箱。1854年，沃德博士在切尔西药用植物园（Chelsea Physic Garden）举办的皇家园艺学会上发表了关于植物保存方法的演讲。他还从事显微镜工作，并作为董事会成员帮助切尔西药用植物园进行开发。1852年，他还当选为英国皇家学会会员。

❷ 小气候，指由于下垫面结构和性质不同，造成热量和水分收支差异，从而在小范围内形成一种与大气候不同特点的气候，统称为小气候。在一个地区的每一块地方（如农田、温室、仓库、车间、庭院等）都要受到该地区气候条件的影响，同时因下垫面性质不同、热状况各异，又有人的活动等，就会形成小范围特有的气候状况。小气候中的温度、湿度、光照、通风等条件直接影响作物的生长、人类的工作环境和家庭的生活情趣等，但可通过一定的技术措施加以改善。

❸ 夏洛特·博朗特，英国女作家。她与两个妹妹，即艾米莉·博朗特和安妮·博朗特，在英国文学史上有"博朗特三姐妹"之称。夏洛特生于英国北部约克郡的豪渥斯的一个乡村牧师家庭。母亲早逝，八岁的夏洛特被送进一所专收神职人员孤女的慈善性机构——柯文桥女子寄宿学校。15岁时她进了伍勒小姐办的学校读书，几年后又在这个学校当教师。后来她又做过家庭教师，最终还是投身于文学创作的道路。1847年，她出版了长篇小说《简·爱》（Jane Eyre），轰动文坛。1848年秋到1849年，她的弟弟和两个妹妹相继去世。在死亡的阴影和困惑下，她坚持完成了《谢利》（Shirley）一书，寄托了她对妹妹艾米莉的哀思，并描写了英国早期自发的工人运动。除此之外，《维莱特》（Villette）和《教师》（The Professor）这两部作品均根据其本人生活经历写成。

图69（上页）　宝琳娜·特雷维利安夫人设计，S.桑森小姐（Miss S.Sanson）制作，手帕（局部细节），蕨类植物图案装饰的亚麻机织蕾丝；霍尼顿（Honiton），1864年；V&A博物馆馆藏编号：785–1864

图70（右图）　H.佩特森（H. Paterson），"采集蕨类植物"，《伦敦新闻画报》，伦敦（1871年7月1日）；V&A博物馆：国家艺术图书馆藏

第三章
1900—1990年

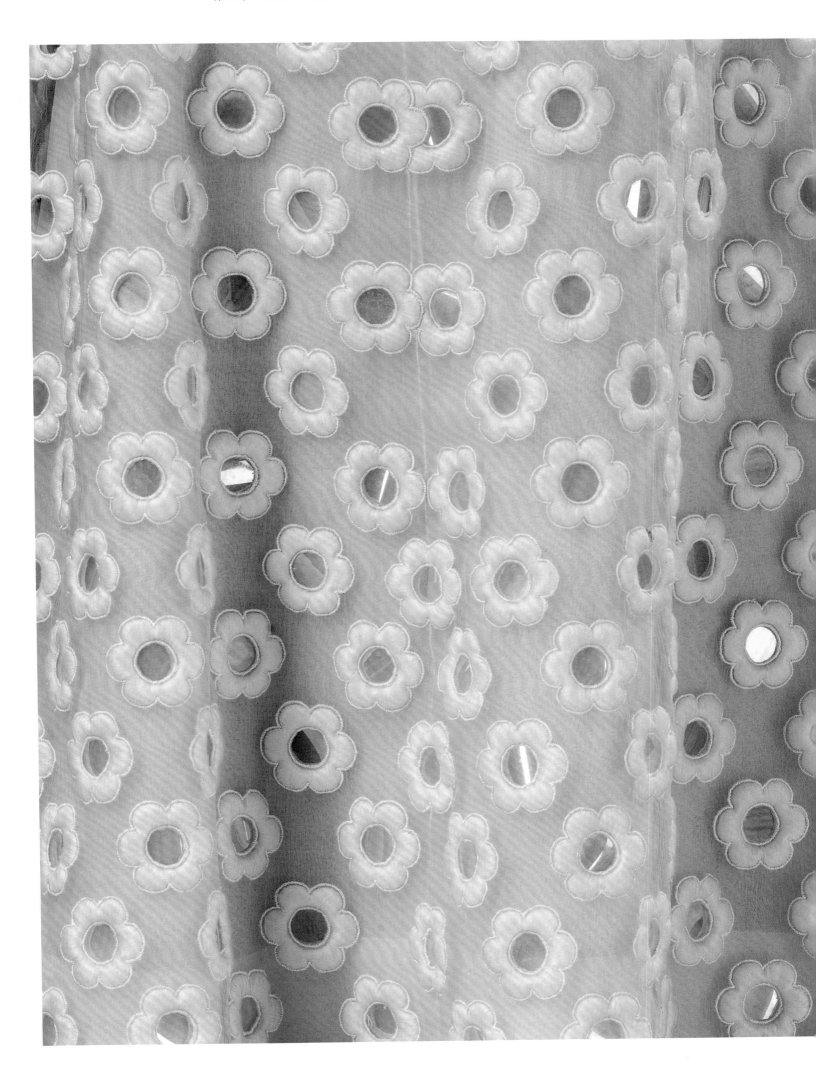

20世纪，技术与科学的进步彻底改变了交通与通信的方式，为货物运输和人类出行创造了更快捷的新方法，使更直接的贸易方式与更便捷的获取信息和娱乐的途径成为可能。在纺织业中，如果人造纤维产业能够将化学与纺织结合起来，那么就会生产出各种不同特性、质量和用途的新纤维，这将极大地提高所有纤维的应用潜力。

埃德温娜·埃尔曼

　　虽然用来支撑创新技术的很多发明可以追溯到19世纪的最后几十年，但是直到后来它们才发挥出科技进步的全部影响力。由于两次世界大战（1914~1918年，1939~1945年）的原因，装备军队和保护平民的需求推动了汽车、航空运输、通信系统以及对大规模生产方式改进的研究与创新，这些努力也使不同领域的科学技术得以加速发展。

邂逅自然

　　英国1938年的《带薪休假法》（*Holidays with Pay Act*）是社会立法的一个突破。这项法案表明了休闲和旅游对社会所有阶层的重要性，以及国内旅游的经济价值。据统计，当时，英国约三分之一的人口（约1500万人）每年都会进行一次外出度假。[1]以社会主义为理想奋斗目标的工人协会和慈善组织都在积极倡导体验不同的自然环境、呼吸清新空气、锻炼身体的健康教育价值。青年旅社协会［the Youth Hostels Association（YHA），1930年成立］到1939年已有8万名会员，其宗旨是"帮助所有人，尤其是经济条件有限的年轻人，去得到更多关于乡村的知识、并激发他们对于乡村的爱和关心……从而帮助他们达到轻松获得知识的目的"。[2]对乡村的关注和重视也促进了其他组织的成立，如英格兰乡村保护委员会［the Council for the Preservation of Rural England（CPRE），1926年成立］和漫步者协会（the Ramblers Association，1931年成立，1935年更名），这些组织为保护和复兴乡村而奋斗，同时坚持为所有人创造接近乡村和自然最为可行的途径。[3]1949年，《国家公园和乡村通行法》（*the National Parks and Access to the Countryside Act*）的颁布促使了英国国家自然保护区的建立，这种保护区旨在保护最重要的自然生态栖息地及具有特殊科学价值（Sites of Special Scientific Interest）[1]的地点。

　　20世纪20—30年代，各类公路交通方式的发展使得乡村旅游更加便捷。第一次世界大战后，生产过剩的军用卡车被改装成公共汽车、长途汽车和轿车，私家车的拥有量在1939年上升至200万人左右。[4]尽管大多数车主都非常富有，但最初批量生产奥斯汀7（Austin Seven，1922）是为了让中等收入的家庭可以接受。受壳牌石油公司（the oil company Shell，1907年成立）委托，越来越多的旅游指南、英国地形测量局绘制的热门景点地图（图72）和许多艺术家设计的海报（图71）都在鼓励车主去探索英国的名胜古迹与自然风光。当时，汽车还未导致空气污染问题。第二次世界大战后，军用飞机进入民用领域，1950年旅游业企业家开始开发到欧洲度假的包办旅游项目，而在这之前无论是海上还是空中、火车还是汽车，海外休闲旅游主要是富人专享的休闲活动。

　　广播和电视也在让公众融入英国乡村与关注自然历史的鼓励计划中扮演着重要角色。如德斯蒙德·霍金斯（Desmond Hawkins，1908—1999）[2]，鸟类学家彼得·斯科特爵士（Sir Peter Scott，1909—1989）[3]和大卫·爱登堡爵士（Sir David Attenborough，1926年出生）[4]等BBC的广播员，以及格林纳达电视台（Grenada TV）的工作人员德斯蒙德·莫里斯（Desmond Morris，1928年出生）[5]，他们

---

❶　具有特殊科学价值的地点［Sites of Special Scientific Interest（SSSI）］，指英国的自然保护区，分为生态SSSI和地质SSSI两大类，受英国法律所保护及规管。

❷　德斯蒙德·霍金斯，英国著名作家、编辑以及广播名人。霍金斯为《目标》（*Purpose*）、《倾听者》（*The Listener*）、《顺流逆流》（*Time & Tide*）以及《新政治家》（*New Statesman*）等杂志供稿。德斯蒙德的节目理念也得到了BBC的认可。1936年，他第一次出现在《广播时代》上，主持了一档名为《鸟群》的节目。作为一名自由撰稿人，他在BBC工作了很长时间，尤其是在《国家》（*Country*）周日节目和《每日战争报道》（*Daily War Report*）。1945年，他被邀请加入公司在布里斯托尔的团队，并很快成为一个专题制片人。德斯蒙德深爱着这个西部城市，他发现这个地区的财富包括乡村和野生动物。他一生都热爱鸟类和大自然，因此决定尝试开发这类项目。

❸　彼得·马卡姆·斯科特，（Peter Markham Scott）英国艺术家、鸟类学家，以及世界野生动物基金会国际理事会前名誉主席。1909年9月14日生于伦敦。剑桥大学三一学院毕业，后入慕尼黑国立科学院和伦敦皇家艺术院深造。1933年后在皇家艺术院从事展览绘画工作。1936年代表英国出席奥林匹克运动会。1937年、1938年和1946年三次荣获国际十四英尺无甲板单桅帆船比赛威尔士亲王杯。1939~1945年在海军服役。1949年参加加拿大北极地区佩里河流域考查工作。1947年起历任各种国际快艇竞赛组织的主席，以及1956年、1960年、1964年三届奥运会的快艇评判委员会主席。代表作品有BBC自然史系列《外表》（*Look*）和自传《风眼》（*The Eye of the Wind*）。

❹　大卫·爱登堡爵士，被认为是有史以来旅行路程最长的人，多年来与BBC的制作团队一起，实地探索过地球上已知的所有生态环境，不仅是一位杰出的自然博物学家，还是勇敢无畏的探险家和旅行家，被世人誉为"世界自然纪录片之父"。1979年，他策划、撰稿并实地实时主持的"生命三部曲"的第一部《生命的进化》（*Life on Earth*）在BBC播出。这是一部自然历史纪录片史上划时代的作品，通过对全世界各个地质时期的典型生物的拍摄，涵盖了地球生命进化的整个历程，不论是在不同野外环境下的特别拍摄技术、节目制作，还是在对生命世界考察的深度、广度上都具有突破性的贡献。之后他花费十年的时间精心制作了第二部《活力星球》（*The living planet*）和第三部《生命之源》（*The trial of life*）。

❺　德斯蒙德·莫里斯，英国著名动物学家和人类行为学家，出生于英国威尔特郡，于伯明翰大学取得动物学学位，之后又在牛津大学取得博士学位。1959年成为伦敦动物园哺乳动物馆馆长，在任八年。历任伦敦动物园哺乳动物馆馆长、现代美术研究所所长、牛津大学特别研究员。1967年将注意力转移到研究人这种动物上。莫里斯原本已是50篇科学论文与7本书籍的作者，后来又在1969年完成了第一本有关人类行为的著作《裸猿》（*The Naked Ape*），为英语创造了一个新词汇，该书畅销全世界达一千多万本，并且翻译成各国语言。他制作了许多探讨人类与动物行为的电视节目与影片，而他态度和善且深入浅出的主持方式，更是深受各年龄段观众的喜爱，已经是自然历史节目中最著名的主持人。

图 71（上图）　约翰·阿姆斯特朗（John Armstrong，1893—1973），《纽兰兹角：无论你走到哪里，都可以相信壳牌》；英国，1932 年；赠予 V&A 博物馆的美国朋友的礼物，莱斯利（Leslie）、朱蒂丝（Judith）、加布·施赖尔（Gabri Schreyer）和爱丽丝·施赖尔·巴特科（Alice Schreyer Batko）；V&A 博物馆馆藏编号：E.993–2004

图72（右图）　英国陆地测量局，《湖区旅游地图》，"来自斯基道峰的德文特湖"，埃利斯·马丁（Ellis Martin）绘制；英格兰，约1925年；大英图书馆馆藏编号：CC.5. b.31

利用语言、声音和电影，通过如《自然科学家》（*The Naturalist*，1946）和《户外》（*Out of Doors*）这样的系列广播，以及20世纪50年代广泛流行的系列电视节目将自然带入观众的家中。大卫·爱登堡为BBC制作的首个专栏节目《动物世界的图案》（*The Pattern of Animals*，1953）直接推动了《动物园探奇》（*Zoo Quest*）系列电视节目在1954年的启动。《动物园探奇》是根据伦敦动物园（London Zoo）组织的一次非洲探险活动制作而成的电视节目。这一系列故事最初的发生地在塞拉利昂（Sierra Leone），研究小组成功地在那里找到了一种稀有的岩鹏鸟，而这种鸟已经在刚果生活了4400万年。1956年，BBC公司播出了由屡获殊荣的电影制作人汉斯·哈斯（Hans Hass，1919—2013）❶创作的《潜水探险》（*Diving to Adventure*）纪录片。这个纪录片由汉斯的妻子洛特（Lotte，1928—2015）❷主持，这是第一个让观众看到海底世界的电视节目。第二年，BBC在汉斯位于布里斯托尔的工作室中开设了一个专注制作自然历史主题节目的工作组。20世纪50年代末，拥有电视的家庭已经超过1000万户。从20世纪60年代末开始，彩色电视节目逐渐登上舞台。⑤

    从两次世界大战之间开始到20世纪50年代，基于想象的层面，以乡村为题材的著作与视觉艺术作品都将乡村景观神化为现代城市的对立面，使乡村充满了精神文明与爱国情怀。四季规律的更迭与对土地的传统信仰成为稳定性的象征，这种稳定性为这一时期政治的动荡和经济的不稳定提供了一个避难所，并矫正了英国文化逐渐美国化的趋向。在这一过程中，乡村生活等同于"英国化"或"英国人"的含义，但这个国家的政治态度并不赞同这种倾向。⑥在时尚方面，对乡村的热爱反映在英国人对斜纹软呢（图73、图74）这样的"乡村"面料的偏爱以及对针织毛衣和防水衣等类似服装的喜好上，而显然这种对乡村时尚风格的偏好仍是典型的英伦风，并已被达姆·薇薇恩·韦斯特伍德（Dame

❶ 汉斯·哈斯，奥地利博物学家和水下潜水的先驱者，是最早普及珊瑚礁、黄貂鱼和鲨鱼的科学家之一。哈斯出生于维也纳，早年受父亲影响从事法律工作。1938年偶然接触了水下狩猎和摄影后，他将其研究方向转向了生态学研究，并于1943年获得博士学位。此后，哈斯专注于对水下活动的研究和探索，并且领导了一种循环呼吸器的开发。在哈斯精彩的潜水生涯中，他拍摄了许多具有创新意义的电影并出版了大量书籍，如《踏入未知的海洋》（*Push into Unknown Seas*）、《回忆与冒险》（*Memories and Adventures*）等。2002年，英国历史潜水协会成立了汉斯大奖评委会。

❷ 洛特·哈斯（Lotte Hass），奥地利潜水员、模特兼女演员，是奥地利博物学家汉斯·哈斯的第二任妻子，并曾在几部水下自然历史电影中担任模特与女演员。由于对哈斯的崇拜，洛特在18岁时成为哈斯的秘书并极其希望可以跟随哈斯进行水下探险。在遭受到哈斯的拒绝后开始在奥地利冰冷的海域接受训练，精通水肺潜水和水下摄影。而后，一个偶然的机会洛特拍摄了电影《红海之下》（*Under the Red Sea*），并以此为契机一直跟随汉斯·哈斯进行潜水探险。1950年，她与汉斯·哈斯结婚。

图73（上图）　蒙塔古·伯顿有限公司（Montague Burton Ltd），西装套装，哈里斯粗花呢（Harris tweed）；利兹市，1935年；阿瑟·谢泼德（Arthur Shepherd）曾在西装中搭配一件背心穿着，针织羊毛面料；剑桥和牛津，1940年，由雷蒙德·伯顿司令先生（Mr Raymond Burton CBE）提供；V&A博物馆馆藏编号：T.13&1 to 3–2006

图74（右图）　诺曼·帕金森（Norman Parkinson，1913—1990），"走在康庄大道上"，《时尚芭莎》（1937年9月）

Vivienne Westwood，1941年出生）❶等设计师们成功地为现代时尚消费者们重新诠释，甚至将其整个概念颠覆。

时尚：体系与实践

　　在整个20世纪上半叶，巴黎一直引领着女装的国际时尚潮流。1947年，克里斯汀·迪奥（Christian Dior，1905—1957）❷首次成功地推出了高级定制时装系列，这一成功扼杀了在"二战"期间由于贫困而产生任何影响法国时装权威的可能性。新时尚的起源仍然牢牢地在法国时装界的控制之下，旧的时尚等级制也在继续维持。然而不到二十年，英国、法国、意大利和北美的一批年轻设计师就开始挑战法国时装作为创意时尚唯一来源的地位。到了20世纪80年代，日本也加入了这一行列。这些新进的时尚设计天才们用另一种风格创作服装，这些服装往往受到街头及青年亚文化的影响，反映了与设计师同龄的年轻人的生活方式、政治见地与兴趣爱好。同时这批设计师的成功也带动了其他国家具有自己文化特色的时装中心的崛起，如伦敦、米兰和纽约等地。这些时尚中心的时装周展演活动安排得十分紧凑，从时装编辑和买家到模特和摄影师，从一个城市到另一个城市，众多时尚从业者都要依靠飞机作为交通工具。

　　在英国，来自娱乐界、艺术界和时装界的名人、社会精英中的时尚人士以及其他富有的飞机乘客共同决定了时尚潮流的方向。虽然媒体一直在持续报道宫廷时尚，但是在1981年戴安娜·斯宾塞夫人（Lady Diana Spencer，1961—1997）❸与威尔士亲王（Prince of Wales，1948年生）❹订婚以及结婚之前，人们对皇家时尚的关注已不再那么强烈。然而

戴安娜王妃很快就吸引了一批忠实的粉丝，从她年轻时害羞的新娘形象，到蜕变为魅力与时尚的代表，她的着装选择引起了众人效仿。⑦如社会杂志《闲谈者》（The Tatler，创办于1901年）、《女王》（Queen，1958年；原名The Queen，创建于1861年），以及名人杂志《你好！》（Hello！1988年发行），这些报刊上的每日八卦和时尚专栏均报道了一些有影响力的环球旅行人士的生活方式和着装选择。

　　随着时尚业重要性的日趋增长及其规模不断扩大，由各种机构组成了贸易组织来管理和促进时尚业的发展。1910年以前，巴黎只有一个代表高级时装和高级成衣的机构。随着高级时装业的日益发展，业界领导人决定成立一个独立的组织，即巴黎高级时装公会（Association of Parisian Couture，法文"Chambre Syndicale de la Couture Parisienne"），以改善其管理并巩固其作为创意时尚源泉的地位。1929年起，成衣行业由法国女装成衣协会（French Women's Wear Trade Association，法文"Fédération du Prêt-à-Porter Féminin"）监管。英国时尚界也试图建立类似的时尚管理体系，但不太成功，且往往是昙花一现。大英帝国时尚集团（Fashion Group of Great Britain，1935—1939）是最早成立的时尚集团之一，这个集团的成员包括服装设计师、面料设计师和配饰设计师、纺织品制造商、时尚传媒人、插画家、摄影师、商店买手和造型师，以及公关和广告高管，这些职业的出现反映了该行业日益专业化。伦敦时尚设计师协会（The Incorporated Society of London Fashion Designers，简称INCSOC或ISLFD，于1942年成立；但从1941年4月便开始活跃，1975年解散）成立的目的是促进出口贸易，并在战后将伦敦发展为一个时尚中心，但这个协会只代表了为数不多且过于排外的伦敦时装设计师群体。⑧1945年之后，在众多高级成衣的赞助集团中，最引人注目的是伦敦模特屋集团（London Model House Group，1950）、发起

---

❶　达姆·薇薇恩·韦斯特伍德，英国时装设计师，时装界的"朋克之母"。她出身于一个来自北英格兰的工人家庭，曾是朋克运动的显赫人物，她的成就要归于她的第二任丈夫马尔科姆·麦克拉伦（Malcolm Mclaren）——英国著名摇滚乐队"性手枪"（Sex Pistols）的组建者和经纪人的启发与指点。她使摇滚具有了典型的外表和形象元素，如撕口子或挖洞的T恤、拉链、色情口号、金属挂链等，并一直影响至今。著名漫画《NANA》中女主角大崎娜娜的大部分服装和首饰，以及电影《欲望都市》中女主角凯丽穿着的梦幻婚纱均出自薇薇恩·韦斯特伍德的手笔。
❷　克里斯汀·迪奥，法国著名服装设计师。1947年，迪奥推出了震撼性的创作——新风貌（New Look）。他作为首席设计师推出的系列作品，具有柔和的肩线、纤瘦的袖型以及以束腰构架出的细腰，强调出了胸部曲线的对比；此外，还有长及小腿的宽阔裙摆，使用了大量的布料来塑造圆润的流畅线条；并且以圆形帽子、长手套、肤色丝袜与细跟高跟鞋等饰品衬托整体气氛；种种不同的微妙细节，组合出极其纤美的女性气氛。他的作品一直是优雅高级女装的代名词，因选用高档上乘的面料表现出耀眼、光彩夺目的华丽与高雅女装，而备受时装界关注。他继承着法国高级女装的传统，始终保持高级华丽的设计路线，同时做工精细，迎合上流社会成熟女性的审美品味，象征着法国时装文化的最高精神。
❸　戴安娜·斯宾塞夫人，原名戴安娜·弗兰西斯·斯宾塞（Diana Frances Spencer），是一位真正的人道主义者。她出生于英国诺福克，是爱德华·斯宾塞伯爵的小女儿，1981年7月29日与威尔士亲王查尔斯结婚。她是查尔斯的第一任妻子，亦是威廉王子和哈里王子的亲生母亲。1987年6月，戴安娜将她所拍卖的79件服装所得的350万英镑，全部捐给慈善事业。她的品行深深地感动了普通人，尤其是苦难之中的人们。戴安娜还曾多次出访北非，访问慈善医院、学校和慈善机构，参与筹款活动，她出访地的许多人的生活因此得到改善。她海外出访的地点还包括安哥拉、澳大利亚、波斯尼亚、埃及、印度、巴基斯坦和许多欧洲国家。戴安娜王妃就个多个议题发表了自己的看法，并利用自己的高知名度来为慈善组织作宣传和筹款。2019年6月1日，为纪念戴安娜王妃，巴黎市政府计划以戴安娜命名离其车祸地不远的一个广场。
❹　威尔士亲王，全名查尔斯·菲利普·亚瑟·乔治·蒙巴顿-温莎（Charles Philip Arthur George Mountbatten-Windsor），又名查尔斯王子，现任英国王储。查尔斯王子是英国女王伊丽莎白二世和爱丁堡公爵菲利普亲王的长子，是英国历史上最长时间的王储。1952年被封为康沃尔公爵、卡里克伯爵、伦弗鲁男爵、苏格兰诸岛和大斯图尔德勋爵。1958年，被封为威尔士亲王（英国王位继承人在储位期间的专用封号）、切斯特伯爵。1967年查尔斯王子进入剑桥大学三一学院学习，1971年获学士学位，是英国取得学士学位的第一位王储。1971~1976年随皇家海军在国外服役，并进入皇家空军学院和达特茅斯皇家海军学院学习。1998年7月2日获达勒姆大学颁授的荣誉学位。

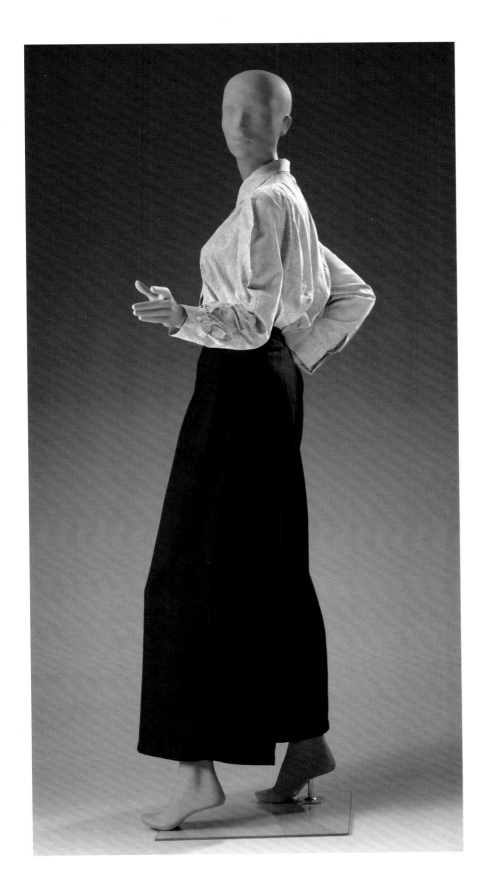

图75（上图） 成衣品牌Next Too的衬衫，Mosquito London的裤子，棉（衬衫）、人造丝（裤子）；英国，1989年；私人收藏

伦敦时装周的伦敦时尚屋集团（Fashion House Group of London，1958—1968），以及伦敦设计师组织（London Designer Collections，1975—1983）。英国时尚协会（British Fashion Council，简称BFC）于1983年成立，旨在促进时尚产业的发展，而伦敦时装周的举办则预示着时尚界的发展即将迎来一段持续且稳定的时期。英国服装工业协会〔British Clothing Industry Association，简称BCIA，于1980成立；从2009年起，改名为英国时尚与纺织品协会（UK Fashion and Textile Association）〕则是大众服饰生产商的代表团体。

时尚生产的门类仍然被细分。19世纪的宫廷服饰制造体系一直延续到20世纪20年代，成为伦敦新兴时装商店的先驱，这些新兴时装商店的很多运行制度都与宫廷服饰制造体系相似。[⑨]尽管时装设计师的数量很少，但他们在向北美出口时装方面取得的成功，以及那些为王室设计服装的设计师所具有的高知名度也使伦敦成为了时尚中心。服装设计师的努力使高品质的成衣贸易也得以受益，同时也为20世纪60年代以年轻人为主导、与过去截然不同的时尚发展铺平了道路，这些变化吸引了国际社会对伦敦及其充满活力、打破传统的时尚、艺术和音乐领域的普遍关注。虽然玛丽·奎恩特（Mary Quant，1934年出生）[❶]和奥西·克拉克（Ossie Clark，1942—1996）[❷]等人在伦敦成衣设计中的贡献对伦敦成为一座时尚城市，以及扩大伦敦时装学

❶ 芭芭拉·玛丽·奎恩特，出生在英国威尔士的阿伯腊斯威思，是一个教师的女儿。16岁她到了伦敦，就读于伦敦金饰学院绘画系，毕业后在女帽商埃里克的工作室里开始她的设计生涯。她的设计对象是针对当时还未引起人们注意的少女时装。当时女孩们衣着毫无特色，通常是穿着母亲的老式衣服。1955年，年轻的玛丽·奎恩特和丈夫亚历山大·普伦凯特·格林在伦敦著名的英王大道开设了第一家巴萨（Bazaar）百货店。他们的服务对象就是面向青年，玛丽·奎恩特推出的第一件服装就是后来名闻遐迩的"迷你裙"。其女装的造型线更趋简洁、轻松，根本不同于迪奥、巴伦夏加等常用的夸张曲线形；当然也不是早年夏奈尔的古板直线形；而是衣着舒适方便、行动自由开放的现代化造型。虽然当时他们俩的产业极小，更属时装界的无名之辈，但这种微弱的震动，恰恰预示着服装界未来的强烈地震，这是具有划时代意义的一步。

❷ 奥西·克拉克，英国著名时装设计师，也是伦敦20世纪60年代时装界的领军人物。1962年，克拉克获得伦敦皇家艺术学院奖学金，3年后即1965年再次获得奖学金。完成学业3个月后，他的首批作品在美国重要的时装杂志《时尚》与《时尚芭莎》上亮相。1966年，克拉克成为伦敦时尚界的一员，同妻子一起与爱丽丝·波洛克（Alice Pollock）合作，在切尔西开了精品店珂洛（Quorum）。人们认为克拉克是20世纪60年代末70年代初最有影响力的设计师，是创新艺术家们的榜样。由于妻子西莉亚·波斯威尔帮助负责印染，加上他自己拥有极佳的缝纫技巧与裁剪、拼凑布片的能力，所以他做出的服装就没有了白天与夜晚的区别，使得女性能自由穿戴，无需受时空限制。最终，他的服装成为时代最具影响力的标识，从崔姬（Twiggy）、佩内洛普·特里（Penelope Tree）、玛丽安娜·菲斯福尔（Marianne Faithfull）、塔丽莎·盖蒂（Talitha Getty）、碧安卡·贾格尔（Bianca Jagger）、伊丽莎白·泰勒（Elizabeth Taylor）到丽莎·明奈利（Liza Minnelli）等，都穿过他设计的服装。

院的卓越声誉意义非凡。但是，主流成衣产业的扩大和商业街连锁店的扩张才是真正增加英国成衣产业规模，并对环境产生破坏性影响的原因。

S.P.多布斯（S.P. Dobbs）在20世纪20年代末出版的《大英帝国服装工作者》（The Clothing Workers of Great Britain，1928）一书中写道，"如今，女装首次采用工业化批量生产。很快，似乎只有最高档的男装和女装才会手工制作，因此高级定制和裁剪将成为纯粹的奢侈品行业。"[10]自19世纪下半叶以来，虽然伦敦东区的小作坊一直在定制女装成衣，但自20世纪20年代起，女装流行宽松简洁的廓型，促进了服装大规模生产的实现。这样的宽松款式使得成衣批量化生产拥有了一个立足的机会，这种行业发展趋势满足了年轻职业女性对成衣的需求，为进一步扩大生产规模奠定了基础。[11]

最具雄心和进取精神的英国女装成衣制造商引进了美国的成衣生产专业知识以改进他们的制造、生产和尺码体系。他们参观了美国的工厂，雇用了美国的高级顾问和技术人员。与男性成衣业不同，大多数女性成衣零售连锁店直到第二次世界大战后才出现。高级时装屋的服装设计师多以法国巴黎的服装款式为时尚潮流导向，而那些更流行、更便宜的款式则来自美国好莱坞。[12]

在"二战"期间，政府对纺织服装行业的重组和监管是为了保证供给和控制价格，这为英国制造业制定了新的标准并有利于英国纺织业战后的发展。在20世纪50年代和60年代，许多大型制造商在南威尔士等女性就业率和劳动力成本较低的地区建立了大型现代化工厂，使其生产符合统一的样式、尺寸和制造标准，并且长期运行连锁店所需的高效物流运输。其中一些大型时装生产厂成为了时装零售商，如在普利茅斯开设占地7800平方米大型服装制造厂的伯克特克斯公司（Berketex，1936年成立）也于1948年成了时装零售商家。他们在商场里建立了120家连锁店，并建立了一个由伯克特克斯和克雷斯塔（Berketex and Cresta）商店组成的庞大零售网络。截止到1970年，该公司每年的服装产量约为100万件。[13]

19世纪最初建立起来的多家时装店（参见第67页）到20世纪时其数量和规模均得到稳步增长。到1939年，蒙塔古·伯顿公司（1903年创办）的销售门店已经达到595家，仅伦敦就有77家，而玛莎百货（Marks and Spencer，1884年创办）则有234家分店，其营业额的三分之二来自纺织品。[14]虽然伯顿拥有自己的生产工厂，但玛莎百货还是选择与制造商签订合同，让他们为自己生产服装；同时蒙塔古·伯顿还控制着纺织品生产的各个环节。战后，随着20世纪50年代后期经济的复苏，年轻从业者的购买能力不断增强，整个零售业从中受益。1959年的一项调查显示，从1938年到1958年，青少年的实际购买力几乎翻了一番。[15]然而在短短十多年的时间里，20世纪70年代充满挑战的经济环境加上短暂时尚趋势的混乱扩散，以及亚洲进口服装价格的优势，促使许多服装公司重新审视自己的体系。

蒙塔古·伯顿公司的运营面临以下几方面问题：其核心客户正在老龄化，西装的销量下降，休闲装的销量上升，男装进口量有所增加。该公司通过扩大女装部门的销售规模来应对以上这些问题，并将原来在彼得·罗宾逊百货（Peter Robinson）❶出售英国设计师成衣产品的精品店改造为针对16~25岁青年消费者的独立品牌销售店，从而创立了Topshop品牌。该品牌的盈利能力促使伯顿公司在1978年开设了另一个针对男青年的子品牌Topman，到1985年，伯顿已经拥有177家Topman分店，其系列产品的款式主要受运动服装设计风格的影响，如连帽上衣和运动下装。同年，经过该子品牌进一步的扩张，伯顿公司最终确定了"以时尚流行为主导的，以青年一代消费者为目标的，重质量、追流行的潮流服饰"定位，将男装对时尚的追求作为其女装时尚法则的补充。[16]1985年，伯顿集团拥有1000家门店，销售额大幅增长。[17]伯顿的连锁商店竞争对手赫普沃斯（Hepworth，1864年创立）也于1982年把目标转向女装，当时该公司在董事长特伦斯·考伦爵士（Sir Terence Conran，出生于1931年）❷和新任首席执行官乔治·戴维斯爵士（Sir George Davis，出生于1941年）的指导下，面向25~35岁的"聪明而富裕的女性消费者"创立了Next品牌。Next得以成功是由于其合理的价格、上乘的品质并以配套服装进行组合展示，这些销售策略都为其市场份额的迅速扩张奠定了基础。无疑，以上这些销售策略的推出都是基于服装市场的细分。六年内，Next品牌逐步延伸至囊括以下系列：Next for Men、Next Too（图75）和Next Collection；此外，Next品牌还将女装细分为"适合职业女性的衣橱"和更多个

图76（右图）　埃丝特·弗格森（Esther Ferguson，1919—2014），女式短上衣，面料为德国降落伞面料（丝绸）的再利用；伦敦，1942年；由纪念埃丝特·弗格森之家提供；V&A博物馆馆藏编号：T.88-2104

---

❶　彼得·罗宾逊百货，"二战"结束后，伯顿公司差不多占领了整个英国20%的男装市场，并于1846年开始收购彼得·罗宾逊女装零售百货以进军女装。为了顺应20世纪60年代英国年轻时尚文化的发展，公司于1964年创造了Topshop品牌，大力发展年轻时尚的女装；并且将该品牌纳入彼得·罗宾逊百货的店铺中销售，后来彼得·罗宾逊完全被融入到Topshop品牌而消失。

❷　特伦斯·考伦爵士，出生于泰晤士河畔的金斯顿，是20世纪最重要的设计经营大师。他最初的专业训练领域是纺织品设计，1949~1950年他在伦敦的中央工艺美术学校（即中央圣马丁艺术与设计学院的前校）师从著名的纺织品设计师爱德华托·保罗齐（Eduardo Paolozzi），毕业后有一年时间他为伦敦工业设计中心设计纺织品，从1951年起他在丹尼斯·列农建筑事务所做室内设计。此后考伦又进行了一系列重要的室内设计，如第一家玛丽·奎恩特的商店设计，以及1951年英国博览会。考伦爵士对现代设计运动的发展，其贡献并不亚于某些成就显赫的设计大师，尤其在"二战"之后，设计与普通人的生活密切相关，优秀的设计如何才能与普通人的生活真正联系起来，这是大多数设计大师无法考虑的问题。这种国际大气候，加上英国人的经商特质，使英国在战后产生一些非常优秀的设计师兼设计产品经营者，考伦则是在英国乃至全球都影响巨大的一位。

图77（左图）　李维斯（Levi Strauss & Co.）的牛仔裤，李（Lee）的牛仔夹克，BVD的T恤，纯棉；美国，1970—1971年；由罗伯特·拉文先生（Mr Robert LaVine）穿着并提供；V&A博物馆馆藏编号：T.715-1974

图78（右图）　霍尔洛克时装公司（Horrockses Fashions）出品，连衣裙和短上衣，纯棉；英国，1955年；由科林·道森（Corinne Dawson）提供；V&A博物馆馆藏编号：T.11:1 to 3-1997

人时尚选择等系列副线；其中还包括：Next家居（Next Interiors）、Next珠宝（Next Jewellery）、Next童装（Next for Boys and Girls）以及网上商店"Next Directory"，这是一种可直邮订购的新型系列产品线。正如历史学家弗兰克·莫特（Frank Mort）[1]所观察到的那样，该公司的商业模式成为20世纪80年代所谓的"高街革命"（High Street Revolution）的同义词，其主要定位是销售一种生活方式。[18]

1993年，玛格丽塔·帕加诺（Margareta Pagano）和理查德·汤姆森（Richard Thomson）提出的一份对英国服装业的独立调查报告指出，服装连锁店的销售额占英国全国服装零售额的75%（法国和德国为50%，意大利为25%，西班牙为20%）。英国服装的特点是"品质优异、价格合理且样式保守"。大多数英国消费者对这种主流时尚表示非常满意，因为这些产品的设计受到了成衣设计师引领的流行趋势的启发，而且这些大众品牌的消费者不愿意或没有能力在个人服装上花销过多。高街在一个友好的、包容的环境中为消费者提供了更多选择和价值，而这些熟悉的品牌名称则会进一步激发消费者对品牌服饰的信任和忠诚。[19]

时装面料

在整个20世纪，真丝、羊毛、棉和亚麻纤维在服装面料上既可以单独使用也可以互相组合，并与新的人造纤维混合使用。这些天然纤维与人造纤维的混合使用扩大了设计师可用纤维的范围、降低了成本，并制造出高性能的织物，改善了服装的合体性和舒适性，使服装更易于护理。在传统纤维中，羊毛和棉花分别作为时装面料和日常服装面料，用于制作男装成衣及牛仔裤。棉花作为高级时装面料的潜力在20世纪中叶得到提升。20世纪20年代，羊毛和真丝混纺的针织外套也成为了时装。在第二次世界大战期间，真丝货源稀少，甚至严重受损的真丝降落伞也被回收用于制作服装（图76）。亚麻制品的透气性使其在夏季很受欢迎，尤其是在20世纪30年代，这种亚麻粗花呢的面料非常流行。流行热潮经过一段时间的降温之后，亚麻再次成为一种时尚面料，这在一定程度上要归功于20世纪80年代日本设计师对它的使用。虽然爬行动物皮的应用和皮草的持续流行引发了争议与谴责，但是用爬行动物皮制作精美皮革外衣和服装并不完全始于20世纪，而是这一时期重要的时尚潮流。

20世纪30年代，加布里埃·可可·夏奈尔（Gabrielle Coco Chanel，1883—1971）[2]等设计师重新用棉花制作高级时装。1931年，夏奈尔将棉质晚装引入春季系列，在棉花行业衰退并需要开拓新市场的时候，可可·夏奈尔的设计开发了用英国最优质的棉花做时装面料的可能性。[20]用棉质面料制作高级时装的想法由雷蒙德·斯特雷特爵士（Sir Raymond Streat，1897—1979）提出。当时斯特雷特爵士已经是棉花委员会（1940年）的主席，他的这一提案通过董事会下发至名为"色彩设计和风格中心"（the Colour Design and Style Centre，CD&SC，1940）的子公司具体实施。该子公司由詹姆斯·克利夫兰·贝尔（James Cleveland Belle，1910—1983）运营。贝尔设计了一系列商业运营活动以促进棉制品在高级时装中的应用。其中包括英国和欧洲时装设计师运用棉质面料设计的日装和晚装所呈现的电视直播时装秀，以及保罗·纳什（Paul Nash，1889—1946）[3]和格雷厄姆·萨瑟兰

---

❶ 弗兰克·莫特，著名历史学家。2004年10月，莫特在曼彻斯特大学担任文化史教授和艺术跨学科研究中心（CI-DRA）主任。在此之前，他是东伦敦大学拉斐尔·塞缪尔历史中心的文化史教授和主任（1998—2004年）。同时，莫特也是皇家历史学会成员，曾在包括约翰斯·霍普金斯大学（2008年）、哥伦比亚大学（2004年）和密歇根大学（1991年）在内的许多美国一流大学的历史系中担任客座教授，并获得了主要研究奖学金。2000~2010年，莫特是伦敦大学历史研究所当代英国历史中心学术顾问委员会的成员。目前是《文化和社会史》（Cultural and Social History）、《20世纪英国史》（Twentieth Century British History）、《消费文化》（Consumer Culture）和《文化经济杂志》（Journal of Cultural Economy）期刊的编辑委员会及顾问委员会成员。

❷ 加布里埃·可可·夏奈尔，出生于法国的索米尔，是法国著名时装设计师、香奈尔（Chanel）品牌的创始人。家中姊妹四个由姨母抚养成长，后来在一间舞厅中跳舞打工，同时在一家裁缝铺中学习服装制作。因为跳舞又做裁缝的原因，她自己跳舞时所穿着的衣服都是自己制作的。那时她便对衣服有着别样的兴趣与想法。1910年，夏奈尔在巴黎开设了一家女装帽子店，凭着非凡的针线技巧，缝制出一顶又一顶款式简洁耐看的帽子。1914年，夏奈尔开设了两家时装店，影响后世深远的时装品牌"香奈尔"宣告正式诞生。20世纪20年代，夏奈尔设计了不少创新的款式，如针织水手裙、黑色迷你裙等。此外，夏奈尔从男装上取得灵感，为其女装增添了一些男性味道。而且当时女性只穿裙子，她可谓一改当年女装过分艳丽的绮靡风尚。

❸ 保罗·纳什，出生在伦敦肯辛顿一个成功的律师家庭，是英国超现实主义画家和战地画家，以及摄影师、作家和应用艺术设计师。原本想要追随外祖父进入皇家海军的纳什，没有通过入学考试，于是在高中同学的影响下于1910年进入伦敦大学斯莱德艺术学院学习。他从插画师起步，受威廉·布莱克和拉斐尔前派的影响，在早期的作品里尤甚。"一战"开战之际，纳什因小有名气而幸运地选入罗格·弗莱设立的欧米伽工作室，进而获得在汉普顿宫修复意大利文艺复兴大师曼塔尼亚的手稿的难得机会。纳什善于通过风景来传递一种神话的气息，有一个系列是对"一战"的回应作品，表现了残枝乱石的萧索景色与稀落的神色麻木的士兵。

（Graham Sutherland，1903—1980）❶等知名艺术家的面料设计展览和新兴设计师的作品。包括萨瑟兰在内的一些设计师为霍尔洛克时装公司提供棉质时装设计，该公司于1946年在伦敦成立，是普雷斯顿棉花制造商霍尔洛克·克鲁森公司（Horrockses, Crewdson & Company Ltd，1791年创立）的子公司。霍尔洛克公司美观且适于穿戴的时装运用了由其母公司生产的已获皇家资质的优质棉花制成（图78）。当时年轻的女王伊丽莎白二世（Queen Elizabeth II，1926年出生）❷和她的妹妹玛格丽特公主（Princess Margaret，1930—2002）❸选中了这种优质棉花，制作去往澳大利亚和新西兰（1953—1954年）以及英国东非殖民地（1956年）的皇家之旅时所穿着的服装。此后，英国女王棉质婚纱的仿制品还曾以相对低廉的4英镑14先令6便士向公众出售。㉑

与高级且精细的印花棉布形成鲜明对比，使用合成靛蓝染色的棉质牛仔布也一跃成为战后使用最为广泛的棉织物。马龙·白兰度（Marlon Brando，1924—2004）❹在1953年的电影《飞车党》（The Wild One）中饰演的约翰尼·斯特拉布勒（Johnny Strabler）是黑叛军摩托党（The Black Rebels Motorcycle Club）

的领导人，他身穿牛仔裤、T恤和皮夹克，他的这身装扮成为这一时期阳刚之气和年轻叛逆的强有力象征。20世纪60年代，牛仔裤是属于年轻男性的时尚装扮（图77），而在接下来的十年里，尽管牛仔裤通常根据男性或女性的身材进行设计，但其着装者往往不分阶级、性别和年龄。牛仔裤在剪裁、构造、色彩和面料处理上都有很大差异，由于品牌、穿着和定制方式各异也具有不同的文化内涵。在20世纪60年代和70年代，褪色和磨损的牛仔裤备受欢迎。要想让牛仔裤呈现出这种褪色磨损的效果，则需要穿着者的时间和耐心，因为牛仔布软化与染料褪色只能通过多次穿着与水洗。十年之后，在一个消费者开始期望得到即时满足的时代，人们可以买到经过褪色磨损处理的现成牛仔裤：漂白的、打补丁的以及名为"石洗"的工序，可以使得面料褪色。㉒这种在消费者购买前就故意做旧处理的服装，反映出服装价值的重大变化，即时尚的重要性已凌驾于服装的耐用性与使用寿命之上。

牛仔布的大众吸引力也推动其逐渐被高级时装所采用。1978年，"品牌"牛仔裤的问世拓宽了其市场销售份额并使售价提高。葛洛莉娅·范德比尔特（Gloria Vanderbilt，1924—2019）❺在电视上

---

❶　格雷厄姆·萨瑟兰，英国画家，因其富有想象力的抽象风景画而闻名。萨瑟兰出生于伦敦，就读于当地的戈德史密斯艺术学院。在20世纪30年代转为画家之前，萨瑟兰是一位蚀刻师及教师。在类似《荆棘树》（Thorn Trees）这样的作品中，他以明亮的色调绘制了奇异的形状，以表达超自然的神秘情绪。作为一个多产的艺术家，萨瑟兰还为威廉·萨默塞特·毛姆、温斯顿·丘吉尔爵士等人创作了多幅传世肖像画。其他作品包括为北安普顿郡圣马太教堂所作的《耶稣受难像》，以及为考文垂大教堂设计的挂毯《光辉耶稣》（Christ in Glory）等。

❷　伊丽莎白二世，全名为伊丽莎白·亚历山德拉·玛丽·温莎（Elizabeth Alexandra Mary Windsor），现任英国女王、英联邦元首、国会最高首领。伊丽莎白二世于1926年4月21日出生，为已故英王乔治六世的长女。1952年2月6日即位，1953年6月2日加冕，是英国历史上在位时间最长的君主，打破了英国维多利亚女王63年7个月零2天的时长纪录。2016年6月，《福布斯》公布，2016年度全球最具影响力的100名女性，伊丽莎白二世排名第29位。

❸　玛格丽特公主，全名玛格丽特·罗斯（Margaret Rose），是斯诺登伯爵的夫人，英国国王乔治六世和伊丽莎白·鲍斯-莱昂的次女，英国女王伊丽莎白二世唯一的妹妹。1936年，玛格丽特的父亲成为国王，姐姐成为王位假定继承人，而她也随即成为王位的第二顺位继承人。"二战"期间，玛格丽特和姐姐一起留在温莎城堡并继续接受教育。战后，玛格丽特与彼得·汤森上校坠入爱河。1952年，玛格丽特的父亲去世，她的姐姐继承了王位。她也是80多个组织的主席或名誉主席，这些组织涉及儿童福利、医疗护理、音乐和艺术等领域。2002年2月9日，玛格丽特公主因中风引起的心脏病不幸逝世。

❹　马龙·白兰度，出生于美国内布拉斯加州奥马哈市，是美国著名影视演员。1950年，他主演了影片《男儿本色》。马龙·白兰度性格桀骜不驯，被军校退学后赴纽约学艺。1944年开始登上百老汇舞台，三年后以《欲望号街车》的爆炸性演出成为剧坛巨星，获得第24届奥斯卡金像奖最佳男主角提名。20世纪40年代后期，他加入大导演伊利亚·卡赞领导的"演员工作室"，成为最早的成员之一。1953年，马龙·白兰度凭借《恺撒大帝》再次荣获英国电影学院最佳外国男演员奖和奥斯卡最佳男主角提名。1954年，他凭借《码头风云》获得第27届奥斯卡金像奖最佳男主角奖。1972年，他主演的《教父》令他再次荣获奥斯卡金像奖最佳男主角奖。1979年，他出演了又一部科波拉执导的《现代启示录》，之后，他还出演了《巴黎最后的探戈》《超人》《血染的季节》等。2001年，他客串了《大买卖》，这是他最后一次在大银幕上亮相。1999年，被美国电影学会选为"百年来最伟大的男演员"第4名。

❺　葛洛莉娅·范德比尔特，来自范德比尔特家族，她是美国铁路、航运大王科尼利厄斯·范德比尔特（Cornelius Vanderbilt）的曾曾孙女，也是电视名人安德森·库珀（Anderson Cooper）的母亲。范德比尔特是一名杰出的画家、演员兼设计师。其一生涉猎多个行业，1954—1963年，她专注于自己的演艺事业（她的荧幕首秀The Swan给了她"天鹅"商标的灵感）。在这个阶段，她参演了一系列直播和电影、电视剧，如Playhouse 90、Studio One in Hollywood等。1981年，她还参演了The Love Boat。在演员的身份之外，范德比尔特还是一名模特，她15岁就出现在《时尚芭莎》上，后来则为自己的服装、香水等产品线拍摄广告大片。据说，范德比尔特还是知名肖像摄影大师理查德·阿维顿（Richard Avedon）、佛兰西斯科·思格乌洛（Francesco Scavullo）等人的灵感缪斯。

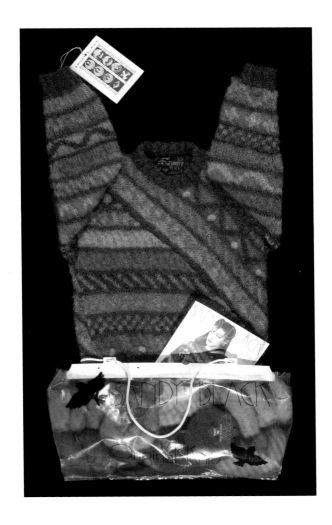

图79（左图）　桑迪·布莱克（Sandy Black），
套头毛衣和针织工具包，马海毛和羊毛；英
国，1982年、1983年；由该设计师提供；V&A博
物馆馆藏编号：T.64 & 65-1999

图80（右图）　玛格丽特·豪威尔（Margaret
Howell，1946年出生），日装，棉和亚麻；伦
敦，1983年；由该设计师提供；V&A博物馆馆
藏编号：T.136 to C-1983

推广印有她签名的牛仔裤，为牛仔裤注入了她迷人的生活方式和个性优雅的光环。这些紧身牛仔裤剪裁合体，价格是李维斯的四倍。一经上市，这种签名牛仔裤第一年的销售额就飙升了6倍，达到1.5亿美元。㉓1980年，15岁的波姬·小丝（Brooke Shields，1965年出生）❶宣传的卡尔文·克莱恩（Calvin Klein）牛仔裤则更为紧身。理查德·阿维顿（Richard Avedon，1923—2004）❷拍摄的牛仔裤广告在商业方面取得了巨大的成功。在一则广告中，小丝说道："你们想知道我和我的牛仔裤之间有什么阻隔吗？什么都没有。"纽约的美国广播公司（ABC）和哥伦比亚广播公司（CBS）立即封禁了这则广告，因为其影射了小丝没有穿内衣，但媒体封禁广告的举措却为牛仔裤提供了一次无价的宣传。第二年，在品牌牛仔裤流行的热潮之下，仅在美国，牛仔裤就达到了5.02亿条的销量巅峰。㉔

第一次世界大战后，针织外套日渐成为英国广受欢迎的时装。以羊毛、真丝、棉花和人造纤维为原料的针织产地主要集中在东密德兰和苏格兰。英国针织服饰以其高品质的色彩和设计而闻名，并一直处于该领域的领导地位，直到20世纪60年代才被意大利针织服饰所取代。㉕著名的针织公司包括大名鼎鼎的苏格兰针织公司普林格（Pringle，1815年成立），据说其设计师奥托·薇姿（Otto Weisz，1897—1975）在20世纪30年代推出了量身定制的针织时装两件套。第一次世界

---

❶ 波姬·小丝，全名波姬·克莉丝特·卡蜜儿·小丝（Brooke Christa Camille Shields），出生于纽约，是美国女演员、作家和模特。小丝出生11个月时就为香皂拍过广告；14岁成为Vogue杂志封面最年轻的时装模特；更是用家喻户晓的广告成就了卡尔文·克莱恩品牌的牛仔装。演艺经历：11岁在1978年的影片《艳娃传》中扮演一个童妓；1980年在《青春珊瑚岛》中，出演因海上事故流落荒岛逐渐长大成为少年的两个孩子中的女孩。此外，正值青春的小丝还是世界顶尖的模特，她的娇容随处可见。她拍摄了大量公益广告，如劝告少女们远离性和宣传吸烟有害等；所以当她为卡尔文·克莱恩牛仔裤拍的有些刺激挑逗性的广告播出后，立刻使舆论界沸腾。小丝从来没有停止过工作，无论是帮助录制鲍博的圣诞专辑，还是拍自己的电视连续剧《出乎意料的苏珊》（Suddenly Susan），或是自己亲自进行创作。繁忙的工作之余，她还坚持学习，最终从普林斯顿大学顺利毕业。

❷ 理查德·阿维顿，出生于美国纽约，是20世纪最著名的时尚摄影师。作品从高级艺术到商业影像，再由前卫时尚到波普艺术都有涉及。阿维顿的职业生涯被美国艺术评论家苏珊·桑塔格列为"20世纪职业摄影的典范之一"，而以时尚摄影起家的阿维顿，日后的成就则远远超出了这个领域。他生前曾为众多名人拍摄，包括梦露、赫本、安迪·沃霍尔、培根、肯尼迪家族等。1955年他曾为迪奥晚礼服拍摄了一组作品，作品中皮肤厚实的大象与身材纤细的女模特形成强烈对比，这组作品奠定了他在时尚摄影界的地位。

图81（下图）　"残忍的毛皮及其制品"；英版Vogue刊登的广告（1935年11月13日），第86期，总第10期，第113页

图82（右图）　晚礼服披肩，髯猴毛皮及真丝；英国制造（可能），1920—1930年；V&A博物馆馆藏编号：T.226-1967

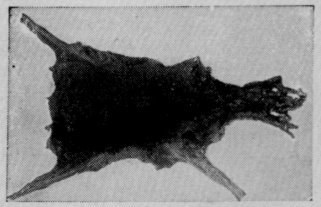

CRUEL FURS AND OTHERS

Furs obtained by torture are:— Broadtail, as above, baby seals, ermine, sable, beaver, red fox, marten, mink, skunk, musquash, monkey, etc.

Write for WHITE LIST of Fur Crusade & Humane Trapping Campaign which names furs you need not be ashamed to wear. Funds needed for more Advts.

MAJOR C. VAN DER BYL, WAPPENHAM, TOWCESTER

大战后，积家（Jaeger，1884年成立）一直采用羊毛和许多其他动物纤维制作时装。积家的广告经常引导人们对它所使用的纤维、动物来源和特殊品质加以关注。积家编辑出版的产品宣传手册《积家博物志》（*Jaeger's Natural History*，约1933年）把幽默的诗句和奇特的动物绘画放在一起：

> 克什米尔细毛山羊
> 孤傲、冷僻，往往难以捉摸……
> 它不知道
> 它与独一无二的距离
> 还有多远

积家以轻松的引导方式鼓励客户做出明智的材料选择，同时将品牌提升至自然奢侈品的地位。该公司经常引用古斯塔夫·耶格博士（Dr Gustav Jaeger，1832—1917）❶的话来证明品质，耶格博士认为羊毛有益健康的观念为该公司的宣传奠定了基础。耶格博士认为"大自然为动物穿上衣服，人们为自己穿上衣服"，这使得人们开始关注人类对自然的责任，以及敦促人们从自然中感悟智慧。㉖

20世纪70~80年代，随着人们对工艺的兴趣全面复苏，针织重新回归时尚，英国针织设计师再次崭露头角。其中包括凯菲·法瑟特（Kaffe Fassett，1937年出生）❷和比尔·吉布（Bill Gibb，1943—1988）❸以及帕特丽夏·罗伯茨

---

❶ 古斯塔夫·耶格博士，德国自然学家和卫生学家。在图宾根学医后，他成为维也纳的一名动物学教师。1868年，他被任命为霍恩海姆学院的动物学教授，随后他又成为斯图加特理工学院的动物学和人类学教师以及兽医学院的生理学教授。1884年，他放弃教学，开始在斯图加特行医。耶格是达尔文主义的早期支持者。在保护健康的标准化服装方面，耶格博士主张穿着粗糙的织物，如羊毛，更"贴近皮肤"，特别反对使用任何一种植物纤维。

❷ 凯菲·法瑟特，一位出生于旧金山的纺织品设计师、织品艺术家，于1964年移居英国，其作品色彩相当强烈。法瑟特在19岁时获得波士顿博物馆附设学院的奖学金，但后来为了要在伦敦绘画而停止了学业。法瑟特的作品在1988年时曾在V&A博物馆举办个展，是在世的第一位在博物馆做个人展览的织品艺术家。此展相当成功，之后又巡展了九个国家。同时，法瑟特本身也是一位作家，出版了甚多手工艺相关书籍，领域从编织、拼布、刺绣到陶艺、绘画等，其作品特色是都带有相当鲜艳的色彩与图腾。此外，法瑟特也在英国电视频道BBC主持名为《缤纷色彩》（*Glorious Color*）的手工艺节目。

❸ 比尔·吉布，苏格兰时装设计师，他以非凡而讨人喜欢的设计而闻名于20世纪60年代和70年代。他曾就读于弗雷泽堡学院。他的老师鼓励他申请伦敦的艺术学校，因此，吉布在1962年去了圣马丁艺术学校。以全班第一名的成绩毕业后，吉布获得了皇家艺术学院的奖学金，但在完成学业之前，他离开学校开始创业。吉布的作品常被许多博物馆收藏，其中包括伦敦的V&A博物馆、曼彻斯特城市美术馆、利物浦的沃克美术馆以及纽约的大都会艺术博物馆等。

图83（下图） 手提包，鳄鱼皮、皮革、真丝和黄铜；法国，1938年；来自埃弗茨-科穆宁娜-洛根［Everts-Comnene-Logan（音译）］收藏系列；V&A博物馆馆藏编号：T.16:1-2003

图84（右图） 夹克，麂皮和蛇皮；英国，1972年；由克莱夫·梅森-波普（Clive Mason-Pope）提供；V&A博物馆馆藏编号：T.116-1983

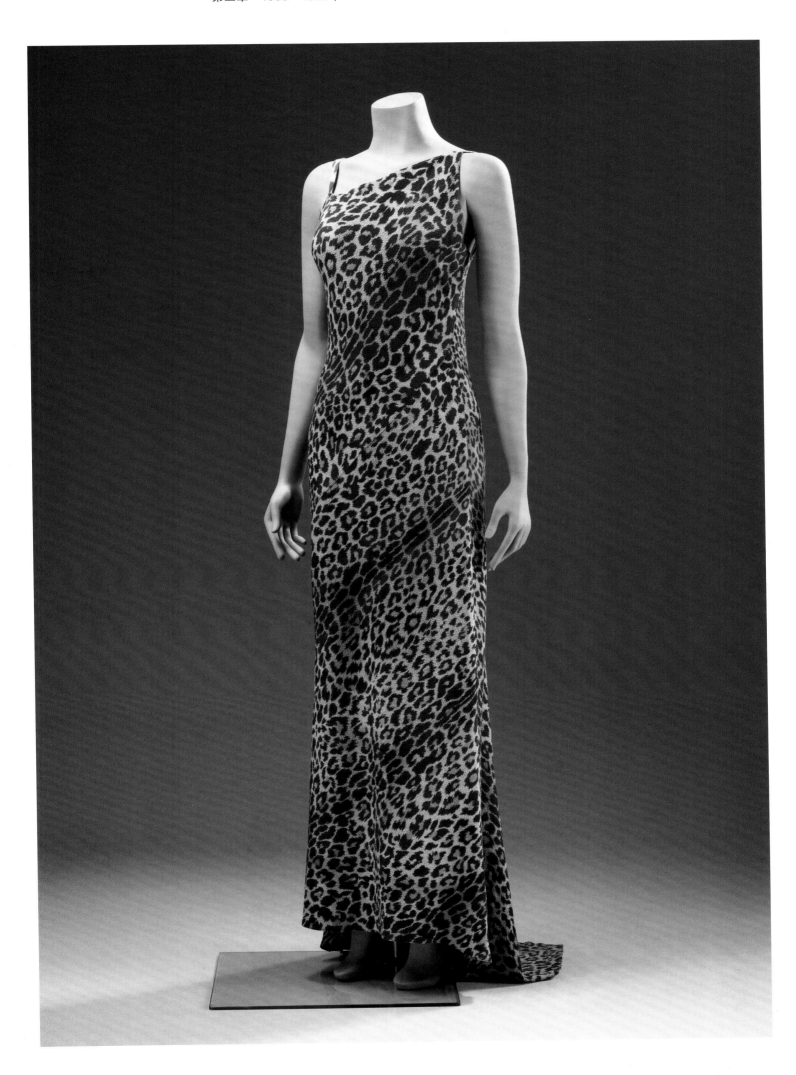

（Patricia Roberts，1945年出生），设计师们借鉴了传统针织的设计风格、图案和针法，但又用充满活力的色彩、对比鲜明的纱线、立体效果和诙谐的风格改造了传统样式。由于材料成本和劳动力价格高昂，针织服装往往品质多样、款式复杂且价格昂贵。这些针织服装受欢迎的程度大大加速了批量化生产的进程，并采用亚克力纤维来完成更为复杂的针织设计。苏珊·达克沃斯（Susan Duckworth）、萨沙·卡根（Sasha Kagan）和桑迪·布莱克（Sandy Black）等几位设计师为那些会编织的人研发了带有说明图纸和纱线的工具包（图79），这些图纸和纱线由位于霍姆弗斯（Holm-firth）的沃世攀工厂（Rowan Yarns of Washpit Mills）提供，这项工作意在复兴这项被忽视已久的手工艺。㉗这些工具包主要包括羊毛和丝光棉，其为手工编织者提供了比当地纱线商店所能购买到的更丰富的纱线颜色，而工具包里包含纱线的多少则由图案的复杂程度而定。

20世纪30年代，英国人对羊毛粗花呢的偏爱使得亚麻粗花呢也作为一种时尚面料而广受欢迎。这种亚麻粗花呢是由纯亚麻纱线制成，通常是用"花式捻纱"的方式将亚麻与羊毛纤维混纺。这些纯亚麻面料采用一系列夏季流行的柔和色调织成，如本色、灰白色、"燕麦色""绽放粉"和绿松石色。彩色羊毛和天然亚麻纱线则混纺织成羊毛亚麻花呢。时尚撰稿人建议用这种面料定制西装、半身裙和连衣裙，他们把这种面料描述为"英国夏季服饰的理想材料，温暖而不厚重，凉爽且耐穿；既可以制作笔挺的西装又可以制作优雅的连衣裙……是时尚材料界的宝石"。㉘

亚麻织物容易起皱，因此作为一种时装面料，它不如棉织物那么受欢迎。但亚麻织物在日本时装界的使用对20世纪80年代的欧洲设计产生了深远的影响，使人们重新燃起了对它的兴趣，这种兴趣甚至压倒了人们对它缺点的担忧。20世纪初，日本设计师来到巴黎，给巴黎带来了一种新的时尚概念。日本设计师的作品常常受到传统日本亚麻和棉布工作服的影响，由面料主导，根据面料的特性决定服装的结构以及服装与身体的关系。因此，这些服装经常被剪成不对称的形状，着装时服饰的褶皱也会根据它们在身体上的位置而发生改变。欧洲设计师和日本设计师之间的互动促进了一种富有成效的思想文化交流。㉙

在英国，最常使用亚麻进行创造的设计师是玛格丽特·豪威尔（Margaret Howell，1946年出生），她一直运用英国传统面料设计工装、艺术家服装、田园风服装等。㉚豪威尔喜欢亚麻织物的动感褶皱及其舒适性，并称自己是一名手作设计师

（maker-designer），而不是时尚设计师。㉛1983年夏天，她采用深色的轻薄面料，通过层叠搭配的方式将棉质服饰和亚麻面料服饰搭配在一起。如图80所示的这组套装，包括一件领口有三粒纽扣的"祖父式"T恤，按照豪威尔的要求，这件T恤的面料是约翰·斯梅德利纺织公司（John Smedley，1784年创立）用海岛棉织制而成。穿在T恤外面的背心则是用爱尔兰亚麻织成，其面料的手感和不规则的粗纺与柔软光滑的棉布形成了鲜明对比。那条裙子也是亚麻面料的。2013年，豪威尔描述了她的设计美学是如何符合自己的原则的：

好的品质凌驾于一切之上，就像一件褪色的棉质T恤——它并不用很昂贵。我更喜欢穿着那种越穿越柔软的棉质雨衣和越穿越舒适的厚毛头斜纹棉布衣服。我们应该尊重那些经久耐用的产品，尤其是应从环境保护的角度考虑。我们应该更多地考虑地球的水资源，以及其他一切自然资源。㉜

皮革也是一种耐用的织物，如果处理得当，可以很好地延缓老化。20世纪初，随着汽车的出现，人们开始穿着皮革大衣。皮革大衣最初的设计讲究实用宽敞，而到了20世纪20年代下半叶，则被设计成紧随时尚潮流的造型。广告中的铬鞣革、软羊皮大衣呈现出缤纷的色彩：红色、灰色、绿色、深和浅棕色、米黄色、蓝色、淡蓝色、海军蓝和黑色。1926年，英国女演员格拉迪斯·库珀（Gladys Cooper，1888—1971）❶穿了一件鲜亮的猩红色皮大衣，这让她在一场私人艺术展上"从几乎全场黑色套装"中脱颖而出。㉝铬鞣法因生产速度快、能制造出颜色多样并坚韧柔软的皮革而备受青睐，但这种工艺方法会产生有毒的铬金属废料。现今，铬鞣法已经被认定为是一种危害环境的生产工艺。

19世纪，皮革制品的主原料是爬行动物的外皮，第一家伦敦皮革生产公司于1928年成立。用鳄鱼皮、短吻鳄鱼皮、蜥蜴皮和蛇皮制成的手提包（图83）、钱包、鞋子及其他皮革配饰在六年之内达到流行巅峰，以至于一位评论员对爬行动物的未来生存状态感到担忧。大规模屠杀以害虫为食的蟒蛇类是另一个引起人类关注生态系统的原因。㉞与此同时，为了给人类供应皮草，这些动物的死亡方式往往过于残忍（图81），皮草在时尚界的广泛使用持续遭到谴责（图82）。而人工养殖可供应皮草的动物则被认为是相对人道的。20世纪30年代中期，美国成功地实现水貂的"牧场养殖"，而英国则养殖臭鼬、狐狸和水貂。改变基因的养殖方式和杂交培育使"新"的水貂毛颜色得以呈现，如白金色和"银灰蓝色"。尽管皮草服装和配饰价格高

图85（第124页）　保罗·波烈设计，"萨莫瓦尔（Samovar）"晚礼服，可能由铜氨丝、镀金金属线和机织蕾丝制成；法国，1921—1922年冬季；由维恩·兰贝特先生（Mr Vern Lambert）提供；V&A博物馆藏编号：T.338-1974

图86（第125页）　巴兹文（Bus-vine）设计，连衣裙，黏胶人造丝；英国，1933—1934年；V&A博物馆馆藏编号：T.147-1967

---

❶　格拉迪斯·库珀，出生于伦敦，是19世纪英国最著名的演员之一。库珀作为摄影模特出现时，年仅六岁。从明信片到杂志广告，片约接踵而至。库珀成为美丽和许多其他流行的主题，在第一次世界大战期间，她引领的迷人时尚，为英国士兵的最爱。其主要作品包括《像我这样的女孩》《窈窕淑女》《开心家族》《秘密花园》《包法利夫人》《多佛的白色悬崖》等。1943—1965年，库珀3次被提名奥斯卡女配角奖。

图87（下图）　手提包，有机玻璃，蚀刻；法
国，1950年；由佩奇·马尔尚（Peggy Marchant）提
供；V&A博物馆馆藏编号：T.632:1–1996

昂，但这种新颖的色调还是推动了20世纪60年代的毛皮制品的销量。[35]

20世纪60—70年代，战争期间的许多时尚都得以复兴。其中包括毛皮、爬行动物皮（图84）和皮革的流行。这两个年代的时尚流行都十分重视材料的质感魅力，如引人注目的炫耀感和情色的内涵意味，以及这些材质的手感和花纹形状。尽管过去大多数人认为皮草是财富和地位的象征，以及需要精心养护的投资产品和传家宝；但是至少对于年轻人和富人来说，20世纪60年代的一件毛皮大衣仅仅是一件时装，其寿命与其反映的时尚趋势同样短暂。

1967年，莫莉·帕金（Molly Parkin，1932年出生）❶在《新星》（*Nova*）杂志上撰文指出，貂皮可能是唯一仍可被视为身份象征的毛皮。她推荐了一件完整的鳄鱼皮大衣，并认为其可以为"声望值""额外加分"。帕金文章的配图是一套蛇皮套装、一对穿着几乎一模一样的蛇皮短夹克的夫妇以及几件由奥西·克拉克设计的类似水蛇皮材质的服装。[36]克拉克在伦敦的一个皮革仓库里发现了一堆蛇皮，并将其加工成剪裁巧妙的无性别夹克和外套。这些服装很快就被女演员莎朗·塔特（Sharon Tate，1943—1969）❷、吉米·亨德里克斯（Jimi Hendrix，1942—1970）❸的女友琳达·凯思（Linda Keith）、超模沃汝萨卡（Veruschka，1939年出生）❹和崔姬（Twiggy，1949年出生）❺等名人购买。克拉克的制板师托尼·科斯特洛（Tony Costello）认为，蛇皮的吸引力来自它们奇特的出处和纹理，以及人类对蛇类特性根深蒂固的看法——它们的力量、神秘与坚定的优雅，这使得人类感到既钦佩又敬畏。[37]

无性别服装的流行趋势延伸至各种皮革服饰以及真假皮毛之上。猞猁、狼、浣熊、獾和狐狸等艳丽的、波希米亚风格的长毛动物皮草与人类的披肩长发混搭，非常受男士的欢迎。"阿富汗"羊皮大衣和凌乱蓬松的蒙古羊皮体现的是嬉皮士美学与源自慈善商店和旧货市场的各类服饰杂糅的时尚文化。以补丁、刺绣、印花、亮片、串珠、流苏等方式装饰的真假皮毛、动物皮草以及蛇皮服饰随处可见。[38]人们对毛皮的喜爱为人造毛皮业的发展提供了机会。20世纪50年代，丙烯酸酯纤维投入使用，而人造毛皮通常由这种纤维制成。

❶　莫莉·帕金，威尔士画家、小说家和新闻工作者，因20世纪60年代在《新星》及其他报纸和电视上的作品而闻名。1939年第二次世界大战爆发时，她和她的家人搬到伦敦与她的祖父母住在一起。战争期间，在父母不知情的情况下，12岁的帕金晚上在伦敦的多利斯山附近的一家报社工作。1949年，帕金在伦敦大学金史密斯学院学习美术获得奖学金，后来又获得了布莱顿大学艺术学院的奖学金。1965年，帕金加入《新星》杂志。在她担任时装编辑的两年中，凭借其出色的报道，获得了人们的高度肯定和赞誉。

❷　莎朗·塔特，出生于美国得克萨斯州达拉斯市，是好莱坞20世纪60年代著名的女演员，她也是电影大师罗曼·波兰斯基的亡妻。最初她凭借几个叫好的广告进入影视圈，随后在电视剧中打响了名气。莎朗·塔特的美艳让很多男性趋之若鹜，1963年，莎朗·塔特和造型师杰伊成为恋人，两人的关系一直保持到1965年，直到罗曼·波兰斯基出现之后。1965年，塔特与罗曼·波兰斯基合作演出了吸血鬼电影《天师捉妖》，她的美丽让罗曼倾倒，而罗曼温文尔雅的气质也让塔特痴醉，两人在一见钟情之下共坠爱河，塔特也随即与杰伊分手，但他们仍是好友，杰伊到死都是塔特的造型师。塔特与罗曼在1968年注册结婚，那时塔特已经怀了他们的第一个孩子。1968年，罗曼·波兰斯基执导的名作《罗丝玛丽的婴儿》问世，这部描写邪教的电影为罗曼一家带来了难以想象的厄运。1969年8月9日的清晨，当清洁工走入罗曼·波兰斯基的豪宅之时，她惊恐地发现塔特和杰伊等五人惨遭杀害，血肉模糊的景象令人毛骨悚然。经过警方的追查，该起凶杀案是由一个名叫查尔斯·曼森的邪教头目主使的，身怀六甲的塔特就这样不明不白地离开了人世。

❸　吉米·亨德里克斯，出生于美国华盛顿州西雅图，美国吉他手、歌手、作曲人，被公认为是摇滚音乐史中最伟大的电吉他演奏者。1966年吉米组建乐队，1967年夏他成功地进行了欧洲巡演，在保罗·麦卡特尼的大力推荐下，他参加了伍德斯托克音乐节，他的成功使他跻身于世界明星的行列。亨德里克斯的自然风格可以用其在《星条旗永不落》中用吉他模仿出战争的声音（包括机枪声、轰炸声以及人们的尖叫声）的激情演奏作为概括。他对此曲印象派手法的演绎充分描绘出当时普遍的反美主义风潮，并且成为20世纪60年代动荡时期的美国社会的内心独白，其作品还包括《轴：像爱一样勇敢》《电子女儿国》等。

❹　沃汝萨卡，德国模特、女演员兼艺术家。她在汉堡学习艺术，然后搬到佛罗伦萨，20岁时被摄影师乌戈·穆拉斯（Ugo Mulas）发现，成为一名全职模特。在巴黎，她遇到了久负盛名的福特模特经纪公司（Ford Modeling Agency）的负责人艾琳·福特（Eileen Ford）。1961年，她搬到纽约，但很快又回到慕尼黑。她曾在纽约公园大道405号的斯图尔特模特经纪公司工作过一段时间，在那里，沃汝萨卡，就是那个封面最多的女孩。1966年，她在米开朗基罗·安东尼奥尼（Michelangelo Antonioni）的邪俗电影《爆炸》（*Blow Up*）中短暂亮相5分钟，并引起了人们的注意。后来，沃汝萨卡出现在《生活》杂志1967年8月号的封面上；在整个20世纪60年代，她还出现在美国、意大利、法国和英国版*Vogue*四家主要杂志的封面上。在其巅峰时期，她一天能挣到1万美元。1975年，由于与*Vogue*新任的主编格蕾丝·米拉贝拉（Grace Mirabella）意见不合，她离开了时尚界。

❺　崔姬，本名宁丝利·汉拜（Lesley Hornby），英国模特、歌手兼演员。崔姬是一个绰号，因为她身材矮小，拥有细骨伶仃的长腿，看起来好像一个用小树枝拼出来的小假人。崔姬成为当年度这个星球上最具知名度的模特，频频出现在各种报章杂志上、拍摄*Vogue*封面甚至还出唱片和推出自己的服装品牌。在20岁时，崔姬正式结束了自己的模特工作，短短四年的职业模特生涯使她成为20世纪60年代最有影响力的模特，她的出现如同一场革命，彻底改变了人们对美的定义及对眼部的化妆方式。崔姬那种没有曲线的、雌雄同体的形象风靡那个时代的欧洲与美国，并且影响至今，凯特·莫斯（Kate Moss）刚出道时就被称作崔姬的翻版。作为时尚界的第一个真正的超级模特，崔姬是第一个按小时收取高额费用的模特，她的出现为后来的琳达·伊万格丽斯塔（Linda Evangelista）、凯特·莫斯的超级模特生涯铺平了道路。

图88（右图）　欧文·布鲁门菲尔德，长筒袜（SOS#39），彩色相片；美国，约1949年；V&A博物馆馆藏编号：PH.33-1986

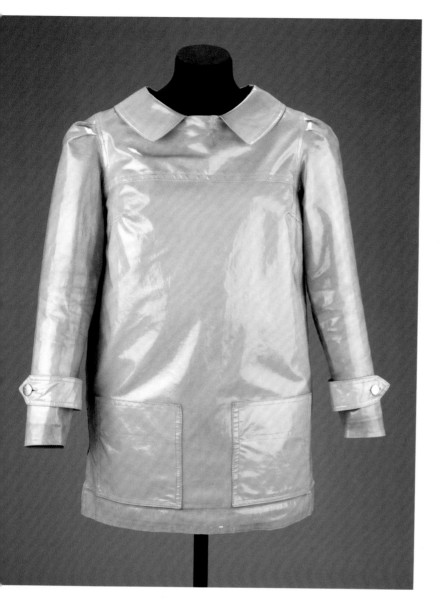

图89（左图）　玛丽·奎恩特，雨衣，PVC和棉；
英国，约1963年；由丁尼·帕根（Dinny Pagan）
提供；V&A博物馆馆藏编号：T.3-2013

图90　安德烈·库雷热，连衣裙，尼龙、棉和有机
玻璃；法国，1967年；由G.萨克尔（G.Sacher）
夫人提供；V&A博物馆馆藏编号：T.348-1975

图91（下图）　海伦·斯托瑞，上衣和裤子，棉、莱卡和天丝；英国，1993年；由该设计师提供；V&A博物馆馆藏编号：T.212-1993 and T.228-1993

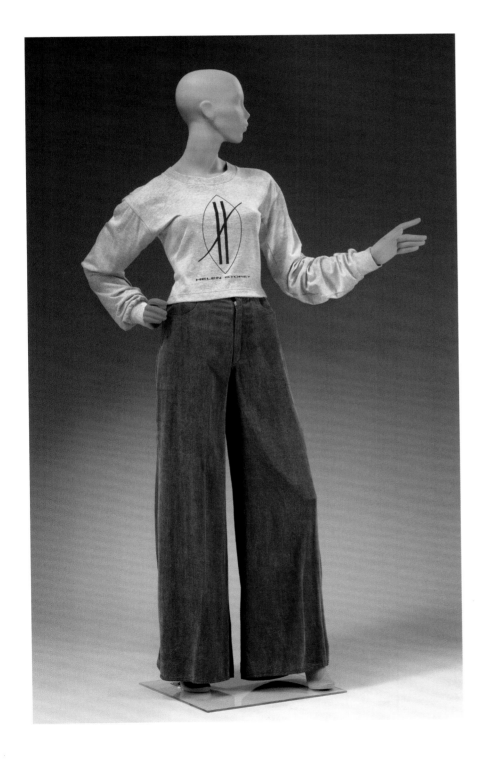

丙烯酸酯纤维柔软、轻便、保暖，其手感类似羊毛。这是一个典型的人造纤维模拟传统纤维性能的成功案例；其他具有新特性的人造纤维则被设计成不同用途的纺织品。第一批人造纤维和塑料是在19世纪发明的，但除了赛璐珞等几种材料外，其他人造材料自20世纪才开始投入商业生产。人造纤维分为两种类型：其一是从木浆等有机材料中提取的天然纤维素，经过化学处理制成；其二是从石油和煤炭产品中提取分子并在实验室中合成的化学纤维素。

来自纤维素的铜氨丝（铜氨纤维）、黏胶纤维和醋酯纤维[39]早在20世纪就投入了商业生产（图85）。由于黏胶纤维明亮的光泽和柔软的悬垂质感，它最初是作为艺术（人造）丝进行销售。而今，黏胶短纤维（长度较短的丝状物，可梳制成纱）作为棉花的替代品经常与其他纤维混合，尤其是聚酯纤维。黏胶长纤维（长而连续的丝状物，可以编织成织物）则用于制作服装及其里料。醋酯纤维（参见第139页）的外观更像真丝，这使得它在20世纪20年代和30年代成为制作内衣的普遍选择。铜氨纤维的价格比黏胶纤维和醋酯纤维更为昂贵，并且具有柔滑的垂坠感、高光泽度和卓越的手感。[40]

在英国，塞缪尔·考陶德公司（Samuel Courtauld & Company）于1905年开始生产黏胶纤维。生产黏胶纤维的原材料有木浆、烧碱、二硫化碳和硫酸，这些材料相对便宜且容易获得，这项技术可以使公司迅速盈利。英国塞拉尼斯公司〔British Celanese，英国纤维与化学制造有限公司（The British Cellulose and Chemical Manufacturing Co. Ltd）〕从1923年开始生产醋酯纤维，并作为塞拉尼斯公司名下的品牌进行销售。该公司拥有自己的纺织部门、针织部门、服装生产部门和组织严密的营销部门。其他国家的公司也很快意识到这种新纤维的潜力，到1925年，英国、法国、德国、荷兰、意大利、日本和美国都成为人造纤维的重要生产国。[41]1921—1939年，人造纤维的成本不断下降，其与其他纤维混纺的适用性以及本身不断提高的性能使人造纤维对成衣行业颇具吸引力，让中等收入的男性和女性有机会以可承受的价格享受主流时尚。[42]广告宣传的人造纤维服饰也十分悦目，其中包括剪裁简约的连衣裙、衬衫、针织品、内衣和袜子。1924—1928年，英国人造纤维的产量增长了114%，这一统计数据让制造商们对人造纤维的应用趋势保持乐观。[43]

尽管人造纤维的高光泽度很受欢迎，但它对巴黎高级时装来讲却并不具有吸引力。美国黏胶纤维的主要生产商杜邦公司（DuPont）决定将黏胶纤维重新打造成一种高级时装面料，并委派其化学师对黏胶纤维进行去胶处理。[44]他们执行了一个大胆的计划，为了使人造丝成为一种高级时装面料并且获得著名时装设计师的支持，纽约的人造纤维协会在1928年发布了一系列广告，其中包括卡洛特（Callot）、德雷科尔（Drecoll）、珍妮（Jenny）、浪凡（Lanvin）

和波烈（Poiret）在内的几家时装公司所签署的对人造纤维的认可证书，而这一举措也确实取得了成功。保罗·波烈（Paul Poiret，1879—1944）❶作为一位时尚创新者，他叙述了人造纤维为设计师提供的"新奇效果"，亲自参与研究并推广它。[45]艾尔莎·夏帕瑞丽（Elsa Schiaparelli，1890—1973）❷是以使用人造丝而闻名的时装设计师。她特别喜欢质地富有趣味性的材料，如一种褶皱效果被称为"树皮"的人造丝绉。[46]大约在同一时期，伦敦的巴兹文时装屋（The London house of Busvine）设计了一款豹纹人造纤维晚礼服（图86）。这种斜纹织物就像人体的第二层皮肤贴合在身上。这件衣服曾归埃米利·格雷斯比（Emilie Grigsby，1876—1964）所有，她是一位在伦敦生活的、富有且自由奔放的美国人，经常有艺术家、作家和高级军官频繁出入她家中。

人造塑料的发展与人造纤维技术齐头并进。1999年，高分子科学家约翰·布赖德森（John Brydson）将塑料定义为"能在压力和热量下塑造成不同形状的材料"。（动物的）角、龟壳、橡胶和琥珀都是天然的塑料。[47]第一代人造塑料是由自然界中发现的化学改性材料制成的：从橡胶中提炼的硫化硬胶和硬质胶（1843年）；赛璐珞通过纤维素制成，并由亚历山大·帕克斯（Alexander Parkes，1813—1890）❸在1862年的国际展览会上以"帕克森"（Parkesine）的名字向公众展示，1870

年约翰·海厄特（John Hyatt，1837—1920）❹对其进行改进并申请了美国专利；1899年，来自牛奶凝乳或脱脂牛奶的酪蛋白纤维获得发明专利。

首先，这些新型塑料，尤其是赛璐珞，在很大程度上被视为如龟壳和象牙这类昂贵且日益稀有的天然材料的廉价替代品。赛璐珞被制成梳妆用具、小饰品盒、珠宝（尤其是梳子），以及裹在棉质衣领和袖口上的涂层，这些面料上的涂层可以经受肥皂和水的擦洗而不改变其形状与硬度。在传统服饰装扮中，干净与硬挺的衣领往往是体面的象征。作为一种替代面料，赛璐珞不仅具有与天然材料相同的着装效果，而且节省了生产劳动力与洗衣的花销。在20世纪20年代和30年代，用赛璐珞做鞋跟的镶钻晚礼服鞋在舞池中闪闪发光，其华丽的装饰效果足以替代以缎面包跟的昂贵皮鞋。[48]在英国，由酪蛋白制成的纽扣和珠子在市场上销售时被称为"埃里诺德"（Erinoid）。

然而，赛璐珞也同样具有负面作用。由硝化纤维制成的赛璐珞极易燃烧，并且在燃烧时会释放出有毒气体。醋酯纤维和新一代塑料制品则逐渐成为更安全的替代品。醋酯纤维会熔化但不会燃烧，而新一代塑料制品则是实验室的产物，其一旦硬化就不再溶解，对热能的反应也较差。[49]新一代塑料包括苯酚甲醛树脂[人造树胶，1907年由贝克兰博士（L. H. Baekeland，1863—1944）❺发明并获得专利]和脲醛树脂（1919—1928）。脲醛树脂可

---

❶ 保罗·波烈，法国著名时装设计师。他出生于巴黎，其一生和事业都在巴黎。波烈是位布商的儿子，其貌不扬，但从小就与服装结了缘。波烈的设计代表了20世纪初这一时期的独特风貌，他开创了一个五彩缤纷的服装新世纪。波烈是时装界的幻想主义者，但他的幻想持续影响迄今，甚至未来。这时期，波烈的内心开始煽起了服装"革命"的梦想之火。受东方艺术思潮的影响，波烈激发了改变欧洲紧身服装的革命思想。其午茶便装是吸收日本和服的样式，在丝绸面料上饰以刺绣，用大而低垂的和服袖替代传统西方的窄筒袖。1913年，波烈创作了大量"穆斯林风"的服装，这种设计的主要特点是吸收中东和日本和服的外型，改变传统的西式装袖为东方式衣片的延伸。这种款式使人体曲线不再在服装上强调出来，这同西方历来追求的官能刺激大异其趣，在西洋服装史上是一次了不起的创举。

❷ 艾尔莎·夏帕瑞丽，出生于意大利罗马。她被认为是20世纪最著名的服装设计师之一，同时也是一位作家。1927年，夏帕瑞丽在巴黎开设了自己的第一家服装设计沙龙，追求设计的创造性。她第一个设计了毛皮织物，并将拉链染成和衣服相同的颜色。她和当时很多艺术家，如著名画家达利等人联系密切，并聘请他们参与纺织品的设计，把超现实主义风格引入服装设计中。"二战"之后，她的事业亏损。1941年，她离开巴黎前往纽约；等到战争结束她再回来时，迪奥浪漫的"新面貌"已经占领了时尚界，而她代表的先锋派设计市场日渐衰退。

❸ 亚历山大·帕克斯，来自英国伯明翰的冶金学家和发明家，创造了第一种人造塑料——帕克森。年轻的帕克斯开始他的职业生涯时，是作为一名黄铜信使的创始人的学徒。他于1840年加入乔治和亨利·埃尔金顿的电镀专利公司。1841年，帕克斯为电镀精致艺术品的过程注册了他的第一个专利。那时的他认定自己是一位艺术家。但是，最后艺术家不断发展为了化学家。他共有66项专利，包括冷冻治疗和一种从铅中提取条子的技术。到40岁时，他已在他的领域中取得了杰出的成就。

❹ 约翰·海厄特，出生于纽约斯塔基，是美国发明家，也是赛璐珞的发明者。1869年，他完成了赛璐珞的制造技术，并设计制造了生产赛璐珞的专用设备，1870年获得了专利。1872年与其兄弟一起设厂生产赛璐珞出售，开创人类制造高分子材料的新纪元。后又将赛璐珞制成透明片材以代替重而易碎的玻璃片，用作照相片基；甚至用赛璐珞制成人造象牙的弹子球和其他制品等。此外，他还发明了用混凝剂使水净化的方法；1891年发明了在现代机器上广泛采用的滚珠轴承。随后，他又发明了甘蔗压榨制糖机和制造机器传动皮带的缝合机。他毕生从事发明创造，对人类做出了巨大贡献。由于发明赛璐珞，在1914年获得珀金斯奖章。

❺ 贝克兰博士，出生于比利时的根特。17岁时，他在父母要求并不很高的情况下考入根特大学并获得奖学金，他继而师承西奥多·斯瓦茨教授，以优异的成绩毕业并取得了自然科学博士学位。1889年移居美国，出于对摄影的爱好，他将他偏爱的摄影与专业知识相结合，成立了自己在纽约附近的工厂。他开发的被称为"Velox"的感光相纸具有革命性的成功，同时也引起了当时实力强大的纽约柯达公司的注意。1904年开始，贝克兰博士专心研究苯酚和甲醛反应得到的残留物，并于三年后得到一种模压后成为半透明的硬塑料，即酚醛塑料。作为科学家，贝克兰可谓名利双收，他拥有超过100项专利，荣誉职位数不胜数，死后也位居科学和商界两类名人堂。他身上既有科学家少有的商业精明，又有科学家过多的生活迟钝。

以创造出轻便、明亮的色彩与螺旋纹理以模仿雪花石膏和玛瑙。1934年，ICI（英国帝国化学工业集团）生产了一种硬式丙烯酸树脂，称为"有机玻璃"。1936年有机玻璃投入商业生产。

塑料的多功能性在时尚配饰，尤其是手袋中得到了体现。20世纪20年代，精雕细琢的化妆盒、手袋和手提包的支撑骨架、包链及装饰边板均由塑料制成。在接下来的十年里，现代性逐渐体现在时尚整洁的设计款式和光滑的塑料包袋及钱包品类上。一款简洁的香奈尔仿象牙材质女士手提包体现了这一时尚流行趋势。一向反对以昂贵材质为装饰的夏奈尔认为，以物质的奢华为炫耀的资本扼杀了设计作品真正的奢华意义。[50]"二战"后，塑料的使用越来越富有想象力：五彩斑斓的珠子、方片和涂塑金属丝都饰有新颖的纹理，引领着充满趣味且周期短暂的时尚风潮。20世纪50年代，由有机玻璃制成的硬盒状包袋特别受欢迎。在V&A博物馆的收藏中，有一个透明箱包可以作为实例，蚀刻图案将这个箱包变成一个有鸟儿雀跃的小型便携式鸟笼。尽管把动物关在笼中是为了满足人类的快乐，但是这款箱包的设计还是为这个实验室制造的僵硬几何造型带来了运动感与生命力（图87）。

1938年，杜邦公司宣布，华莱士·卡罗瑟斯（Wallace Carothers，1896—1937）❶发现了尼龙，这是第一种真正意义上的合成纤维，为第二代人造纤维的诞生奠定了基础。合成纤维是由石油和煤炭制品合成的聚合物。尼龙有许多优点，重量轻，结实，韧性好；而且它可以永久"造型"，如制作永久性褶皱。同时，因为可以快速清洗和干燥且只需要少量的熨烫，它也可以节省劳力。1939年，人们开始使用这种新纤维生产袜子，欧文·布鲁门菲尔德（Erwin Blumenfeld，1897—1969）❷拍摄了两名女性的剪影照片（图88），照片中她们惊奇地凝视着一只闪耀光芒的尼龙长袜，这张照片很好地捕捉到尼龙纤维受到热烈追捧的信息。这幅照片的构图和充满活力的色调充分反映了杜邦公司的营销策略，即传播化学工业的魅力，预示着科学的凯旋将

带来光明的新开端。这张照片的标题名叫"长筒袜"（SOS #39），它的图像并不明确，但可以解读为女性因无法购买长筒袜而感到沮丧，因为"尼龙袜"直到1940年5月才开始销售。英国妇女则需要等待更久的时间，直到1948年她们才能在市场上购买到尼龙袜。在英国，由ICI和考陶德公司于1940年创立的尼龙纺纱厂专门生产这种纤维。

卡罗瑟斯在为杜邦公司做研究时首次生产出聚酯纤维，但第一种进入市场的聚酯纤维则是由英国曼彻斯特棉布印刷协会（the Calico Printers Association）的科学家们开发的。虽然它于1946年就在媒体上公布了，但直到1952年聚酯纤维才向公众开放。聚酯纤维是由炼油厂的副产品制成的，通常是混纺而成，在批量化成衣生产中，其已成为最重要的合成纤维。[51]聚酯纤维和尼龙纤维一样结实，可以热定型并抗褶皱，不会因为长时间使用而发黄或泛灰，可以同羊毛纤维、棉花纤维和亚麻纤维很好地进行混纺。美中不足的是，它极易产生静电。[52]

PVC，又称聚氯乙烯，是石化工业的一种产品，其质地具有很大张力，在柔软与坚硬之间的可塑性很大。19世纪，PVC就已经被发明，但直到1928年才在美国开始制造，1939年在英国生产。由于它较高的光泽度、手感滑爽的质地，使时尚设计师热衷于使用它。20世纪60年代，它首次在时尚领域应用时，恰逢波普艺术与太空竞技的热潮，这种材料也十分符合此时期设计的需要。1963年，英国时装设计师玛丽·奎恩特（Mary Quant，1934年出生）推出了"湿装"（wet look）系列，她是第一个尝试用PVC材料制作雨衣的人。"雨中飘摇"（Swinging in the Rain）系列作品的发布，使时尚媒体《观察者》（Observer）赞誉玛丽·奎恩特设计的雨衣和其在"狂野"风格设计中的革命性做法，特别是那件颜色发黄的雨衣设计作品（图89）。[53]奎恩特讲述了她有多热爱PVC材料："我爱这种超级闪亮的人造材料及其醒目的色彩，生动的钴蓝色、猩红色和黄色、闪闪发光的甘草黑、白色和姜黄色。"[54]在1968年的巴

---

❶ 华莱士·卡罗瑟斯，美国化学家，他出生于美国艾奥瓦州东南部的柏灵顿。虽然一开始卡罗瑟斯选择了英文专业，但他很快就因对化学兴趣浓厚而转入化学专业。1920年，卡罗瑟斯在塔基奥学院获得理学学士学位，随后进入伊利诺伊大学继续深造。1921年硕士毕业后，卡罗瑟斯到南达科他大学担任了一年的化学讲师。在这段时间，他开始独立进行化学研究。随后，卡罗瑟斯在伊利诺伊大学获得博士学位并担任两年的有机化学讲师后，前往哈佛大学继续有机化学的教学工作。同时，杜邦公司也在这一时期，向其发出邀请。卡罗瑟斯主持了一系列用聚合方法获得高分子量物质的研究。首先合成了氯丁二烯及其聚合物，为氯丁橡胶的开发奠定了基础。1935年以己二酸与己二胺为原料制得聚合物。由于这两个组分中均含有6个碳原子，当时称为聚合物66。他又将这一聚合物熔融后经注射针压出，在张力下拉伸为纤维。这种纤维即聚己内酰胺己二胺纤维，1939年实现工业化后定名为耐纶，又称尼龙，是最早实现工业化的合成纤维品种。

❷ 欧文·布鲁门菲尔德，出生于德国柏林，10岁开始成为业余摄影爱好者，并在达达主义的影响下，进行过抽象的拼贴画实验。移居巴黎后，布鲁门菲尔德成为职业的时装摄影师。他的时装摄影以超现实主义的风格出名，以抽象、变形、出乎意料的构成，使画面的风格产生出许多独有的意念，给人以视觉的强大冲击。到了20世纪50年代，据报道他是全世界薪水最高的摄影师，许多模特和他一起工作。到50年代后期，他还冒险创作电影，供商业使用。这些电影通常是针对他的化妆品客户的。布鲁门菲尔德的作品受到曼雷、乔治·格罗兹等人物的影响。他的时装作品经常是彩色的，而他在其他题材上的作品则是单色的。他使用了许多不同的摄影技巧和工具，如双重曝光、三明治印刷、日光浴、面纱和镜子等。

黎，皮尔·卡丹（Pierre Cardin，1922年出生）[1]选择了黑色的PVC材料来制作性感的过膝靴和过肘手套。这些过膝靴和过肘手套被穿着束腰外套的、扮成太空勇士的男模们展示，他们在秀场T台上以双手叉腰、双腿分开的姿势展示这些运用新材料的设计作品。安德烈·库雷热（André Courrèges，1923—2016）[2]的设计灵感也与太空时代的造型有关，但在20世纪60年代后期，他采用了同样现代化但更具女性美学特征的造型形式。1967年，他推出的设计作品系列中包括一件由轻如羽毛的尼龙透明硬纱制成的迷你直筒连衣裙，裙上绣有立体雏菊，机绣的花瓣外面包裹着透明欧根纱（图90）。每一圈花瓣都围着中心一个PVC圆片，圆片上闪烁着一层淡淡的彩虹光泽，就像泼在水面上的汽油。

莱卡®（氨纶或弹性纤维）是杜邦公司于1959年推出的一种弹性纤维，由聚氨酯制成，具有优异的拉伸性能和回缩性能。它的设计初衷是为了取代紧身胸衣中的橡胶，但其很快就被广泛地应用于其他类型的内衣、泳衣和运动装中。在20世纪80年代，莱卡成为阿瑟丁·阿拉亚（Azzedine Alaïa，1940—2017）[3]等设计师设计时尚性感、紧致贴身的服装的理想选择材料。在同一个十年中，人们开发了细纤度的莱卡®，这种材料的应用增加了牛仔裤等服装面料的弹性。

20世纪70年代和80年代，随着公众对环境污染的担忧加剧，纺织业也意识到了这一点。经过多年的发展，考陶德公司在1992年推出了天丝®，这是一种在种植园中种植的可持续生产的软木制成的纤维素纤维，其生产采用了创新环保的有机溶剂纺丝工艺。该生产工艺旨在回收99%以上的无毒溶剂。时装设计师海伦·斯托瑞（Helen Storey，1959年出生）[4]是第一位受邀参加这种面料应用试验的英国时装设计师，她首次将天丝投入商业使用（图91）。这些开创性的作品已经成为V&A博物馆中的重要藏品。

环境影响

在1900—1990年，时尚产业的发展快速增长，作为货物运输与机器运转的能源，时尚产业对不可再生的石油燃料与化学品的依赖也日益增长。同时，时尚产业的发展对用于制造纤维、染料和其他整理效果的时尚原材料需求也越来越多，无疑，这些都对环境、植物、动物与人类社区产生了相应的影响。由于依赖汽车交通进行运输、私家车拥有量增加、发电站和尚未使用电力的工厂所排放的化学废料剧增，私人住宅的空气污染在进一步加剧。虽然1956年英国的《清洁空气法案》（Clean Air Act）规定了控烟区域，但是此项法案的实施还是需要依靠地方政府来推行和划定。十年后，一份调研报告表明了该法案作用的有限，报告显示，在高度工业化的地区，每年每平方英里有超过1000吨的砂砾和灰尘沉积。[5]于是，1968年英国进一步出台了另一项相关法案，要求地方当局严格指定控烟区域。

化学物质排放造成的污染仍旧是一个问题。有关烟囱最低高度的限定虽然减少了当地的土地酸化，但增加了高空远距离的空气污染，并且加速了酸雨的形成。化学物质向河流的排放同时也造成了水质的污染。1929年，尽管《制碱法》首席检查员

---

[1] 皮尔·卡丹，出生于意大利水城威尼斯近郊，是一位知名的服装设计师。皮尔·卡丹23岁时，在巴黎参加电影《美女与野兽》的服装设计，作品颇受好评，此后，他的设计才华逐渐受到欣赏。1950年，皮尔·卡丹在巴黎自己独立开设了服装设计公司，早期承接了相当多剧服、面具等表演艺术的案子；1954其开始跨入时装领域，并开设了精品店。他对于时装的概念是，时装必须大众化，价格和设计都要以平民为出发点来着想。1973年，皮尔·卡丹的事业已经成熟，为了跨国的布局，他以自己的名字成立了法商皮尔·卡丹公司，此后公司事业日渐全球化，在男装、女装、服饰配件中都是国际知名的品牌。

[2] 安德烈·库雷热，法国著名服装设计师，出生于法国南部。库雷热从少年时，就渴望从事服装设计行业。不过在父亲的干预下，他不得不报读工程科系，但这并没有阻断他对服装的热情，他从中熟悉了建筑结构，并在日后得以运用。25岁时，库雷热选择搬去巴黎，随后进入巴黎世家担任助理，并为其效力近十年。这段经历让他对面料和结构都有了更强的把控能力，其后的1961年，库雷热选择自立门户，开创了个人同名服装品牌。在库雷热一长串的客户名单中，不乏杰奎琳·肯尼迪、温莎公爵夫人、利利亚纳·贝当古等名流的名字。其设计之所以备受推崇，源于他曾引领了当年时装界的"太空时代"，而库雷热设计的超短裙和A字裙，至今仍然是女性衣柜里永不会淘汰的经典单品。库雷热所擅长的"太空Look"以正方形、梯形、三角形等作为廓型，简洁而富有建筑感。超短裙和对裤装的偏爱则是其出于女性解放的考虑——下摆在膝盖三寸以上的裙子更方便女性活动。此外，他还善用诸如PVC、华达呢之类的新材料来体现未来感。

[3] 阿瑟丁·阿拉亚，出生于突尼斯的农民家庭，随后在突尼斯的埃科尔艺术学院学习雕塑，并对电影里的服装着迷，开始用绘画来满足自己的梦想。阿拉亚后来当过一小段时间的助产士，使得他对女性的身体产生了浓厚的兴趣，也是他对女性美认知的萌发。当他17岁时，开始在巴黎学习时装设计，在1957~1959年，阿拉亚分别在姬龙雪（Guy Laroche）与蒂埃里·穆勒（Thierry Mugler）的时装屋当小裁缝，并利用他那时所积累的知识，尝试复制了迪奥和巴尔曼的高定礼服，专心钻研了几年，终于在20多岁那年成为定制服装的设计师。在那个时尚瞬息万变的时代，阿拉亚对时尚界的节奏毫无反应，一如既往地钻研着曲线"性感"。其鬼斧神工的立体剪裁，完美烘托了女性的凹凸曲线，使其手下诞生的紧身衣设计定义了20世纪80年代的时尚风格，被业内人士称为"紧身衣之王"。

[4] 海伦·斯托瑞，一位屡获殊荣的英国艺术家和设计师，她的父亲是已故的剧作家和小说家大卫·斯托里（David Storey）。她是伦敦艺术大学时尚科学教授和海伦·斯托里基金会的联合主任。同时，斯托瑞也是伦敦时装学院可持续时装中心的团队成员，在这里她致力于学术研究、课程设置和企业活动。斯托瑞曾就读于北伦敦的汉普斯特德综合学校，并于1981年从金斯顿理工学院以时尚专业毕业。在1984年成立自己的品牌之前，她在罗马的瓦伦蒂诺和兰切蒂接受了培训。1984—1995年，斯托瑞在时尚界树立了声誉。她在1990年被授予最创新设计师和最佳设计师出口商，并在1990年和1991年被提名为年度英国设计师。海伦·斯托瑞品牌于1995年关闭，之后，斯托瑞撰写并发表了自传Fighting Fashion，描绘了她在业内的个人经历。

图92（左图）　海洋保护协会（Marine Conservation Society），"我只能生活在干净的海洋中"海报，彩色平版胶印；英国，1990年；由海洋保护协会提供；V&A博物馆馆藏编号：E.3062-1991.

图93（右图）　汤姆·埃克斯利（Tom Eckersley，1914—1997），"拯救地球"海报，彩色平版胶印；英国，1981年；英国政府接收，代替遗产税，V&A博物馆收藏，2007年；V&A博物馆馆藏编号：E.2715-2007

勉强承认"日常生活的各项便利设施可能会受到污染的干扰",但是公众长期以来关于考陶德公司在人造丝制造过程中产生的有毒气体、其他空气污染和水污染,对人们健康造成潜在危害的投诉还是被首席检查员果断驳回了。二硫化碳是人造丝行业普遍存在环境污染与导致严重职业健康问题的罪魁祸首。[56]河流也受到了用于冲刷的洗涤剂的污染,这些洗涤剂不能被河流中或污水处理厂过滤床中的细菌所分解。由此产生的水面泡沫减少了河水中的含氧量,导致鱼类死亡并且减缓了水流速度;但直到1967年,德国才开始尝试新的"软"洗涤剂。[57]

时尚工业发展对石化产品的依赖,及全球运输对石油的依赖,导致了在海洋和海滩上燃油船和油轮造成的石油污染相应增加。1952年,据英国皇家鸟类保护协会(RSPB)和国际鸟类保护委员会英国分会(British branch of the International Committee for Bird Preservation)统计,1951年冬季到1952年冬季,就有5万~25万只海鸟因石油污染而受到伤害。大多数海鸟死于饥饿、寒冷、石油中毒,或由于水面油脂黏合导致未能及时飞翔而被海浪击打致死。[58]类似1967年英国康沃尔海岸七石礁海域的"托利峡谷"号油轮搁浅等灾难对海洋生物和鸟类产生的重大影响。此次灾难导致大约36000吨原油泄露到海里(图92、图94)。

20世纪70年代,随着其他类似的生态悲剧的发生,以及公众对化学制品和制造改性纤维产生的化学污染的认知日益增强,化学纤维的声誉开始受到影响。这些环境因素和经济因素降低了人造纤维与天然纤维之间的价格差异,羊毛和棉花等天然纤维重新流行起来,显著减少了消费者对合成材料的需求。然而,从东南亚等地区生产商进口的大量低成本化学纤维,弥补了人造纤维使用增长的不足。[59]

对环境、动植物的担忧以及对动物际遇的关注促使许多环保组织的成立。其中包括世界野生动物基金会(the World Wildlife Fund,1961年成立)(图93)、地球之友组织(Friends of the Earth,1971年)、绿色和平组织(Greenpeace,1971年)和善待动物组织(PETA,1980年)。猞猁组织(Lynx,1985~1992)专注于皮草贸易,利用大卫·贝利(David Bailey,1938年出生)❶和琳达·麦卡特尼(Linda McCartney,1941—1998)❷拍摄的图片,开展了一场巧妙的、令人震惊且有争议的广告宣传活动。1975年7月1日生效的《华盛顿公约》(Washington Convention)反映出人类对自身行为对野生动物造成威胁的认识有所提高。这项国际公约是生态保护史上的一个里程碑。该条约由包括英国在内的80个国家签署,并为超过35000种物种提供不同程度的保护。

尽管类似《华盛顿公约》这样的倡议使我们有理由以乐观的态度面对环境保护,但人类活动对地球的负面影响在规模和势头上仍旧有增无减,在今后的几十年里影响到的区域与范围也愈发广泛。

---

❶ 大卫·贝利,英国摄影师、导演。他出生于英国伦敦东部贫民区。1956年加入英国皇家空军,在马来西亚服役期间便开始尝试摄影,退役后成为一名社会摄影师的助理。1960年贝利为英国版Vogue工作,并把大部分时间投入商业广告的拍摄。后来,贝利还亲自编导拍摄了由夏洛特·甘斯伯格和娜塔莎·金斯基主演的故事片《入侵者》(The Intruder)。除此之外,他还创作了书籍《眼》(Eye)和《英雄》(Heroes)。贝利是最杰出且独特的摄影师之一,他在20世纪60年代的作品中隐含浓重的"性意味",而且还能把握住所有的时尚潮流。

❷ 琳达·麦卡特尼,美国摄影师、音乐家以及维护动物权益的积极分子,同时也是披头士成员保罗·麦卡特尼的妻子。琳达擅长拍摄摇滚圈的歌手们,并因其坦率的态度和高超的职业素养获得了摇滚乐队们的喜爱与尊重。而后,琳达与披头士乐队的贝斯手保罗共步婚姻殿堂,婚后琳达继续从事音乐和摄影事业,并且还成为一名素食主义者,参加了动物权力保护组织,反对动物实验和穿戴动物皮毛,同时创造了自己的素食品牌。1998年因患乳腺癌去世。

图94（上图）　在七石礁海域发生石油泄漏
后，一只浑身沾满石油的鸟；康沃尔，1967年

高级定制中的纤维素：
一件晚礼服

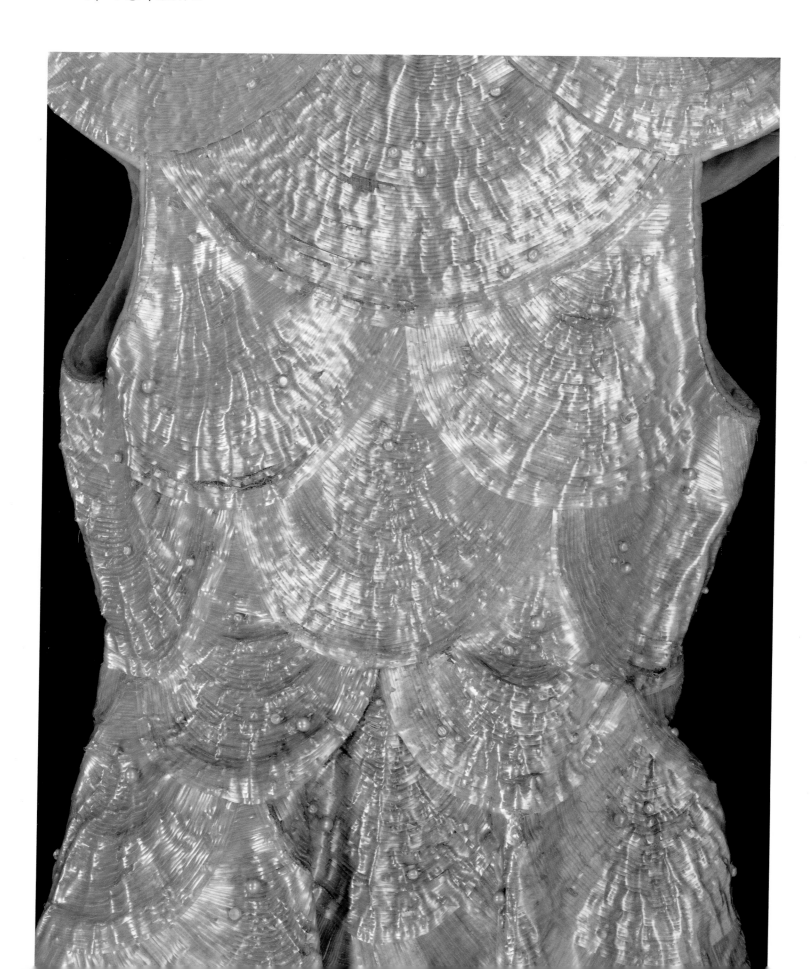

莎拉·格伦
（Sarah Glenn）

这件由阿利克斯［Alix，即格蕾丝夫人（Madame Grès），1903—1993）]❶设计的晚礼服（图95、图96）是半合成材料历史上一件至关重要的纺织品，完美诠释了"合成纤维辉煌的黎明曙光"。①

这件礼服于1936年在法国制造，表明了当时巴黎高级时装公司相对较早地在服装中使用了纤维素类材料。这件礼服表层装饰着6毫米宽的醋酯纤维条和人造仿真珍珠，这些纤维条和珠子被缝在平纹组织形式的丝绸上，让人联想到贝壳内部的纹样（图97）。礼服的里料则是丝质雪纺。

1865年发明的醋酯纤维是最早的半合成纤维之一。1894年，英国化学家查尔斯·克罗斯（Charles F. Cross，1855—1935）❷和爱德华·贝文（Edward J. Bevan，1856—1921）❸对这类纤维进行研究，最终在20世纪初研制出一种具有商业可行性的产品。②1923年，美国塞拉尼斯公司（the Celanese Corporation）开始生产醋酯纤维，与此同时，英国纤维素和化学品制造公司（the British Cellulose and Chemical Manufacturing Company）在英国和美国都开设了该类纤维的制造工厂。③然而，20世纪30年代的巴黎高级时装店使用的很有可能是法国纺织公司科尔孔贝（Colcombet）生产的半合成纤维。④

虽然这些纤维通常被统称为合成纤维或半合成纤维，但它们的原材料都来自大自然，即纤维素来自棉花或树浆。纯化的纤维素可以制造各种不同的材料，如帕克辛（硝酸纤维，1862年）、黏胶人造丝（1890年）和"玻璃纸"（1920年）。然而，这些纤维素衍生物直到20世纪初期才被广泛使用。醋酯纤维素是指纤维素的醋酸酯。纯化后的纤维素

与乙酸、乙酸酐混合，使用硫酸作为乙酰化的催化剂，形成一种高度黏稠的液体，然后使液体通过微型管口或细缝制造出细丝和薄膜。⑤部分水解这种纤维可以除去硫酸盐和一些醋酸盐基团，得到理想的醋酯纤维素性能。⑥

20世纪20年代和30年代的资料充分证明半合成纤维材料在被越来越广泛的应用。醋酯纤维素织物作为生产服装的理想材料，具有以下几个特征：成本低、优良的悬垂质感、通常不会缩水并且耐霉变。然而，醋酯纤维素织物的熔点很低，加热后会产生分解。

半合成纤维织物通常被称为"玻璃纸"（Cellophane），即由再生纤维素制成的透明薄片。玻璃纸现今是属于二村化学（Futamura）［以前由英国英诺薄膜有限公司（Innovia Films Ltd）注册]的注册商标，但该名称又被命名为再生纤维素薄膜而被广泛使用。玻璃纸经常被错误地用于命名相似的材料，但事实上在化学成分上，这些材料并不相同。⑦

1934年，《时尚芭莎》报道了这种新材料以及阿利克斯设计的一件白色橡胶外套，"外套上缀着黑色玻璃纸蝴蝶和五颜六色的人造宝石"。卢西恩·勒隆（Lucien Lelong，1889—1958）❹在同一篇报道中还提到了一件方形裁剪上衣和夹克，"透明玻璃纸刺绣，在阳光的照射下闪闪发光"。⑧在战前，使用纤维素材料作为贴花缝饰或服装织物的辅料似乎已经非常普遍。玻璃纸可以像稻草或马毛一样编织使用，这使其也受到女帽制造商的追捧。⑨

到1936年，整件服装面料运用"玻璃纸"纤维制成的现象已十分普遍，艾尔莎·夏帕瑞丽

---

❶ 格蕾丝夫人，原名阿利克斯·巴顿（Alix Barton），法国服装设计师。1934年，她以阿利克斯的名字成立了个人设计工作室，当时她的忠实顾客有著名的希腊玛尔蒂达公主、著名财团贝根姆的女主人、格蕾丝·凯丽和玛琳·黛德丽等。"二战"爆发后，格蕾丝夫人的合伙人将她位于福布尔–圣–奥诺尔的公司卖掉了。1942年，她又开设了一家新的格蕾丝时装沙龙，并以她丈夫的名字命名。当时法国已被德国侵占，而她坚持在服装店的外面挂法国国旗。每次德国人看见就会撕掉国旗，而她又会勇敢地挂上一面新国旗。虽然她是犹太人，但德国人还是由着她去，因为他们希望她能为军官夫人们做漂亮的衣服。但是，格蕾丝夫人拒绝了这个请求，因此她的服装店也被迫暂时关闭。由于格蕾丝夫人的经营不善，其时装屋于1988年再次破产。1993年格蕾丝夫人在贫苦中离开人世。格蕾丝夫人在时装历史上有着举足轻重的位置，是高级时装定制的先驱，她标志性的希腊褶皱设计美学以及她的同名时装屋是那个时代的潮流风向标。

❷ 查尔斯·克罗斯，全名查尔斯·弗雷德里克·克罗斯（Charles Frederick Cross），出生于米德尔塞克斯郡的布伦特福德，著名英国化学家，被称为"黏胶、人造丝和醋酯纤维之父"。克罗斯从伦敦国王学院毕业后，去了苏黎世理工大学，而后和他的未来搭档爱德华·约翰·贝文一起去了曼彻斯特的欧文斯学院。克罗斯对纤维素技术感兴趣，而贝文曾是苏格兰造纸公司亚历山大·科万（Alexander Cowan & Co.）的化学家，并于1885年成为合伙人，同时也在伦敦新法院担任分析化学家和顾问。1894年，克罗斯取得了醋酯纤维素制造的专利，这将成为其制造的工业过程。克罗斯被染料和颜料学会授予珀金奖章，并于1895年被授予约翰·斯科特奖章。

❸ 爱德华·贝文，全名爱德华·约翰·贝文（Edward John Bevan），出生于伯肯黑德，英国化学家、公共分析师协会的领导人以及《分析》（The Analyst）的编辑。毕业后，他成为苏格兰亚历山大·科万造纸公司的化学家。后来，贝文遇到了克罗斯，两人随后就读于曼彻斯特的欧文斯学院。1892年，贝文和克罗斯以及克莱顿·比德尔（Clayton Beadle）发明了黏胶人造丝的生产方法并申请了专利。1905年，市场上出现了第一种商业黏胶人造丝。

❹ 卢西恩·勒隆，出生于巴黎，法国著名的女装设计师。早年间他在巴黎的高级商业学院学习，并于1910年代初开设了自己的时装屋。在1941—1946年，他与皮埃尔·巴尔曼合作创建了时装设计系列。勒隆的客户中包括玛丽·迪阿梅尔、罗什富科公爵夫人、葛丽泰·嘉宝和格洛丽亚·斯旺森等。

图95（左图）　阿利克斯（格蕾丝夫人），晚礼服（局部细节），醋酯纤维、真丝和人造仿真珍珠；法国，1936年；由B.格谢纳夫人（Mrs B.Gurschner）提供；V&A博物馆馆藏编号：T.234-1976

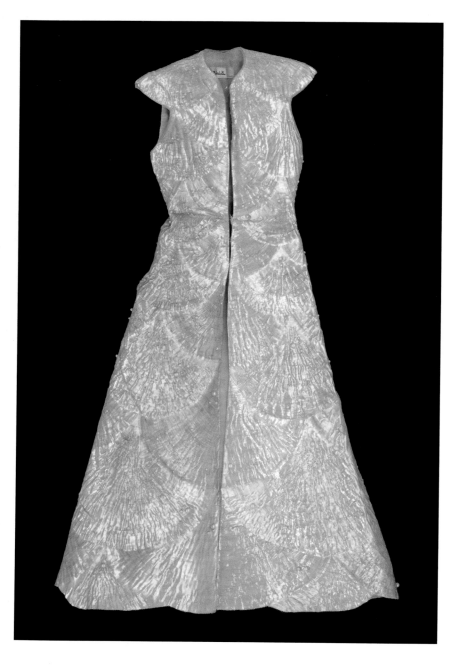

图96（左上图）　阿利克斯（格蕾丝夫人），晚礼服，醋酯纤维、真丝和人造仿真珍珠；法国，1936年；由B.格谢纳夫人提供；V&A博物馆馆藏编号：T.234–1976

图97（左下图）　软体动物贝壳

图98（右图）　查尔斯·詹姆斯，晚装夹克，醋酯纤维；巴黎，1937年；V&A博物馆馆藏编号：T.385–1977

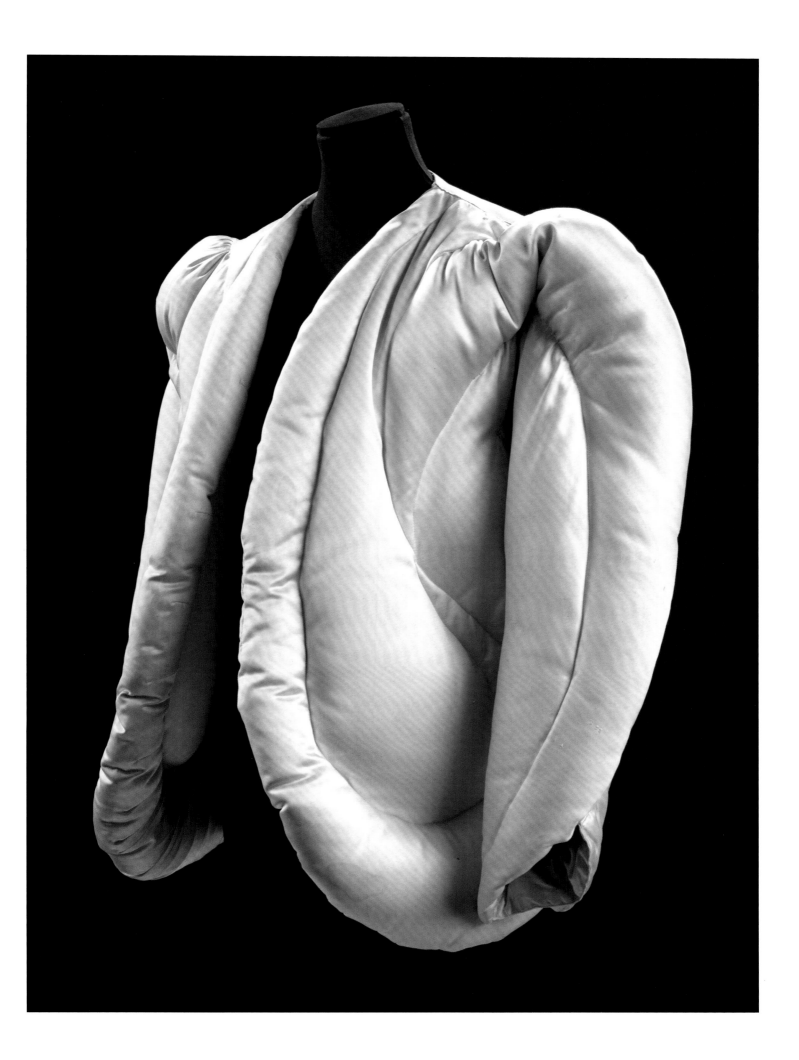

图99（左图）　克里斯汀·迪奥（Christian Dior，1905—1957），"则麦尔"晚礼服套装（以著名歌剧命名，来自迪奥的"Ligne H"），醋酯纤维和真丝；法国，1954年秋冬；V&A博物馆馆藏编号：T.24：1 to 5-2007

（Elsa Schiaparelli，1890—1973）和尼娜·里奇（Nina Ricci，1883—1970）❶等设计师都采用这种新材料制作连衣裙、外套和夹克。⑩

　　尽管通常提到的纤维素材料都是玻璃纸，但法国女装设计师使用的不同形式的纤维素材料偶尔也会在当代时尚论坛中被提及，以突出纺织品制造商超前的工作成果。夏帕瑞丽的创新"玻璃纤维披肩"是由"玻璃纸和罗多芬透明织物（Rhodophane）"制成的，这是一种玻璃纸和其他合成材料的混合物，由科尔孔贝公司于20世纪30年代开发。⑪克里斯汀·迪奥的"则麦尔"（Zemire）连衣裙（图99）就是由醋酯纤维素和丝绸衬里制作而成，该连衣裙是受客户阿戈塔·塞克斯（Agota Sekers，1917—2001）❷的委托制作。阿戈塔·塞克斯的丈夫名叫米基·塞克斯（Miki Sekers，1910—1972）❸，是一位匈牙利纺织品制造商，这件礼服就是使用了他在英国的纺织工厂所生产的面料。⑫

　　使用傅里叶变换红外光谱仪［Fourier Transform Infrared Spectroscopy（FTIR）］对纤维素材料进行分析通常可以揭示历史纺织藏品中纤维素纤维的具体种类。一项对V&A博物馆藏品的调查显示，在20世纪30年代、40年代和50年代的诸多服装中都使用了玻璃纸纤维。⑬科学分析确定了服装中纤维素纤维的确切成分。例如，在测试阿利克斯外套的同时，发现1937年的一件由查尔斯·詹姆斯（Charles James，1906—1978）❹设计的填充晚装夹克（图98），完全是醋酯纤维素纤维制成的。这种填充结构的设计充分展示了织物光滑的表面。

　　关于早期高分子材料保护的研究在博物馆保存与修复行业中是一个新兴领域。与许多早期塑料相比，玻璃纸纤维或纤维素纤维总体上是稳定的，因此很少有文献资料提到对其进行保护。⑭预防性保护技术是保存这些材料的关键，而阿利克斯晚礼服的存放和陈列则需要将相对湿度、温度和勒克斯度等环境条件考虑在内。醋酯纤维素的化学降解是一个酸水解过程，称为脱乙酰化，在这个过程中乙酰基从侧链上丢失，与水反应生成乙酸。⑮通常水解发生在可见的变质迹象之前，但是可以通过测量pH值和醋酯纤维素降解所发出的独特醋酸味来进行检测。⑯这个水解过程可以催化其他材料的降解；但是，通过正确的存储方式可以减少这种影响的危害。

　　生产半合成纤维对环境的负面影响不容低估。生产玻璃纸、铜氨人造丝、黏胶人造丝等产品的过程会向环境释放有毒化学物质，并且对生产线上的工作人员造成不良影响。⑰尽管人造纤维反映了20世纪化学和制造业的发展以及阿利克斯等时装设计师的现代性，但"人造辉煌"似乎需要付出代价。

---

❶ 尼娜·里奇，出生在意大利西北部的都灵，她是20世纪30年代巴黎最杰出的服装设计师之一。1908年，她在当时一家有名的服饰公司当裁缝，但同时她也用尼娜·里奇品牌在自己的作坊里生产服装。凭着天衣无缝的制作工艺及优雅可人的淑女风格，树立了独特的形象。1932年，里奇在法国巴黎和她的儿子罗伯特·里奇一起创立尼娜·里奇时装公司。同年7月，尼娜·里奇冬装成功推出，并在法国时装界一炮而红。现在的尼娜·里奇已是法国最大的时装公司之一，经营高级女装、精品时装、香水系列、手表、皮件等。

❷ 阿戈塔·塞克斯，原名阿戈塔·安娜·巴尔卡尼（Agota Anna Balkanyi），出生于匈牙利知识分子家庭，是匈牙利艺术家苏珊·巴尔卡尼（Suzanne Balkanyi）的姐姐。后来，阿戈塔·安娜·巴尔卡尼嫁给了匈牙利纺织品商人尼古拉斯·米基·塞克斯。

❸ 尼古拉斯·米基·塞克斯，英国实业家。他和他的表弟一起建立了塞克斯面料，同时他也是一位艺术赞助者。塞克斯出生在匈牙利的索普伦，并在德国克雷菲尔德接受纺织技术教育。受约翰·亚当斯（John Adams）的邀请，塞克斯于1937年从匈牙利来到英国，并在真丝紧缺的条件下，尝试使用尼龙这种新型合成纤维面料作为代替。

❹ 查尔斯·詹姆斯，出生在阿金库尔家族（Agincourt House），这个富有的家族在英国萨里郡有着殷实的家产。他的父亲是一名英国军官，母亲是芝加哥贵族小姐，通晓剪裁制衣技艺。对于詹姆斯走上时装设计这条路，保守的父亲十分不满，然而，温柔贤惠的母亲却默默给了他一生的坚定支持。在之后的岁月里，詹姆斯不停地穿梭在伦敦、纽约、芝加哥、巴黎之间，进行服装创作。他是设计界的天才，也是时尚界的叛徒。詹姆斯的设计灵感大多来自建筑，与其说他在缝制衣服，不如说他在用布料盖房子，时尚界也因此赋予他"时装雕塑家"的美称。詹姆斯的出类拔萃使他迅速融入塞西尔·比顿、斯蒂芬·坦南特等知名艺术家的社交圈。杰出的服装设计师如巴伦夏加、迪奥都与其私交甚笃，也是他早期的支持者，迪奥甚至将其新风貌的成就归功于詹姆斯的创意。丰富优质的人脉不仅对詹姆斯创作水准的提升产生深远影响，也为他与渴望在穿戴上标新立异的英国名媛提供了结识途径。

自然臆想：
1952—2010年

奥里奥尔·卡林
（Oriole Cullen）

在20世纪的时尚经典中，克里斯汀·迪奥和亚历山大·麦昆（Alexander McQueen，1969—2010）❶两位杰出的设计师受到自然世界的直接启发，并常常为之着迷。虽然从表面上看，温文尔雅的法国资产阶级和激进的伦敦工人阶级之间似乎没有什么共同之处，但是他们都痴迷于自然，以至他们各自的时装系列和设计中都不约而同地透出自然的气息。然而，尽管他们对自然充满了兴趣，但自然的人体却并不是他们所推崇的，这两位设计师更多地是把自然作为一个中心概念，围绕着它来创造他们超凡脱俗的作品。迪奥的"花样仕女"（Flower Women）系列和麦昆辉煌的杂交生物系列皆是从自然中获取创作灵感的最好例作。

对两位设计师来说，他们都从早年阶段就开始培养自己对自然的热爱。迪奥儿时的朋友们记得他是"一个胖乎乎、粉嘟嘟并且喜欢养花的害羞男孩"。①据迪奥回忆，他的母亲把对花园的热爱都灌输给了他，他"最快乐的事就是在植物和花坛之间徜徉……"，并且他认为"最幸福的是……熟记威马公司和安德鲁公司彩色花卉目录中花卉的名称和对其的描述"。②迪奥在其1952年春夏推出的"史瑞妮丝"（Sireneuse）系列中设计了一款名为"威马"（Vilmorin）的连衣裙，裙身妆点着成千上万朵由刺绣师雷贝（Rébé）手工刺绣的小雏菊（图100）。

虽然复杂的装饰图案已经在迪奥关于植物主题的设计中扮演了非常重要的角色，但他在尝试更进一步地培养时尚中的自然，将他的模特和顾客变成鲜活花卉的化身。关于设计，迪奥曾谈到"如花一般的女性，应肩部柔美，上身丰腴，腰肢纤细如藤蔓，裙摆宽大如花瓣"。③1947年，迪奥的第一个设计系列在巴黎著名花店拉绍姆（Lachaume）的大型花卉展中拉开帷幕，并获得了轰动性的成功，这个系列被媒体称为"新风貌"（New Look）。④其中最有特点的是"8"字形系列与花冠系列。

花冠系列通过花卉的植物语言来描述迪奥的标志性外观：细长的茎状腰肢，像花冠一样迸发出异常饱满且绽放着的裙子。这些"花样仕女"

并没有展示女性身体的自然美，相反，迪奥的设计唤起了女性身体与温室花卉的联系，二者皆具有那种被精心培育出来的成熟与精致。精致的束腰、加垫的臀部和低胸设计加强了裙子的摆动幅度，事实上这些穿着迪奥服饰的女性正是人为将自然进行人格化的处理。这些服装的造型并不都体现了花卉温和典雅的装饰性；反而，它们甚至体现了强烈的性感，让人不禁回想起19世纪"巴黎女性"服饰系列所表现出的狡黠诱人的女性天性。

作为一名园丁，迪奥对植物和自然的照顾十分精心。1951年，美国版Vogue杂志报道了他在法国北部郊外枫丹白露（Fontainebleu）的花园："非传统的种植方式——深红色的大丽花旁种着肥硕的粉色玫瑰——迪奥一直在重新设计和改变着传统的花卉种植方式。他的创意是由一位沉默寡言的园艺工人实施完成的，这位园丁把花卉种在果菜园里，并在开花时将它们移栽，所以这些花卉的色彩搭配总是令人叹为观止。"⑤杂志记者贝蒂娜·巴拉德（Bettina Ballard）记录了她拜访迪奥位于米利拉福尔特（Milly-la-Forêt）的家时所见到的场景，"从来没有人拥有这样的花园：有茂密的草本植物做围墙，给人一种印象派的感觉，但由于花色的混合以及花的大小和质地的惊人变化使得花圃的图案完全呈现出迪奥的经典样式"。⑥

1953年，迪奥的春夏时装系列被命名为郁金香系列（Tulipe），裙摆的廓型线条呼应着这种最著名的种植花卉的形状。"墨西哥"礼服裙是1953年迪奥春夏时装系列的代表，其雪纺裙摆上装饰着柔软的织物花瓣，大号的玫瑰织物装点在腰间以强调花朵的娇媚。迪奥品牌的历届设计师都会从自然界中吸取灵感去创作新的服装造型，但没有任何系列比约翰·加利亚诺（John Galliano，1960年出生）❷在2010年为迪奥设计的秋冬高级时装系列更为引人注目。他以巨大的郁金香花雕塑为背景，用浪漫的花瓣裙形式回归了这种无人不知且令人着迷的花卉轮廓造型。为了使人们更清晰地将这些服饰与花艺、花市等内容相联系，该系列还配有斯蒂芬·琼斯（Stephen Jones，1957

---

❶ 亚历山大·麦昆，英国著名时装设计师。他出生于伦敦东区，有时尚界的"流氓"之称，被认为是英国的时尚教父。1991年，麦昆进入中央圣马丁艺术与设计学院，获艺术系硕士学位。1992年，自创品牌，随后相继在英国、日本、意大利等国的服装公司工作。1994年，担任中央圣马丁艺术与设计学院的裁缝教师。1996年，为法国著名品牌纪梵希（Givenchy）设计成衣系列，并取代约翰·加利亚诺担任纪梵希的首席设计师。1998年，他为纪梵希品牌设计的时装在巴黎时装周上获得一致好评。2010年2月11日，麦昆在母亲葬礼前于伦敦家中自缢身亡，年仅40岁。

❷ 约翰·加利亚诺，出生于直布罗陀。1984年便凭借从法国大革命中汲取灵感的毕业设计作品一举成名，1985年，加利亚诺很快就打出了个人冠名的牌子，他的标新立异不仅体现在作品的不规则、多元素、极度视觉化等非主流特色上，更是独立于商业利益驱动的时装界外的一种艺术的回归，是少数几个首先将时装看作艺术，其次才是商业的设计师之一。1988年加利亚诺被评选为英国最佳设计师。在其后每季度的时装展示会上，他都推陈出新，展现出顽童般天马行空的思维。1997年他又接掌迪奥首席设计师，并成功实现了将迪奥年轻化的任务——对于加利亚诺这样的鬼才，只要给他一个支点，他就能颠覆所有庸俗和陈规，而"无可救药的浪漫主义大师"之名也从此成为加利亚诺的专属称谓。2009年1月1日，时任法国总统的萨科奇授予约翰·加利亚诺法国荣誉军团骑士勋章。随后在2011年加利亚诺因酒后失态被迪奥公司开除并永不录用。2014年，加利亚诺加入马丁·马吉拉（Maison Margiela），接管了该品牌的男装、女装和配饰，并打造了自己的手工时装系列。

图100（左图） 克里斯汀·迪奥，"威马"连衣裙，真丝和尼龙；法国，1952年春夏；纽约大都会艺术博物馆馆藏编号：C.I.55.76.20a-g，拜伦·福伊夫人（Mrs Byron C. Foy）的礼物

年出生）❶设计的色彩鲜艳、材质透明的有机玻璃帽子。这些都使人联想到用来包装花束的玻璃纸（图101）。这些模特也传承了迪奥以往的设计风格，依旧散发出一种成熟的性感，这种气质被他们高度夸张的妆容进一步强化。

迪奥通过精心培育的自然植物获得设计灵感，而亚历山大·麦昆则被自然的野性与兽性所吸引。麦昆是一名游泳爱好者，他在其生活的城市中寻找自然。孩童时期，麦昆就是青年鸟类学家俱乐部（Young Ornithologists Club，皇家鸟类保护协会的一个小分支）的成员，当时他还痴迷于在他伦敦房子附近的一个塔楼屋顶上观察茶隼的活动。同时他还常被《国家地理》（*National Geographic*）杂志的图片所吸引，热衷于观看电视自然节目记录下的原始、野性的自然世界。

麦昆的生态意识在他的系列设计作品中一再被提及，他的设计突出反映了自然阴暗的一面。其设计作品经常将人与动物的特性和外观混杂在一起，这使他的时装模特变成了拥有标志性细长躯干的非凡生物。麦昆喜欢从大自然中掠夺材料并在设计作品中组合使用，最显著的例子是他对羽毛的使用。从他最著名的"沃斯"（Voss）系列（以挪威沃斯野生动物栖息地命名，2001年春夏）中摇曳的鸵鸟羽毛裙和鸟类标本到2006年秋冬的"卡洛登的寡妇"（Widows of Culloden）系列和2008年春夏的"幽蓝女士"（La Dame Bleue）系列中精致复杂的羽毛刺绣紧身连衣裙，再到2009年秋冬的"丰收号角"（The Horn of Plenty）系列的怪兽鸟女，羽毛在麦昆的设计中扮演着非常重要的角色。

麦昆在设计中还加入了非传统材料。他1997年秋冬的"丛林之中"（It's a Jungle Out There）系列的灵感来自汤姆森瞪羚，其特点是一件小马皮夹克的肩膀上长着黑斑羚的角。2000年秋冬的"埃舒"（Eshu）系列则使用了动物的皮及毛发。在他的设计中甚至会使用贝类（2001年春夏的"沃斯"系列），直接将蚌、抛光牡蛎壳和蛏子制成服装。坚硬、锋利且造型不可改变，每一个都经过精心刺

孔并且手工逐个排列。女帽设计师菲利普·崔西（Philip Treacy，1967年出生）❷是麦昆的合作者，他用鹿角和珊瑚等材料制作了迷人的帽子和头饰，为这种奇异的美增光添彩。

麦昆完成的最后一个系列作品名为"柏拉图的亚特兰蒂斯"（Plato's Atlantis，2010年春夏），在这个系列中他设想了一个气候变化和冰山融化的世界，陆地被海水淹没，人类进化到水下生存。这是给观众晦涩的提醒——未来的齿轮已经开始在运转。麦昆使用了最新的技术来完成这个反乌托邦的设想，在他的设计中使用数码印花的方式呈现复杂的两栖动物皮图案，并在时尚界首次选择了在线直播的方式，将摄像机安装到巨大的机械臂上。超凡脱俗的细长模特们穿着巨大的"犰狳"鞋，头上长着引人注目的直角，脸上是两栖动物特有的隆起轮廓，仿佛已准备好在水下生活（图102）。

然而，除了对野生自然无拘无束的热爱外，麦昆还领会到人工花园的浪漫魅力。麦昆2008年秋冬的"丛林之女"（The Girl Who Lived in a Tree）系列时装讲述了一个童话故事，灵感来自他在东苏塞克斯郡乡村住宅花园中的一棵古老榆树。而2007年春夏的"萨拉班德"（Sarabande）系列则赞叹了大自然的美丽与腐朽，其中灵感来源之一是英国乡村花园中的花卉（图103）。麦昆最后一件作品是一件引人注目的礼服，高耸的领部和曳地的裙摆上完全覆盖着冰花，灵感就来自撒满鲜花的萨拉·伯恩哈特（Sarah Bernhardt，1844—1923）❸的尸体。⑦然而，无论是在形状、装饰还是色彩上，它与迪奥1949年推出的"迪奥小姐"（Miss Dior）连衣裙都非常相似，紧身胸衣和喇叭裙上装饰着从底部织物上喷薄而出的精美刺绣花卉。⑧这两件礼服也许是设计师之间的终极对比：迪奥的设计丰富而有节制，就像他精心打理的花园；而在麦昆的设计中，那令人难以置信的美丽却瞬间消失了，自然成为在荒野中进行残酷生活的象征。

图101（第146页）　约翰·加利亚诺为迪奥品牌设计的连衣裙；2010年秋冬

图102（第147页）　亚历山大·麦昆，"柏拉图的亚特兰蒂斯"系列；2010年春夏

图103（右图）　亚历山大·麦昆，"萨拉班德"系列；2007年春夏

---

❶ 斯蒂芬·琼斯，出生于英国柴郡的威拉尔半岛，是著名的女帽设计师，被认为是20世纪末21世纪初世界上最激进、最重要的女帽设计师之一。他也是最多产的设计师之一，曾为许多著名时装设计师和时装设计师的T台走秀设计帽子，如迪奥的约翰·加利亚诺和薇薇恩·韦斯特伍德（Vivienne Westwood）等设计师。他的作品以极富创造性和高水平的技术专长而闻名。琼斯参与策划了2009年V&A博物馆的帽饰展览。

❷ 菲利普·崔西，英国女帽设计师，同时也是当代超现实主义设计的代表者，尤其擅长手工制作动物造型，如昆虫、龙造型的眼镜、刺状的王冠、变形的条状羽毛等。从伦敦著名的圣马丁学院毕业后，崔西先是跟伦敦的一位造型师做学徒，学会了草编、毛毡等许多传统的制帽技巧。而后他的天赋开始展露，通过在多个时装展示会上学习和工作来不断充实自己，为夏奈尔和蒂埃里·穆勒设计了富有创造力的帽饰。毫无疑问，崔西的时装发布会上散发着浓郁的20世纪80年代复兴风潮的味道，但是他精妙绝伦的头饰仍一如既往地展示出美轮美奂的未来世界。同时，崔西也知道帽子不是一种必需品而是奢侈品。崔西的灵感常来自土著部落、雕塑、未来主义和水下生物。

❸ 萨拉·伯恩哈特，出生于法国巴黎，是19世纪和20世纪初最有名的女演员，对于许多安静的主妇来说，也是一位秘密的女英雄。她忠于自我，蔑视男性统治，是一位超前的女权主义者。她通过使用各种形式的媒体宣传自己成功赢得了"神圣萨拉"（the Divine Sarah）和"圣兽舞姬"（Sacred Monster）等称谓。在她的职业生涯中，重新演绎了很多经典角色，如在让·拉辛的《菲德拉》（*Phèdre*）中出演主角，同时她还出演了很多同时代作家专为她创作的角色，如《过路人》（*The Passer-By*，1869年）和《狄奥多拉》（*Theodora*，1883年）。

第四章
1990年—现在

时尚的英文"Fashion"一词作为动词来讲，源自拉丁语"facere"，① 其含义为制造，因此时尚的源词义是指塑造或孕育某物。本书及其相关展览"源于自然的时尚"，提出了一个简单但深刻的事实，即时尚是由自然所

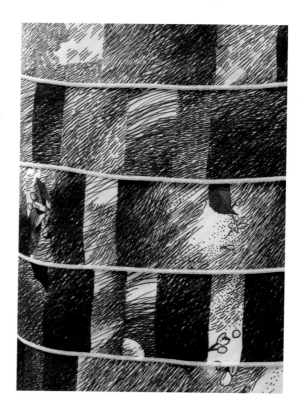

塑造的。服装是我们的第二层皮肤，而我们所选择穿着的每件服装都源于自然。时尚由自然创造，并依赖自然。从原材料的生长到服饰的制作、运输，再到交付我们手中，整个过程蔓延于我们的日常生活，在这个过程中，陆地、水、空气和人类共同构成了时尚的供应链。

迪莉斯·威廉姆斯
（Dilys Williams）

通过人类与自然的相互作用，时尚正以不可逆的方式不断地从自然中吸取养分。

时尚的意义不仅局限于服装的静态表达。我们通过服装去编织人类个体身份的动态注释——我们的个人世界或隐或显地通过我们的服饰展现出来。从更广泛的层面上讲，时尚是我们这个时代的风向标。[2]从一个相对粗略的角度来看，这也许就是为什么时尚被指责为善变、短暂且肤浅的原因。时尚受表面印象概念的支配，如款式的转换、主色调的改变；同时这一季广受好评的风格或许在上一季常常被贬损。然而，通过时尚，我们可以在个人、地方社区和全球等各个层面观察到渗透在我们生活中的环境、社会、政治、经济和文化因素的变化。时尚让我们注意到这些变化，并为我们提供替代选择，从而塑造变化本身。

在这一点上，我们应当考虑到时尚语境中所说的"自然"是什么含义。当然，人类是自然的一部分。我们是生活在地球上众多的物种之一，但我们的行为却表明我们把自然与人类隔离开来，因为我们对大自然的行为显然不受惩罚。考虑到这一点，问题就发生了改变：时尚对我们和我们所生活的世界究竟意味着什么？因此，我们必须反思我们周围的世界正在发生什么，进而反思自然正在发生什么。

推动行星边界的设立

截止20世纪中叶，地球已约12000年保持稳定的环境气候了，此间人类文明得到了持续发展。20世纪中叶以后，受工业革命的影响，二氧化碳排放量急剧加速、海平面上升、部分物种灭绝，更有因过度砍伐森林而导致的土地沙漠化，这使得专家们断言我们正处于"人类世"（Anthropocene）[❶]时期。[3]在这个时期，人类活动已经成为地球环境发生深刻变化的主要驱动力。1988年，联合国成立了政府间气候变化专门委员会（Intergovernmental Panel on Climate Change，IPCC）来评估由人类引起的气候变化所

带来的风险。在2015年的巴黎气候大会（第21届联合国气候变化大会，简称COP21）上，195个国家共同承诺以行动确保地球在未来仍像近几个世纪以来那样适宜人类居住。2017年，美国总统唐纳德·特朗普（Donald Trump）宣布退出这一集体协议，将共同行动的195个国家减少为194个。

斯德哥尔摩应变中心（the Stockholm Resilience Centre）和澳大利亚国立大学已经量化了自然的界限（安全的生物物理界限）。在设立九个行星的边界时，研究表明在气候变化、生物多样性丧失、废物污染、土地利用和生化利用等方面，地球目前承载的压力已经超出了人类安全生活的范畴（图104）。当人类的行为已经逾越了以上四个方面的生物物理界限后，人类当务之急是需要在全球范围内采取行动。[4]

2011年，世界经济论坛（the World Economic Forum）将暴风雨和旋风、洪水、生物多样性丧失和气候变化确定为全球五大潜在风险中的四项。[5]在过去的五年里，这些问题一直未曾被列入这份清单内。截至2017年，极端气候和重大自然灾害已录入风险登记册，其对人类生活的影响程度也位居前五位。减缓和适应气候变化的人类发展方式也可能成为对未来人类生活影响最大的因素。[6]由此推测，全球经济学家同科学家一样对此深感忧虑。

但这一切与时尚有何关系？又与我们衣橱内的服装以及我们如今所穿着的服装有何关系？事实上，时尚是气候变化的一个重要因素。不幸的是，正因时尚取材于自然，所以目前的时尚产业已使用了不可胜计的水、化学物质以及化石燃料。这些行为不仅使土地和自然物种的多样性退化，而且每年会产生19亿吨的垃圾。自然资源如此紧张，以至于如果仍旧按照这样的方式使用，那么到2030年人类对水资源的需求将超过地球可以供给的数量。[7]那么我们该思考的问题也发生了转变：我们应该使用水来发展时尚，还是用来生存？关于土地，也存在一个类似的问题：它应该用于生产食物还是供应时尚？这些问题的思考则需要我们对现今服装的制作、获取、穿着及其价值进行彻底的反思。

---

❶ 人类世，指地球的最近代历史，人类世并没有准确的开始年份，可能是由18世纪末人类活动对气候及生态系统造成全球性影响开始。这个日子与詹姆斯·瓦特（James Watt）1782年改良蒸汽机的时间吻合。人类正处于全新世时期，自上次冰河时代结束以来已历时一万多年。然而，现在许多环境参数却被全新世范围之外，包括温室气体浓度、海洋酸度、全球氮循环、灭绝速度和入侵物种的扩散程度。因此，有学者建议人类所处的地质时期应被称为人类世的新地质时代，这标志着人类活动的影响至少与自然过程一样重要。在生态学中，人类世的概念一直关注人类主宰的栖息地和异常的生态系统，并因放弃先前支撑生态理论的稳态假设所产生的后果引发相当大的争议。

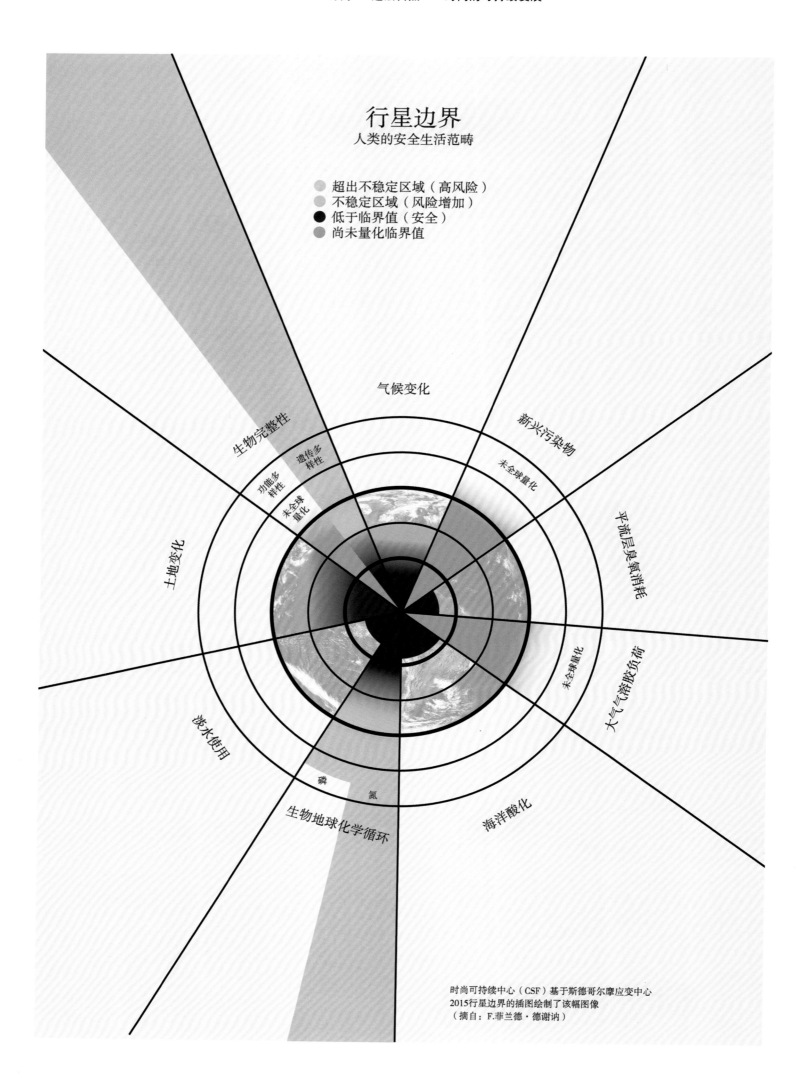

行星边界
人类的安全生活范畴

超出不稳定区域（高风险）
不稳定区域（风险增加）
低于临界值（安全）
尚未量化临界值

气候变化

生物完整性

遗传多样性

功能多样性

未全球量化

新兴污染物

未全球量化

土地变化

平流层臭氧消耗

淡水使用

大气气溶胶负荷

未全球量化

磷

氮

海洋酸化

生物地球化学循环

时尚可持续中心（CSF）基于斯德哥尔摩应变中心
2015行星边界的插图绘制了该幅图像
（摘自：F.菲兰德·德谢讷）

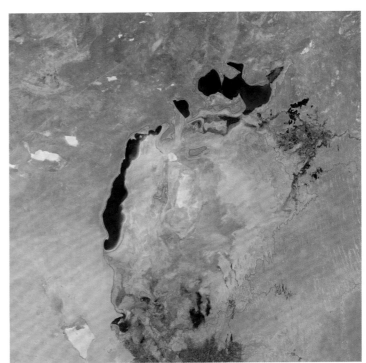

图104（第154页） 原始图形来自Globaïa组织的菲利克斯·菲兰德–德谢讷（F.Pharand–Deschênes），2015年

图105（第155页） 2011年李维斯"节约用水"（Water<less）系列广告

"时尚取材自然"的后果

确定当今时尚体系对世界产生影响的主要方式至关重要。正如2008年成立可持续发展时尚中心（Centre for Sustainable Fashion，CSF）之时我们所做的那样，向所有珍视时尚与自然的人发出呼吁，使大家了解本应展示人类伟大成就的时尚是怎样偏离了人类繁荣的根本目的的。

根据世界经济论坛（2010）所述，生物多样性丧失和生态系统退化所带来的危害更甚于恐怖主义。时尚在许多方面都加剧了这种危害。例如，每年制作纤维素织物需砍伐约1.2亿棵树，其中约三分之一是古老或濒危的树木和森林。[8]

对生命而言，水是不可或缺的，对于时尚亦然（图105）。在一些已然处于水资源危机的地区，其时尚行业仍依靠水来进行棉花种植、织物染色和服装生产。面积逐渐缩小的咸海则是这一事实的有力证明（图106）。[9]在服装方面，生产一条牛仔裤所用的棉花平均需要8183升水灌溉，而每年有6万亿升水用于纺织品染色。一个棉纺厂在染色过程中，每吨织物需使用200吨水，并向当地的供水系统释放多达72种化学物质（图107）。[10]

虽然家庭用水的危机并非频繁发生，但西方国家"过度洗涤"的习惯却始终是一个文化问题。越来越多的证据表明，海洋中存在的微纤维污染引起了人们的关注，这种污染是由合成衣物在洗涤过程中掉落的纤维所引发的。[11]

在当代时尚产业中，生产纺织品原材料和成品时均涉及毒性化学物质和杀虫剂的使用。而在种植棉花的过程中，所使用的化学物质比种植其他任何作物都要多[12]，这对社区和环境造成的灾难性影响是有目共睹的。不可置信地是，事实上每件服装上所含的化学物质多达8000余种。[13]

现今，大约有60%的服装都是由以石油为基本原料的合成纤维（如聚酯纤维）制作而成，这明显增加了时尚带给环境的压力。聚酯在其生命周期中排放的二氧化碳几乎是其他大多数材料的三倍。而其制造、运输和零售过程中使用的能源也主要来自化石燃料，而非可再生资源。

大卫·爱登堡（David Attenborough，1926年出生）是一位BBC电台的播音员，同时也是自然博物学家，用他的话来说："凡是相信在这个有限的物质世界中能够实现物质无限增长的，要么是疯子，要么是经济学家。"[14]从2000—2014年，服装产量翻了一番。如今，西方消费者平均每年购买服装的数量增加了60%，而服装的保存时间却缩短至15年前的一半。[15]到2030年，世界人口预计将达到近90亿，[16]如果我们不改变购买习惯，那么时尚方面的消费预计将再增长63%。[17]在欧洲，每年需填埋或焚化的纺织废弃物多达840万吨，相当于每人每年丢弃18公斤服装。[18]

现今，全球约有6000万人从事时尚行业。在部分情况下，时尚行业或许为其工作者提供了充实而富有创造力的谋生方式；但在大多数情况下由女性工人来实操的时装制造业中，许多人的工资竟未达到最低生活工资的一半。[19]如今，由于性别差异而导致薪酬不平等的现象在许多时装制造国家中普遍存在。[20]现有数据充分记载了时尚界普遍存在的现代奴役现象，其中超过70%的时尚企业认为在他们的供应链中现代奴隶制的情况时有发生。[21]当然人类不平等现象并不仅限于时尚行业。据估计，全球约有2100万人生活在现代奴隶制中。[22]无论如何，时装行业给社会所带来的负面影响毋庸置疑，它刺激了工业化国家对低价服装源源不断供应的渴望。并促使其去找寻最为廉价的服装制造点。有时，一味的粗制滥造会给人类带来灾难性的后果。毫无疑问，时尚对人类的影响不可低估，但本章在此不做赘述。

综上，如统计数据所示，时尚界的许多做法都在加剧地球的不稳定性。在应对气候变化运动中强调此类问题所带来的负面影响至关重要。

时尚的变化与倾向的改变

正如塞缪尔·约翰逊（Samuel Johnson，1709—1784）❶所言："背离自然也即背离幸福。"

倘若时尚是变化的晴雨表，是人类生活方式的一种彰显，那么如今时尚行业已然背离了自然，带给地球及许多脆弱的人诸多不幸。即便时尚可以带来幸福，人类也需要基于自然和谐之上去寻求时尚。

有时，时尚本身以及时尚行业甚至可以对文化、经济、环境、技术以及政治的转变做出迅速且

图106（左上图） 2000年和2014年的卫星图像显示咸海正在缩小，这是由于乌兹别克斯坦和土库曼斯坦棉花生产灌溉需要水源而使阿姆河和锡尔河改道所导致；图片来自杰西·艾伦（Jesse Allen），美国宇航局地球观测台

图107（左下图） 蒂鲁巴纺织工业造成的水流污染，印度，1997年3月23日

❶ 塞缪尔·约翰逊，英国作家、文学评论家和诗人。1728年进入牛津大学学习，因家贫而中途辍学。1737年开始为《绅士杂志》撰写文章；后自编周刊《漫步者》（1750—1752年）。经九年的奋斗，终于编成《英语大辞典》（1755年），约翰逊从此扬名。1764年协助雷诺兹成立文学俱乐部，参加者有鲍斯韦尔、哥尔德斯密斯、伯克等人，对当时的文化发展起了推动作用。一生重要作品有长诗《伦敦》（1738年）、《人类欲望的虚幻》（1749年）、《阿比西尼亚王子》（1759年）等，还编注了《莎士比亚集》（1765年）。在约翰逊时代，文化氛围已经在向浪漫主义方向发展，人们已不再视"三一律"为神圣。与德莱登、伏尔泰相比，约翰逊是更为宽容的新古典主义者。

果敢的反映与回应。回顾过去三十年的时尚发展，一幅画卷在我们眼前开始浮现：艺术、商业和社会实践方面的某些部分发展得更好，而另一些部分则每况愈下。美国科学家、诺贝尔经济学奖获得者赫伯特·西蒙（Herbert Simon，1916—2001）❶曾说过："设计就是制定一种行动方案，它意在将现有设计变为最优越的情形"。[23]这句话道出了深思熟虑且发人深省的设计的核心意义——创造出比当下更好的设计，并简明扼要地指出了驱动着许多时尚从业者工作的设计目的。有些时尚设计师已经意识到，所有发明创造的动力的确都来源于需求，而且围绕时尚设计和制作方式的创新需求正在到达一个临界点。这些时尚设计师以敏锐且富有创造性的实用主义而著称，并且出于对自然和人类的尊重，将这种实用主义应用到他们的工作当中。他们的设计向我们展示了多种多样的创意方法，以及如何在顾忌到自然生态的情况下进行创作。

有些时尚设计师则以一种极其聪明睿智的思维方式来进行他们的设计：仅仅使用那些现有的或者可以大量获得的资源进行设计创造。考虑到时尚行业在生产过程中所产生的织物浪费以及消费者所带来的织物废弃，一些设计师选择在设计中使用现有的材料，从而避免了向大自然索取更多。什宾·瓦苏德万（Shibin Vasudevan）是可持续发展时尚中心（CSF）的一位学生，他心思巧妙地用洗衣机中发现的洗涤绒毛和从工作室地板上扫出的棉线头为材质，设计出美丽而引人注目的作品，向世人展示了此类可持续设计的方法。

另外，还有人在努力为时尚行业的从业者争取权益。相关的个人与组织都在积极努力地争取着时尚从业者的公平待遇。英国上议院议员女男爵萝拉·杨（Baroness Lola Young，1951年出生）❷在支持一项加强《2015年现代奴隶制法案》（*Modern Slavery Act* 2015）的修正案时，使时尚行业榨取廉价劳动力的做法浮出水面。

逐渐，这个以竞争性著称的行业在实践中发生了巨大变化。由于互相共享材料和产品来源、成本、利润及专业知识，整个时尚行业中的成功经验或失败经历都得以汇集。即使是耐克、彪马和阿迪达斯这样的直接竞争者也正在一起努力实现共同的目标，以确保他们的业务不会导致自然环境恶化（图108）。由多个时尚品牌联合成立的"时尚公平贸易设计工作室"（Here Today Here Tomorrow）就充分体现了这种共赢的理念，也正如它所表达的那样，共同合作和彼此配合是社会企业和集团发展的核心。[24]

越来越多的人开始期望这些时尚企业可以同客户共享其产品的材料来源和生产过程。企业的运营过程应增加"透明度"，其中包括雇佣关系透明以及制作过程透明，并且能通过"可追溯性"验证每件产品的源头和出处。立法也在这方面做出了努力，它强硬要求企业提供此类数据，而现今的新兴技术也为追踪服装全球化生产过程中的每个环节提供了可能性。企业以无法衡量的非技术途径对地方和个人做出长期承诺。在这种情况下，真实性受企业诚实度的影响，这种抽象行为不像确认地理位置或生产方法那样容易判断。

有些人采取大胆鲜明的立场，以引起人们对时尚行业为环境所带来的消极影响加以关注，并对其进行改革。在这种情况下，时尚成为一个平台，将那些原本并不正常也不应该被接受，但却已经标准化且被公认的实际行为揭示出来，从而激发文化的回应和商业的反应。2017年，世界各地的游行队伍都戴上了粉色"猫帽"（Pussy Hat）以象征此类运动，并将气候变化、性别不平等、种族主义和社会不公等相关问题联系起来。

另一些人则选择创造更具顺应力和灵活性的时尚。这意味着，设计作品不仅需要经受时间和压力的考验，而且还要建立社会抗逆力，将社会团体互相连接并鼓励分歧较多的社会部门进行沟通。最近在欧洲、美国等地发生的事件表明，我们需要寻求新的方法来克服日益严重的脱节现象。时尚的社会行为是一种私人行为，同时也是一种专业行为：它将经济交流技巧、服装生产和知识共享，通过服

❶　赫伯特·亚历山大·西蒙，20世纪科学界的一位奇特通才，在众多领域深刻影响着我们这个世代。他学识渊博、兴趣广泛，研究工作涉及经济学、政治学、管理学、社会学、心理学、运筹学、计算机科学、认知科学、人工智能等广大领域，并做出了创造性贡献，在国际上获得了诸多特殊荣誉。他创造了术语"有限理性"（Bounded Rationality）和"满意度"（Satisficing），也是第一个分析复杂性架构（Architecture of Complexity）的人。西蒙的博学足以让世人折服，他获得过9个博士头衔：1943年的加利福尼亚大学哲学博士学位、1963年凯斯工学院科学博士学位、1963年耶鲁大学科学博士学位、1963年法学博士学位、1968年瑞典伦德大学哲学博士学位、1970年麦吉尔大学法学博士、1973年鹿特丹伊拉斯莫斯大学经济学博士、1978年米之根大学法学博士、1979年匹茨堡大学法学博士。瑞典皇家科学院总结性地指出："就经济学最广泛的意义上来说，西蒙首先是一名经济学家，他的名字主要是与经济组织中的结构和决策这一相当新的经济研究领域联系在一起的。"

❷　玛格丽特·奥莫萝拉·杨，英国女演员、作家、英国上议院议员兼诺丁汉大学校长。杨出生于肯辛顿，早期在伦敦的国会山女子学校接受教育，之后进入新演讲戏剧学院，并于1975年获得戏剧艺术文凭，一年后获得了教师证书。1988年，她从米德尔塞克斯理工学院毕业，获得当代文化研究文学学士学位。1985—1989年，杨担任哈林盖艺术委员会（Haringey Arts Council）的联席主任、培训和发展经理。1990—1992年，杨在西伦敦理工学院（Polytechnic of West London）担任媒体研究讲师。随后，她分别担任了米德尔塞克斯大学的讲师、高级讲师、首席讲师、文化研究教授以及名誉教授。2001—2004年，她出任大伦敦政府的文化主管，随后在2004年6月22日，被授予伦敦哈林盖区霍恩西的男爵杨终身贵族头衔。

装的制作彼此连接，如艾米·特威格·霍尔罗伊德（Amy Twigger Holroyd，1979年出生）❶的"保持&分享"（Keep & Share）、"手工生产"（Craftivists）以及"刺破手指"（Prick Your Finger）等实践项目都发挥了重大的作用。

正如亚历山大·麦昆所说："我做的每件事都以千姿百态的方式与自然相连。"㉕那些将生态思维引入设计实践中的设计师们的创新思路与麦昆的那句话相得益彰，无论是通过仿生学去寻找自然创造的解决方案来应对人类复杂的问题，还是从空间的角度创造以资产为基础的时尚，人类和自然都可以在一个特定的平衡点上共同蓬勃发展。

时尚本身的含义代表改变与挑战现状，而今，时尚则意味着"更丰富的物质"。在询问"多少才算足够"并且着眼于时尚中最令人愉悦的元素时，公民和时尚专业人士都对时尚的计量方法提出了质疑，并探索如何将品质置于衡量时尚的主要地位。㉖

时尚运动

两种截然不同但并不相互排斥的商业战略在过去三十年中不断演变。现今，人们对环境的变化以及对弱势群体不稳定的福利条件日益关注，并对其进行了深刻反思继而做出回应。

1990—2000年：加速

1992年里约热内卢地球峰会和《联合国气候变化框架公约》（United Nations Framework Convention on Climate Change，UNFCCC）的确立，证明将温室气体的浓度稳定在一定范围内，以防止人类的行为对地球造成危害的举措是十分紧迫的。

与此同时，随着经济、政治和技术的变革，

全球时尚行业蓬勃发展。中国在改革开放的政策下，积极开放海外投资及创业市场，出口拉动经济增长成为启动中国经济改革的关键性战略。

虽然现代集装箱海运的方式并不普及，但这种运输方式极大地推动了时尚产业的全球化。现代集装箱海运对全球化的贡献或许要大于所有自由贸易协定的总和。20世纪50年代末，首次引入集装箱海运时只有1%的国家拥有可接收集装箱海运的港口；而到了20世纪80年代末，已有94%的国家拥有可接收集装箱海运的港口。至2015年，货运成本在60年内下降了90%，大约有90%的采购货品是通过集装箱运输的，如一件基础款的毛衣在海上航行3000英里只需要几便士的成本。㉗

1989年，《纽约时报》创造了"快时尚"一词来形容飒拉（Zara）"快速反应"的运作模式。㉘这种模式最初应用于日本的汽车制造业，美国服装业在20世纪80年代末采用该种模式，以提高生产制造和供应链的效率。在"快速反应"的同时，受到自由贸易协定的推动，外包被正式认定为时尚行业的一种商业战略，而自由贸易协定也促进了时尚原材料的便捷流动。

基于互联网平台的时尚发展也加快了步伐。易趣（eBay）、亚马逊（Amazon）和美捷步（Zappos）等新兴电子品牌共同为我们未来生活的舒适体验做好了铺垫，让我们可以在线进行一键购物。在千禧年即将结束之际，一场完美风暴正在酝酿，时尚行业将成为当下日益猖獗的环境危机的巨大推动者。

在一批著名设计师和新兴设计师的领导下，另一种截然不同的社会思潮在其他地方盛行。20世纪90年代初，巴黎艺术家兼时装设计师露西·奥尔塔（Lucy Orta，1966年出生）❷已经因创作"象征性服装"而闻名，这些服装解决了当代城市生活中的贫困、排斥、混乱和无家可归等问题。基于时尚界明目张胆的消费主义及其对世界上所发生的事情熟视无睹的态度，奥尔塔创造了"庇护之衣"（Refuge Wear）作为对其的回应。这是一系列独特的多功能原型服装，可以根据个人不同的即时需求进行重新配置（图109）。1994年巴黎时装周期间，奥尔塔的时装在卢浮宫博物馆外展出，与当时

---

❶ 艾米·特威格·霍尔罗伊德，设计师、制造者、研究员兼作家。她从2004年开始探索时尚和可持续发展的新兴领域，其作品曾出现在各种展览、书籍和出版物中，从Vogue到《时尚理论》，同时她是诺丁汉特伦特大学艺术与设计学院的副教授。她曾创办了"保持&分享"项目，这是一个活跃于2004—2014年的手工时尚针织品项目。

❷ 露西·奥尔塔，出生于英国的萨顿科尔菲尔德，是一位生活和工作在伦敦与巴黎之间的英国当代视觉艺术家。自1991年以来，奥尔塔一直居住在巴黎。1991年，奥尔塔以时尚针织品设计荣誉学位毕业后，开始从事视觉艺术家的工作，从1991年起，奥尔塔开始出品家居服。她的家居服均选用高科技面料，印有各类标语、符号，而这些标语、符号则是她丈夫——阿根廷艺术家豪尔赫·奥尔塔（Jorge Orta）收集的。露西·奥尔塔曾针对人体发明了一种服装结构，这种结构能通过拉链、尼龙搭扣和口袋收集重量较轻的碳纤维。加入国际设计师项目后，露西·奥尔塔开始同其他艺术家一起探索如何将服装作为表达途径来传递信息。她受到启发，推出了一个迷你系列"存在主义"。2000年，露西·奥尔塔推出的春夏时装系列延续了"用服装传递信息"的设计理念。该系列服装上印有诺贝尔和平奖得主美国黑人政治家马丁·路德·金（Martin Luther King）、诺贝尔和平奖得主缅甸政治家昂山素季（Aung San Sun Kyi）和法国建筑哲学家保罗·维利里奥（Paul Virilio）的名言。

图108（第160页）　耐克，"Flyknit Racer"运动鞋海报；美国，2012年

其他展览形成了鲜明的对比。

　　凯瑟琳·哈姆尼特（Katharine Hamnett，1947年出生）因其对社会不平和环境不公的关注而闻名。自20世纪80年代初以来，她一直在时装秀上发表自己的看法，并积极质疑时装行业的发展现状。她在行业中的地位意味着她已经同行业知名人士及媒体进行了直接对话，并将其信息传递给文化塑造者和文化响应者。哈姆尼特的标志性时装秀赋予服装本质及其之外的时尚意义。在"酸雨说唱"（acid rain rap）的伴奏下，哈姆尼特发布的时装系列包括如波浪翻滚般的或如雕塑般的白色、卡其色、海军蓝色、黑色的丝质和棉质连衣裙；最后，这场时装秀以明亮的黄色、蓝色、红色的派克大衣作为压轴收场。尽管这些礼服已足够令人震惊，但最令人难忘的是那些极具煽动性并且印有"拯救世界"（SAVE THE WORLD）和"现在世界范围内禁止使用核武器"（WORLD WIDE NUCLEAR BAN NOW）字样的T恤。

　　20世纪90年代，哈姆尼特将目光投向了销售农药的跨国公司上，2000年初时，这些公司以赊购方式向印度棉农出售转基因（GMO）种子。哈姆尼特强调，世界上现存的丑陋事实不单是时尚造成的环境恶化，还包括1995年至2013年期间，27万农民对急剧上升的赊购农药和种子的偿还成本感到绝望，从而选择自杀的事件。[29]由于传统棉花种植会污染河流、危害野生动物的生存、伤害依赖自然资源生活的生物群落，并导致大规模自杀，所以凯瑟琳·哈姆尼特设计的系列作品承诺只使用有机棉。时尚行业对环境的直接影响以及人们对所发生的事情缺乏基本的认知令哈姆尼特感到十分愤怒，因此，她通过"清理或死亡"（Clean Up or Die）时装系列（图110）谴责了这些公司，使人们对真正的时尚受害者有了更深刻的认知。

　　在大西洋彼岸的美国西海岸（对欧洲而言是在大西洋彼岸，对中国而言是在太平洋彼岸），设计师琳达·格罗斯（Lynda Grose，1959年出生）❶及其位于埃斯普利特（Esprit）的团队将生态思维大量应用于时尚设计当中。"ecollection"系列的成立是商业街零售企业迈出的大胆第一步。通过一系列有机棉时装的创作，表明注重环境保护与经济繁荣完全有可能并立。

　　在日本，设计师萨菲亚·米尼（Safia Minney，1964年出生）❷通过其品牌People Tree开创了首个时尚公平贸易模式，即设立从种植园到产品销售的完整供应链。People Tree最初于日本创立，现属英国知名品牌，旨在为所有参与时尚生产的人赢得公平和尊严。虽然米尼的举措为建立公平的时尚体系铺平了道路，并为他人学习效仿提供了样本，但这条创新之路实际上还存在诸多问题。

　　设计师萨拉·拉蒂（Sarah Ratty，1964年出生）❸的第一个时装系列"自觉的地球之衣"（Conscious Earthwear）于伦敦展出，创造了一种新的时尚美学，建立了对生态意识的强烈信念（图111）。Whistles品牌的创始人露西尔·卢因（Lucille Lewin，1948年出生）❹目光敏锐地发现了"自觉的地球之衣"的价值，并斥资将此系列服饰购买至Whistles品牌名下。卢因并不是唯一认为拉蒂的首秀极具远见的人，V&A博物馆还在其1994—1995年的街头风格展览中展出了"自觉的地球之衣"系列设计的部分作品。

　　1986年，设计师克里斯托夫·内梅特（Chris-

---

　　❶　琳达·格罗斯，一位时尚和可持续发展方面的设计师、教育家兼顾问，并且因其在可持续时装设计方面的开创性工作而闻名。1990年，格罗斯联合创立了埃斯普利特的ecollection系列。这是一个在13个国家开展的为期5年的研发项目，被称为"第一个由大公司开发的对生态负责的服装系列"，格罗斯在此过程中"为纺织业树立了开创性的榜样"。同时，格罗斯还是加州艺术学院时装设计项目的教授和主席，以及英国萨里可持续设计中心、国际可持续设计协会和可持续棉花项目的创始成员。

　　❷　萨菲亚·米尼，英国社会企业家和作家以及People Tree的创始人。People Tree是一个开创性的可持续和公平贸易的时尚品牌，旨在为日本和欧洲的客户提供公平贸易的生活方式服装、生活方式配饰以及有机的公平贸易食品。同时，米尼也是著名的公平贸易和道德时尚的发言人和活动家。她在1999年发起了世界公平贸易日，这个节日得到了世界公平贸易组织及其成员的认可，并在每年5月的第二个星期六庆祝。此外，她还与人合著了由新国际主义者出版的《裸体时尚》（Naked Fashion）、《可持续的时尚革命》（The Sustainable Fashion Revolution）、《慢时尚》（Slow Fashion）、《美学与伦理》（Aesthetics Meets Ethics）、《时尚的奴隶》（Slave to Fashion）等书。

　　❸　萨拉·拉蒂，英国设计师，早年在布里斯托尔大学学习时装纺织专业，在那里她被FW杂志（时尚周刊）提名为年度学生设计师。拉蒂的母亲是布莱顿艺术学院（Brighton College of Art）的时尚讲师，曾教授过芭芭拉·胡兰尼克（Barbara Hulanicki）。拉蒂继承了母亲的才华，一直对艺术与时尚充满了兴趣和热情。拉蒂同时也是一个屡获殊荣的设计师和创意企业所有者、创意顾问及合作伙伴。她经营了两家成功的时尚企业，跨越20年。拉蒂最初在新闻行业工作，后来在伦敦西区的一家女装公司做设计师，最终她决定自己创业，实现自己对环保意识的强烈信念。

　　❹　露西尔·卢因，英国艺术家兼时尚企业家。20世纪60年代末，露西尔·维茨（Lucille Witz）放弃了南非约翰内斯堡威特沃特斯兰德大学（University of Witwatersrand）的美术学位，在21岁生日那天嫁给了理查德·卢因（Richard Lewin）。到了美国后，露西尔报名参加夜校学习绘画，并找到了一份工作，从事销售。搬到伦敦后，露西尔创立了Whistles，成为英国时尚潮流代表人物。这对夫妇在2002年出售了Whistles，之后露西尔在标志性的利伯提百货（Liberty）担任了一段时间的创意总监。后来在完成教育机构City Lit的文凭课程后，年近70岁的她发现自己被英国皇家艺术学院的著名硕士学位课程录取了。如今的新锐艺术家，69岁从英国皇家艺术学院陶瓷玻璃专业硕士毕业，并开启全新的职业生涯。

图109（右图）　露西·奥尔塔设计作品"庇护之衣"：英国，1988年

图110（左下图）　凯瑟琳·哈姆尼特的"清理或死亡"时装系列作品，皮革、棉花及金属；英国，1989—1990年；由该设计师提供；V&A博物馆馆藏编号：T.208–1990

图111（右下图）　萨拉·拉蒂的"自觉的地球之衣"，"未来的建筑师，第二部分"（Architects of the Future，Part Ⅱ）；OEKO–TEX®认证：裙子的聚酯面料由Schoeller Switzerland公司提供，马甲的回收聚合物羊毛面料由Dyersburg公司提供；OEKO–TEX®认证：凉鞋的聚酯纤维、棉花和竹子等材料由英国查德威克纺织（Chadwick Textiles UK）提供；英国，1998—1999年；照片：纳尼恩·罗西（Naneen Rossi），由阿什利·艾略特·福尔斯（Ashley Elliot Fowles）造型

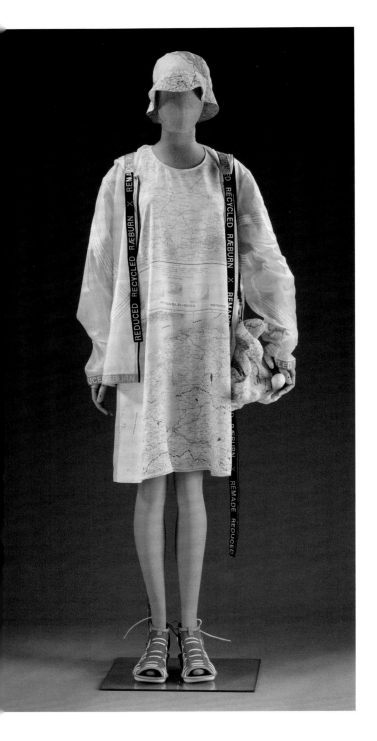

图112（左图）　克里斯托弗·里博，展出作品包括裙子、背包、夹克、帽子，其中裙子、背包、帽子由20世纪50年代英国皇家空军的丝绸地图制成，夹克由降落伞上的尼龙材料制作，与其乐（Clarks）和克里斯托弗·里博（Christopher Raeburn）品牌联名推出的"ZARYA SOLO"系列凉鞋搭配；伦敦，2017

图113（右图）　老杜鲁门酿酒厂艺术区（the Old Truman Brewery），玛莎百货（Marks & Spencer）和乐施会（Oxfam）发起的"Shwopping"❶运动所捐赠的服装覆盖了一整座建筑；伦敦，2012

❶　"Shwopping"是单词"Shopping"（购物）和"Swapping"（交换）的结合，代表的是一种可持续的消费习惯。

topher Nemeth，1959—2010）❶从伦敦搬到了东京，并在那里建立了一个工作室，他深谋远虑的设计原则体现为一种独特的美学形式。在接下来的十年内，他将这种独特的美学形式发展推行。作为一名训练有素的艺术家，内梅特自学了裁剪和缝纫，并运用邮袋和油画布作为翻新的面料来进行时装创作。1986年，内梅特与其同事朱迪·布雷姆（Judy Blame，1960年出生）❷、马克·列本（Mark Lebon，1957年出生）以及约翰·摩尔（John Moore，去世于1988或1989年）共同创立了"美丽与文化之屋"（The House of Beauty and Culture），他们走在了设计技术变革的前沿。很快，这种利用回收面料设计时装的技术被其他设计师发展成为如今公认的"可循环时尚"概念。这也是伦敦艺术大学切尔西艺术学院纺织品、环境、设计（TED）研究组的一个研究课题。

2000—2010年：动力

到新世纪初，这两种截然不同的时尚潮流开始阔步前进。ASOS公司和Net-a-Porter公司都在2000年开启了他们虚拟时尚设计的大门，证实了时尚界快速反应模式的淘金热效应和网上购物的兴起。

2006年9月，奥尔索拉·德·卡斯特罗（Orsola de Castro，1966年出生）❸、菲利波·里奇（Filippo Ricci，1966年出生）和安娜·奥尔西尼（Anna Orsini，1953年出生）创立了一个供可持续发展设计师展示作品的平台——"道德时装博览会"（Estethica），并将其作为伦敦时装周的一部分。"道德时装博览会"是基于2004年在巴黎时装周外举办的"巴黎道德时装秀"（The Paris Ethical Fashion Show）所做的开创性努力而创建的，是全球首个在时装周内接纳环保设计师的时尚平台。

加拉哈德·克拉克（Galahad Clark，1975年出生）在2008年2月的"道德时装博览会"上展出了一系列基于生态设计矩阵创作的鞋履作品，矩阵中结合了效率、美学、功能、环境等多种设计因素，并考虑了可回收性。克拉克的早期作品以巴基斯坦合作社生产的色彩鲜艳的萨米（Saami）棉为鞋面材料，同时使用再生皮革和再生谷壳作为鞋底，克拉克的作品中总是彰显着生机勃勃的独特风格。

2008年，设计师克里斯托弗·里博（Christopher Raeburn，1982年出生）❹凭借其深谋远虑的设计准则，开创了英国品牌"重制"（Re-Made）。他将印有逃生地图的"二战"时期的真丝面料和人造面料精心裁剪，制作成精美的系列作品（图112）。2011年，里博荣获英国时尚新锐设计师奖，并于2015年获得GQ年度最具突破设计师奖。

设计师威廉·克罗尔（William Kroll，1983年出生）❺将他的公司命名为"Tender Co."，并有着双重含义：希望他的作品在经过蒸汽运煤车运输

---

❶　克里斯托弗·内梅特，英国时装设计师，出生于伯明翰。1982年毕业于伦敦坎伯韦尔艺术学院，学习绘画。他的作品中包括使用胶水、沙子的作品，也有在解构的旧衣服上印刷的作品，这些旧衣服被用作画布。他于20世纪80年代在伦敦成名，1986年移居东京。他因创作可穿戴的艺术设计而闻名。内梅特最为出名的设计是他使用丢弃在伦敦街道上的亚麻邮袋，以及绳子和慈善商店的衣服。

❷　朱迪·布雷姆，原名克里斯托弗·巴恩斯（Christopher Barnes），英国设计师、珠宝设计师和朋克偶像。布雷姆出生于英国萨里郡莱瑟海德，在西班牙和英国德文郡长大。17岁时，布雷姆把头发染成了橙色，并拿着攒钱买的火车票前往从地下青年文化到主流文化的核心聚集地——伦敦。不久，布雷姆就展现出自己在手工缝制以及服饰制作上的天赋，尽管没有足够的预算，但布雷姆会利用纽扣、安全别针、布条、钥匙等一些非常日常的小玩意儿，甚至捡来的废弃金属去拼凑制作饰品。后来布雷姆逐渐得到摄影师马克·列本和先锋设计师雷·佩特里（Ray Petri）的支持，开始为《i-D》和《The Face》工作，无论是做造型师还是创意指导都打造出不少经典，他所开拓的另类朋克美学至今一直影响着时装界。

❸　奥尔索拉·德·卡斯特罗，出生于艺术工作者的意大利家庭。卡斯特罗早已和艺术结下不解之缘，15岁已在罗马及威尼斯设画展。毕业于艺术家摇篮的中央圣马丁艺术与设计学院，在1997年创立革命性的Somewhere品牌，与Jigsaw、Robe Di Kappa、Tesco及Speedo等品牌合作设计，使用可持续的生产方法和循环物料，在当时相当传统的时装界，实践出她的环保时装理念。由于卡斯特罗希望爱好时装的人都可以真正欣赏衣服的故事。故此，她设立了时尚革命（Fashion Revolution）。这个革命涉及多个议题：生产工人的工作环境、工资、动物权益等。简单来说，正是推广一种负责任、人性化的时装新态度，并争取公众身体力行的支持。

❹　克里斯托弗·里博，英国设计师，因用军用降落伞、迷彩服等回收面料创作的前卫时装而闻名。他的设计灵感取自对男女装伦理意识创造的挑战，他的设计有着精巧的设计、对细节的关注以及对功能性和可持续的独特考量。同时克里斯托弗·里博也引发了一场关于可持续性设计的主流时尚和全新的奢侈品概念的定义。对品牌"英伦血统"的忠诚，让里博坚持服装从设计、生产、加工过程的纯本土制造，使他的产品始终保持独特性并得到包括国际伦理时尚论坛等的认可和赞誉。

❺　威廉·克罗尔，英国设计师兼Tender Co.创始人。他拥有中央圣马丁的艺术设计学位，之后，他在萨维尔街的依维斯（Evisu，日本牛仔裤品牌）从事零售工作。由于克罗尔在设计方面展现出的天赋和兴趣，他在19岁时获得了一个在依维斯定制部门工作的机会，这个部门叫作高级依维斯（Evisu Deluxe）。克罗尔对日本的传统织造技艺十分着迷，所以2009年他又去日本学习传统靛蓝染色艺术。之后，克罗尔创立了Tender Co.，源自英国制造的时尚系列，结合了牛仔裤、工作服、高品质靛蓝和英国的剪裁方式。

之后，可以使拥有者能够以温柔的思想和行为方式来对待这些服装（"Tender"既有煤运车的含义，又有温柔的含义）。克罗尔的色织牛仔时装系列充满了弹力。他的设计意图是通过牛仔布体现着装者日常生活的状态，用服装来记录人们穿着该类服装时的生活与时代，因此他选择了经久耐用的设计和材料。

与此同时，变革也在大张旗鼓地进行。2017年，英国著名零售集团之一的玛莎百货（M&S）作出了100项大胆且易衡量的承诺，并为其命名为"Plan A"。之所以如此命名，用当时玛莎百货的首席执行官斯图尔特·罗斯（Stuart Rose，1949年出生）❶的话来说，其意味着："我们没有Plan B（替代计划）。"这一举措被主流零售集团誉为同类项目中最为先进的项目，[30]这个项目制定的时尚行动包括：通过使用可再生能源和更有效的生产流程来降低服装生产对气候变化的影响；扩充对棉花公平贸易的承诺；扶持农户；通过引入"30℃水洗"标签，鼓励消费者节约服装护理过程中的能源消耗。[31]培养消费者购买产品后的节能意识，强调了穿着者在推行环保时尚概念中的关键作用，即帮助消费者在购买、照料和丢弃服装的各个环节中培养可持续性发展的习惯（图113）。

玛莎百货与包括世界自然基金会（WWF）在内的非政府组织（NGOs）达成战略联盟，并为时尚公司提供专业性知识以便达成目标。与此同时，英国政府已经意识到时尚行业对于英国的价值，以及在时尚进程中其对环境和社会产生的影响日益加剧。英国环境、食品及农村事务部（Defra）召集企业、研究机构以及非政府组织，构建了一个行动发展蓝图并达成共识，以便采取对环境和社会更加积极的商业行为。[32]

1999年，道琼斯可持续发展指数（Dow Jones Sustainability Index）初次颁布，并且在2009年发生了一件令人震惊的事件——美国最大的零售公司沃尔玛（Walmart）和一个发展极为迅猛的时尚品牌巴塔哥尼亚（Patagonia）合作完成了一项不同凡响的任务。他们将服装、鞋类和纺织行业的同行甚至竞争对手联系在一起，共同开发一种测量可持续发展绩效的通用方法。这一开拓性的创举就是可持续服装联盟（Sustainable Apparel Coalition，SAC）的前身，该联盟现已发展为由品牌、零售商、制造商、学术界以及非政府组织组成的全球性联盟。现今，通过可持续服装联盟的努力，人们可以对时尚产业的环境影响和社会影响进行测量，并在迭代式开发过程中突出显示需要改进的地方。

非可持续消费中特有的问题也逐渐浮出水面。联合国环境规划署（the United Nations Environment Programme，UNEP）在2015年发布的一份报告中清楚地表明了这一点。报告简要强调了"地球上大多数居民的持续贫困和少数人的过度消费是导致环境恶化的两大主要原因。目前，我们的做法是不可持续的，采取有效行动势在必行"。[33]这预示着品牌在社会和环境方面的信誉将受到越来越多的关注和质疑。通过明确可持续发展的潜在市场需求及潜在发展机遇，将企业发展的目标与自然可持续发展的目标联系在一起。正如弗朗索瓦·亨利·皮诺（François-Henri Pinault，1962年出生）❷所说："可持续发展事业是至善的事业。"[34]

在加快步伐以满足人们对时尚的可持续发展紧迫需求的同时，廉价时尚也在飞速发展，满足了西方人显而易见并贪得无厌的强烈欲望。这是由于技术的飞速发展以及向政府监管力度薄弱的贫困国家外包生产所导致的问题。2007年英国普里马克（Primark）商场开业时，购物者甚至互相踩踏着进入店内，这是快时尚模式的生动案例。

市场与道德成为加剧时尚环保运动的推手。21世纪初，美国环境保护署（the US Environmental Protection Agency）确认了全球变暖与制造垃圾之间的关联。2006年，阿尔·戈尔（Al Gore，1948年出生）❸

图114（左图）　在西爪哇省兰凯切克（Rancaekek）受污染的稻田中，模特们穿着印尼设计师费利西亚·布迪（Felicia Budi）、卡琳娜·音蒂塔（Indita Karina）和连尼·阿古斯丁（Lenny Agustin）设计的环保时装，参加由绿色和平组织举办的"排毒时装表演"（Detox Catwalk）；该活动旨在突出强调服装行业造成的有毒污染，绿色和平组织，2015年

❶　斯图尔特·艾伦·兰塞姆·罗斯，英国著名商人。他于1994年加入伯顿集团（Burton Group），担任首席执行官。1997年，他加入阿尔戈斯（Argos），担任首席执行官。罗斯于2000年加入阿卡迪亚集团，担任首席执行官，2002年被收购后离职。2007年，罗斯获得赫瑞瓦特大学荣誉博士学位。2004年5月，56岁的他被任命为玛莎百货（Marks & Spencer）的首席执行官，随后击退了菲利普·格林（Philip Green）对该集团的收购要约。他于2010年5月辞去首席执行官一职，2010年7月辞去执行董事长一职，2011年1月辞去董事长一职。因其对零售行业的贡献，他于2008年被封为爵士，并于2014年成为萨福克郡摩尼登的罗斯男爵。

❷　弗朗索瓦·亨利·皮诺，法国亿万富翁。皮诺1985年毕业于巴黎高等商学院，在学习期间，他在巴黎的惠普实习，担任数据库软件开发员。毕业后，他在法国驻洛杉矶领事馆完成了兵役，并负责研究时尚和新技术领域。1987年，皮诺在PPR集团开始了他的职业生涯，1988年晋升为采购部门经理，1989年晋升为法国博伊斯工业集团总经理，1990年晋升为皮诺特分销集团总经理。2003年担任阿特米斯集团总裁。2005年起，皮诺开始担任开云集团董事长兼首席执行官，在他的领导下，开云集团剥离了零售行业，成为一家奢侈品集团。

❸　阿尔·戈尔，出生于华盛顿，是美国政治家，曾于1993—2001年担任副总统。其后成为一名国际上著名的环境学家，由于对全球气候变化与环境问题的贡献受到国际上的肯定，因而与联合国政府间气候变化专门委员会（IPCC）分享了2007年度的诺贝尔和平奖。他曾经提出著名的"信息高速公路"和"数字地球"概念，引发了一场技术革命。

图115（左图）　布鲁诺·皮特斯设计
的Honest By品牌服装，外套和裤子，涤
纶和棉；比利时，2016年；V&A博物馆馆
藏编号：T.1702：1&2-2017

图116（右图）　斯特拉·麦卡特尼于2016年11月
发布的男装系列

图117（下图）　Iris Textiles服装厂的员工为"时
尚革命"振臂高呼，危地马拉，2017年

发布了广受好评的纪录片——《难以忽视的真相》
（*An Inconvenient Truth*），传达了他对全球气候
变化及其对自然乃至人类影响的深切关注，当时，
公众对全球环境面临挑战的集体认知也发展到了关
键拐点。

2010年开始：真正发生变化的到底是什么？

　　2010年，期望时尚行业解决可持续发展问题
的呼声越发高昂。越来越多的主流时尚企业开始采
取行动设法解决其对环境带来的破坏性行为。

　　与凯瑟琳·哈姆尼特的代表作品相呼应，2011
年绿色和平组织举办的"排毒运动"（Detox Cam-
paign）对部分全球最受欢迎的时尚公司提出了挑
战，要求他们消除生产过程中所有有害化学物质的
排放（图114）。㉟许多品牌都对此作出了回应，
并表示他们绝对会以可核实的方式来履行承诺。对
于通过外包快速反应模式获得巨大消费者吸引力以
及财务盈利能力的公司而言，时尚排毒仍旧是一个
问题。对于他们而言，更多的建议是在维持当下模
式的同时，将业务发展与自然退化脱钩。但是，我
们究竟还能延续多久现有的时尚商业模式呢？

　　企业看待透明度和可追溯性的角度一分为二。
一些公司这样做是为了降低风险并确保声誉不受
损，而另一些企业将自己的业务向公众开放，接
受公众监督，从他们的所见所闻和其他人的言论
中学习，从而在自己的商业实践中创造可持续性
时尚。艺术家尼科尔·哈恩（Nicole Hahn，1972
年出生）❶在《非洲之镜》（*Mirror Africa*）中，
对可持续发展的可追溯性进行了一个初期而美好的
概念化设想，他通过电影将射频识别（Radio-Fre-
quency Identification，RFID）数据带入生活，同时
将时尚消费者与他们购买背后的真实故事和人物紧
紧相连。㊱目前，实现该模式的其他举措正在研究
中。Provenance科技公司、伦敦时装学院的可持续
时装中心毕业生及"透明企业"（Transparent
Company）顾问内莉安娜·富恩玛约（Neliana
Fuenmayor，1986年出生）和设计师马丁·贾尔加
德（Martine Jarlgaard）根据区块链技术讲述了一
个产品通过供应链从原材料变为成衣的过程，创造
了一个精细的数字历史。

---

❶　尼科尔·哈恩，纽约的一位艺术家和电影制作人。八
年级时，她借用弟弟的相机在学校拍摄她的朋友，从此开始
了她的电影生涯。有了纪录片的基础，哈恩吸收了与她一起
工作的人的经验，找到了一种自然之美的独特风格。无论采
用何种媒介，这些启示都是通过哈恩作品的好奇心、诚实、
互动性来体现的。哈恩曾在非洲工作，在12个国家拍摄有关
服装行业的工人，并在巴尼斯纽约精品店、新当代艺术博物
馆、伦敦时装学院展出。

图118（左上图）　英国时尚定制软件平台Unmade上的品牌"Opening Ceremony"，女装套头衫；由卢·斯托帕德（Lou Stoppard）设计定制，并按照斯托帕德设计的订单进行机织，美利奴羊毛；伦敦，2017年；V&A博物馆馆藏编号:T.1711–2017

图119（左下图）　米歇尔·洛–霍尔德的作品，用激光切割的桦木制作而成，名为"落日花瓣"（Sunset Petal）的饰品；英国，2017年

图120（下图）　H&M推出的环保自觉行动限量系列（Conscious Exclusive），名为"蜿蜒"（Serpentine）的连衣裙，再生海洋塑料（BIONIC®纱线）；瑞典，2017年春夏；图片由H&M有限公司提供

图121（上图）　玛雅·沙利巴（Mayya Saliba，1983
年出生），包袋，菠萝纤维（Piñatex™）：德国，2015

图122（右图）　萨瓦托·菲拉格慕股份公司（Salva-
tore Ferragamo S.p.A.），"飞翔的扎加拉"（Flying
Zagara）系列上衣和裙子，橘皮纤维（柑橘类植物）
和真丝；意大利，2017年；由萨瓦托·菲拉格慕股份
公司提供；V&A博物馆馆藏编号：T.1710:1&2-2017

DON'T BUY THIS JACKET

It's Black Friday, the day in the year retail turns from red to black and starts to make real money. But Black Friday, and the culture of consumption it reflects, puts the economy of natural systems that support all life firmly in the red. We're now using the resources of one-and-a-half planets on our one and only planet.

Because Patagonia wants to be in business for a good long time – and leave a world inhabitable for our kids – we want to do the opposite of every other business today. We ask you to buy less and to reflect before you spend a dime on this jacket or anything else.

Environmental bankruptcy, as with corporate bankruptcy, can happen very slowly, then all of a sudden. This is what we face unless we slow down, then reverse the damage. We're running short on fresh water, topsoil, fisheries, wetlands – all our planet's natural systems and resources that support business, and life, including our own.

The environmental cost of everything we make is astonishing. Consider the R2® Jacket shown, one of our best sellers. To make it required 135 liters of

COMMON THREADS INITIATIVE

REDUCE
WE make useful gear that lasts a long time
YOU don't buy what you don't need

REPAIR
WE help you repair your Patagonia gear
YOU pledge to fix what's broken

REUSE
WE help find a home for Patagonia gear you no longer need
YOU sell or pass it on*

RECYCLE
WE will take back your Patagonia gear that is worn out
YOU pledge to keep your stuff out of the landfill and incinerator

REIMAGINE
TOGETHER we reimagine a world where we take only what nature can replace

water, enough to meet the daily needs (three glasses a day) of 45 people. Its journey from its origin as 60% recycled polyester to our Reno warehouse generated nearly 20 pounds of carbon dioxide, 24 times the weight of the finished product. This jacket left behind, on its way to Reno, two-thirds its weight in waste.

And this is a 60% recycled polyester jacket, knit and sewn to a high standard; it is exceptionally durable, so you won't have to replace it as often. And when it comes to the end of its useful life we'll take it back to recycle into a product of equal value. But, as is true of all the things we can make and you can buy, this jacket comes with an environmental cost higher than its price.

There is much to be done and plenty for us all to do. Don't buy what you don't need. Think twice before you buy anything. Go to patagonia.com/CommonThreads or scan the QR code below. Take the Common Threads Initiative pledge, and join us in the fifth "R," to reimagine a world where we take only what nature can replace.

patagonia.com

TAKE THE PLEDGE

*If you sell your used Patagonia product on eBay® and take the Common Threads Initiative pledge, we will co-list your product on patagonia.com for no additional charge.
© 2011 Patagonia, Inc.

图123（左图） 刊登于2011年11月25日《纽约时报》"黑色星期五"的巴塔哥尼亚（Patagonia）公司的广告；该广告鼓励消费者考虑服装对环境的影响，并叮嘱消费者用修复和回收旧衣服代替购买

布鲁诺·皮特斯（Bruno Pieters，1975年出生）[1]是一名时尚设计师，他创建了自己的品牌Honest By，并公开分享其作品的来源、成本以及对环境的影响。虽然截至目前，它可能还不够完美，还会随着时间的推移而发展和改进，但其作品定位的目标已然非常明确（图115）。

作为对2013年孟加拉国拉纳广场（Rana Plaza）制衣厂致命的灾难性倒塌的回应，以"谁制作了我的服装？"（Who Made My Clothes?）为主题的"时尚革命"运动精妙绝伦。这不是第一次制衣工人因工作原因死亡，也不是最后一次。这场灾难及其破坏性规模所暴露出的是人们对这一问题的忽视，同时也引发了人们强烈的担忧。现在，全球范围内时尚革命运动兴起的背后是一个昭然若揭的问题，即时尚界没有人可以再继续忽视这一滔天罪行（图117）。

斯特拉·麦卡特尼（Stella McCartney，1971年出生）[2]正直的思想及其对企业的管理方式结合了一种独特的文化观、认知观及个人价值观（图116）。同时，她也是开云集团（Kering）旗下一个时尚企业集团的成员，该集团赞成共享知识以及投资开发开源工具。开云集团的环境损益测评工具（Environmental Profit and Loss，简称"E，P&L"）虽然使服装的生产成本上升，但其提出了从财务角度降低损耗自然成本的方法，并为企业设计了对自然更有益的产业生产解决方案。通过可持续时装中心（CSF）与开云集团的合作，企业向在读设计师引介这种新生产方式的知识，鼓励他们在时尚和可持续发展方面进行探索和创新。包括探索和研究对社会更具积极意义的措施在内，这一系列举措的新版本在与开云团队的合作中不断被推出。同时，作为一种应用程序，环境损益表也是可以免费网上下载的，这个软件的推出能为整个时尚行业的决策提供依据，这是一项极具社会民主发展价值的工作。

2012年，可持续时装中心的学生们与耐克合作开发"Making"应用程序，为探索出一种更好的环境友好决策行为。"Making"是用来收集时尚产品的材料对环境造成影响的大量数据。实际上，在探索一种新的设计方法时，耐克开发的这种免费开源工具"Making"正在被其他设计师使用。

一些时尚企业希望通过开放公众、设计师和制造商之间的交流来共同创作作品。塞尔福里奇百货公司展示的Unmade平台就是一个生动的合作创作的例子，这个平台是由公众、设计师和制造商所组成的团队共同为"更好的购买"方式而共同搭建的（图118）。它的模型可以让消费者参与设计，然后亲眼看到设计在针织机上制作的过程。IOU项目成立于2010年，旨在通过与世界各地面料和服装制造商的洽谈，让潜在客户决定他们购买什么。[35]最近成立的"每个人的世界"（Everybody's World）和"去往火星"（Away to Mars）都是根据潜在客户的想法和价值观进行的系列时装设计，并使用社交媒体对其设计进行收集和投票，然后再投入生产。

废弃时装的回收和再利用同样在美学、创新和技术方面不断发展。自2010年以来，米歇尔·洛-霍尔德（Michelle Lowe-Holder，1959年出生）[3]一直在用现有材料制作精美的作品，她的创造性思维与罗伯特·劳森伯格（Robert Rauschenberg，1925—2008）[4]崇尚生活的创作思想更为接近，正所谓"用你所拥有的去工作"，而不是"设法去修补"（图119）。[38]与此同时，H&M（图120）一直与可持续时装中心的学生们合作，以一种明智的方式探索如何以"wabi-sabi"（残缺之美，侘寂）等理念为基础，设计出以"回收再利用"为主题的系列时装。一系列动态的设计再利用构想不断地涌现：艾琳费雪（Eileen Fisher）和菲利帕K（Filippa K）等个性品牌、建立在"取材何处"（From Somewhere）概念基础上的回收再利用设计、利兹品牌的重制系列、Goodone以及其他品牌在回收再利用方面的努力。

设计师们和设计界的学子们正在通过一种激进的方式来提高人们对环保时尚的思维，将橘皮或菠萝叶以及食品工业废料制作成纺织纤维（图121、图122），甚至利用菌丝体（蘑菇）和藻类制作服饰面料，并人工仿制包括毛皮在内的生物材料。所有的案例共同证明了设计师的新理念：以多种相互关联的方式思考在环保型时尚方面取得成就，

---

[1]　布鲁诺·皮特斯，比利时安特卫普的一名时装设计师。他在安特卫普的皇家美术学院学习，1999年获得时装设计学士学位。皮特斯因其前卫的创作和犀利的剪裁而备受推崇。他与马丁·马吉拉（Martin Margiela）、约瑟夫斯·蒂迈斯特（Josephus Thimister）和克里斯蒂安·拉克鲁瓦（Christian Lacroix）等著名设计师合作，展现自己的才华。在中断了两年之后，他于2012年复出，推出了品牌Honest By。

[2]　斯特拉·麦卡特尼，英国时装设计师。她是披头士乐队贝斯手保罗·麦卡特尼和美国摄影师、动物权利活动家琳达·麦卡特尼的第二个女儿。自幼受摇滚乐薰陶的斯特拉在伦敦著名学府中央圣马丁学院主修美术及设计。斯特拉的时装是穿着舒适的、性感的和具有现代风格的，正如她所希望的那样，她的设计能够带给女性力量与自信的感觉。其新颖的环保设计理念受同行钦佩并影响着整个时尚界。

[3]　米歇尔·洛-霍尔德，艺术家，她用身体作为画布来创作独特的手工作品。她出生于加拿大，拥有纽约普拉特学院的优秀设计学士学位。随后米歇尔在时尚界工作了几年，然后回到伦敦中央圣马丁艺术与设计学院进修了针织服装硕士学位。

[4]　罗伯特·劳森伯格，出生于美国堪萨斯州，是战后美国波普艺术的代表人物。他求学于巴黎和纽约，亦曾跟随约瑟夫·亚伯斯学习。此外，他也设计现代舞的舞台背景和服装，并创作实验性剧本。在《神谕》和《声测》等雕塑作品中，他利用了电子和其他技术设备。在《影》和《白霜系列》这类作品中，他实验了多种印刷技术和材料。他于1949年进入"艺术学生联盟"（Art Students League），并开始在全球的剧场中从事舞台与服装设计。之后，他以抽象表现主义风格试验摄影设计与绘画，逐渐发展出个人的独特艺术风格——融合绘画（Combine Painting）。这是一种美术拼贴技法，利用生活中的实物与新闻图片组成抽象的画板画。

并具有技术，哲学，商业以及批判性思维与行动的能力。

然而，从一个物质有限的世界中实现无限增长的基本问题仍然存在。认识到这一点后，户外运动品牌巴塔哥尼亚在美国2011年11月的"黑色星期五"（Black Friday）上做出了独一无二的大胆举措。它在《纽约时报》上刊登了一则广告，附上了一张其"最畅销"的R2夹克的图片，上面写着:"不要买这件夹克"（Don't Buy This Jacket）（图123）。虽然长期以来巴塔哥尼亚一直以尊重自然的做法而闻名，但在提倡过度消费的当下，这仍是一个非凡的举动。它表明你所拥有的可能已经足够充裕了。

大量的时装被丢弃至垃圾填埋场或焚化炉，有些甚至还带着标签，从未被穿用。如果像莎士比亚说的那样，"服装往往可以表现人格"，那么这种大量的挥霍浪费又能说明作为设计师、生产者和消费者存在什么问题呢？作为设计师，如果我的设计作品在仅有少量磨损甚至没有磨损的情况下就被扔进了垃圾堆，那么，说明我并没有做出"好"的设计。而作为消费者，如果买了衣服，并很快就将它们丢弃，那么这又说明我是怎样的人呢？

时尚是变化的标识，时尚学院则是未来时尚的培养器。伦敦时装学院（LCF）的时尚与环境硕士研究专业（2015年更名为时尚未来硕士研究专业）自2008年成立以来，一直致力于从社会、环境、文化和经济角度研究时尚。伦敦时装学院的一名学生塔拉·穆尼（Tara Mooney）基于其的生态思想创造了一种"苔藓领"：这是一个比喻，意思是放慢速度（苔藓长得非常慢），悉心照料（尽管苔藓具有非常强的复原能力，但仍需要悉心照料）。将自然与人类平等作为设计基础，其设计作品在创意与形式上均发生了根本变化。

虽然这一章的大部分内容都是关于时尚行业的从业者如何通过设计行动改变现有情形的努力，但作为公民，时尚的穿着者、购买者和社会个体，我们同样扮演着重要的角色。我们选择穿着什么，如何保养我们的衣服，或"照料"它们，取决于我们拥有的知识、文化以及个人价值观等相互关联的因素。可持续时装中心教授凯特·福莱特博士（Kate Fletcher，1971年出生）❶在其合法且具有行业挑战性的出版物中指出"保养"（Tending）是"使用的手艺"（Craft of Use）项目㉟中的一部分，并且对其中蕴含的一些深层政治问题提出质疑，表明经济和文化问题是当前时尚业不可持续的核心。

现在，我们在哪里？

2017年，美国总统巴拉克·奥巴马（Barack Obama，1961年出生）引用了马丁·路德·金（Martin Luther King，1929—1968）的观点——世上有太多为时已晚的事。用他的话来说，关于气候变化，我们做出选择的时刻已经到来，如果我们迅速且大胆地采取行动，我们可以给后代留下一个世界，这并不是大自然与一些人类共同受难的世界，而是一个以人类进步为标志的世界。㊵时尚以其创造力著称，它由变化所定义同时也在规定着变化的含义。虽然时尚的确引发了人们在当今世界上所面临的许多问题，但是时尚也可以利用其固有的创造力和技术，为人们在自然中塑造一个安全的操作空间。那么，现在问题就变成了时尚能否帮助人们找到重新与自然连接的方式？时尚的生命力还能否供养我们所有人？

时尚业的多种元素与每一位社会公民之间存在着无形的、情感性的、可体验的、可衡量的、彼此交互的多维元素。这些元素变化的方向取决于人类选择的意图。通过选择本章所概述的一种或多种思维方式，我们正在为一种新的文化形式作出贡献。用环保主义者乔安娜·梅西（Joanna Macy，1929年出生）❷的话说，这是一个"大转折的时代"，即从自我毁灭的时代到维持生存的时代。㊶它涉及诚实地对待我们的目的和行为。在拥有坚定的价值观，习得能帮助我们作出明智决定的知识，认识到一切皆源于自然之后，我们每个人都可以采取实际行动。对于时尚而言，这意味着我们以多样化、个性化且精彩纷呈的方式朝着保护我们自身、保护彼此以及保护我们在自然中共同家园的目标迈进。

---

❶ 凯特·福莱特博士，时尚和可持续发展的先驱，设计活动家、作家、自然爱好者、伦敦艺术大学可持续时装中心教授，同时她也是成立于2018年的时尚研究联盟（Union of Concerned studies in Fashion）的联合创始人之一。凯特在该领域发行了70多份学术和流行出版物，是该领域被引用最多的学者，其作品包括《可持续时尚与纺织品：设计之旅》（*Sustainable Fashion and Textiles：Design Journeys*）、《关于可持续性和时尚的国际手册系列》（*International Handbook series on Sustainability and Fashion*）、《时尚与可持续性：为改变而设计》（*Fashion and Sustainability: Design for Change*）等。
❷ 乔安娜·梅西，环保主义者、作家、佛教学者以及一般系统理论和深层生态学学者。梅西1950年毕业于威尔斯理学院，1978年获得雪城大学宗教研究博士学位。她为个人和社会变革创建了一个理论框架，并为其应用创建了一个研讨会方法。她的作品涉及心理和精神问题、佛教思想和当代科学。

可追溯性和责任:
一件21世纪的T恤

康妮·卡罗尔·伯克斯（Connie Karol Burks）❶

❶　康妮·卡罗尔·伯克斯，V&A博物馆的纺织历史学家及助理馆长。她的研究课题包括工艺、生产、可持续性和机械化，以及从19世纪至今的纺织品的定义、设计和推广。从2011—2016年，康妮协助成立了伦敦面料公司，这是一家小型的纺织厂，使用1870—1970年抢救和翻新的机器织布。

这件批量生产并毫不起眼的棉质T恤或许并不是某位杰出的设计师的作品，也并非稀有的手工制作作品，但它突出反映了可持续时尚的首要问题之一——可追溯的重要性。这款随处可见的T恤的独特之处在于，我们可以对它的制作方式及产地了如指掌（图124）。

2013年，美国国家公共广播电台（NPR）播出的《货币星球》（Planet Money）节目组制作了男装和女装两批共2.5万多件T恤，并完整地记录了这些服装从"棉花种子到衬衫"的整个制作过程。①这个项目得到了众筹平台网站Kickstarter的资助以及大型服装生产商骑士国际（Jockey International）的支持，并就此提出了一个问题：我们真的知道我们的服装源自何处吗？事实证明，即便是与生产T恤密切相关的人员也难以回答这个问题。当被问及制作T恤的棉花来自哪里时，骑士国际的纺织采购主管承认"这的确很难明晰"。这种反应并不罕见，考虑到全球供应链错综复杂，企业往往不知道自己生产服装的基本元素来自何处，尤其是纽扣、拉链和其他辅料等部件。而印度尼西亚纺纱厂的工作人员却知道这些棉纤维的来源地——美国（图126）。

在美国种植、加工和包装后，用于生产男式T恤的那批棉花被运往印度尼西亚，然后被纺成纱线。随后，这些纱线被运往孟加拉国，经过纺织、染色、裁剪和缝制等工序，最终制成一件T恤。而用于制作女式T恤的棉花虽然也产于美国，但其纺纱、针织、染色、裁剪和缝制等工序均在哥伦比亚完成。②在这两种情况下，最初在美国生产的棉花以不同的形式被运回了纽约印花厂。这些造型简单的服装在被穿着之前就已经穿梭于世界各地了（图125）。

尽管这些T恤的生产过程包括多个阶段，涉及数个大洲及数十位工作人员，但T恤上的标签却只简要地标明服装的缝制地点："孟加拉国制造"或"哥伦比亚制造"。这种标签的简化隐藏了其背后复杂的生产过程，使得人们无法知晓生产的其他阶段以及大量技术纯熟的制作者所参与的创作。例如，《货币星球》节目中的记者发现，在孟加拉国的生产线上共有32人参与了T恤的缝制工作，而这32位工人的技术和辛勤劳动通常无人知晓。

该系列广播节目引发了全球听众的回应与争论，出于好奇心，更是出于道德伦理观念，人们普遍希望了解更多关于自己服装生产方面的信息。最近的研究表明，越来越多的人更倾向于购买那些可以体现其环境责任和社会义务的品牌。③英国尼尔森公司（Nielsen UK）2015年的一项研究发现，66%的受访者愿意为那些可持续的并且合乎道德的产品支付更高的价格，而在2013年的调查中只有50%的人愿意作出这种选择。④

可追溯的产品和透明的供应链是促进可持续时尚发展的关键性因素。2013年拉纳广场制衣工厂坍塌后，时尚革命组织随之创立，其以"#谁制作了我的衣服"（#whomademyclothes）为话题标签，并在一份时尚生产的年度透明度报告中强调了这一问题。在这份报告中，时尚革命组织的联合创始人凯瑞·萨默斯（Carry Somers，1966年出生）❷称："缺乏行业的透明度和问责制（正在）让人付出了生命代价。"⑤与此类似，绿色和平组织于2011年首次发起"排毒运动"，旨在从时装生产供应链中消除有害化学物质，同时，该组织也将生产供应链的透明度置于其工作使命的首位，声称消费者有"知情权"。⑥全球时尚议程（the Global Fashion Agenda）和波士顿咨询公司（The Boston Consulting Group）在2017年哥本哈根时尚峰会（the Copenhagen Fashion Summit）中撰写的2017脉冲报告（the 2017 Pulse Report）中指出，透明度是可持续时尚产业发展的重要组成部分。⑦

当我们对全球供应链有所了解之后，《货币星球》系列节目在结尾提出了一个问题：我们的责任是什么？生产透明度的提倡者认为，我们无法去改变我们不知道的事物。提高生产的透明度不仅能促使品牌对其整个供应链的状况负责，还能提醒消费者所售服装造成的社会和环境影响，并使其能够在知情的情况下决定如何购买。

环境正义运动（the Environmental Justice Campaign）特别强调了棉花可追溯性的重要性，并着重表达了对乌兹别克斯坦棉花采摘过程中使用童工这一做法的密切关注。⑧由于不同产地的棉花在纺纱前会进行混合，所以追踪每件T恤中棉花的来源地变得异常困难。高端棉花供应商已经开始采用新技术，试图对他们的作物进行标记。澳大利亚和美国通过Cotton LEADS™认证为每包棉花分配一个唯一的识别编码，使其在供应链中易于追踪。皮马棉®（Pima Cott®）是世界上最大的棉花生产商之一，它正在开发DNA标识，以便让买家和消费者能够准确地追溯到棉花的源产地。

雨果博斯公司（Hugo Boss）前艺术总监布鲁诺·皮特斯在2012年迈出了开创性的一步，推出了

❷　凯瑞·萨默斯，"时尚革命"创始人兼全球运营总监。她出生于英国德文郡西顿，就读于科尔顿文法学校。萨默斯拥有牛津大学威斯敏斯特学院的语言和欧洲研究学位，并在埃塞克斯大学获得印第安女人研究硕士学位，2009年获得年度校友奖。1992年，萨默斯创立公平贸易时尚品牌Pachacuti，并于2013年发起全球最大的时尚运动——"时尚革命"。萨默斯在2015年出版的《新社会》（New Society）杂志上撰写了《固定时尚》（Fixed Fashion）一书的序言，探讨了消费文化痴迷一次性时尚所带来的影响；同时，她也参与了《合乎道德地工作》（Working Ethically）以及《可持续的奢侈品和社会企业家精神》（Sustainable Luxury and Social Entrepreneurship）的写作。

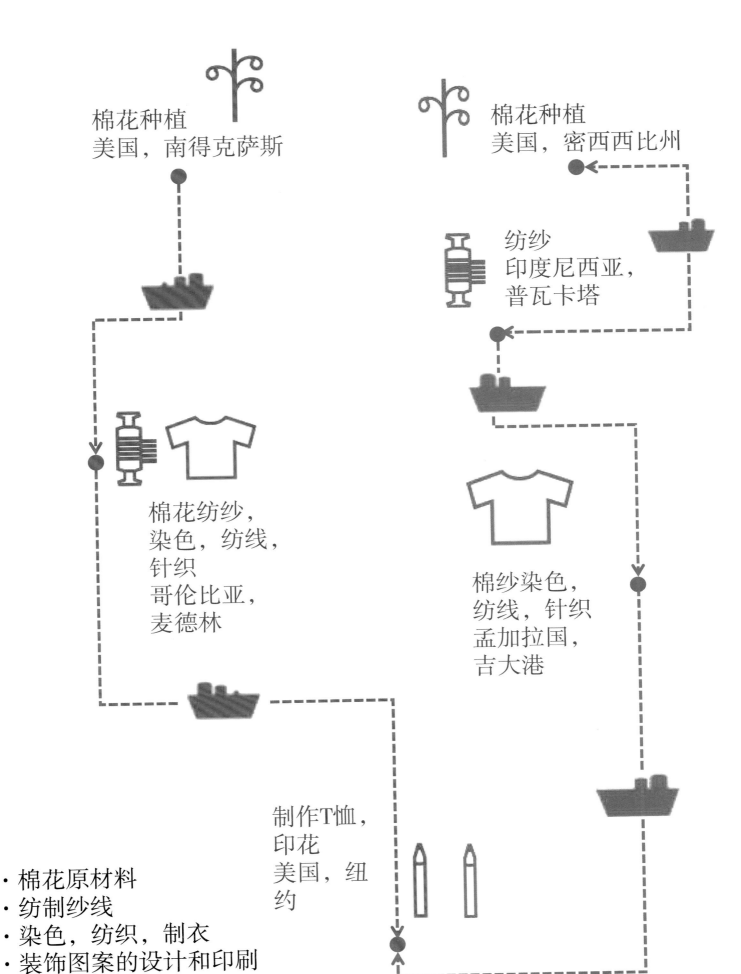

棉花种植
美国，南得克萨斯

棉花种植
美国，密西西比州

纺纱
印度尼西亚，
普瓦卡塔

棉花纺纱，
染色，纺线，
针织
哥伦比亚，
麦德林

棉纱染色，
纺线，针织
孟加拉国，
吉大港

制作T恤，
印花
美国，纽
约

・棉花原材料
・纺制纱线
・染色，纺织，制衣
・装饰图案的设计和印刷

图125（上页）　《货币星球》T恤的
全球之旅；朱迪斯·布鲁格（Judith
Brugger），2017年

图126（右图）　美国密西西比州一块
处于收割期的棉田

世界上首家100%生产与营销透明公开的时尚公
司——Honest By。皮特斯公开的内容包罗万象，
从其盈利到每一类部件的供应商详细信息，再到用
来缝制服装的缝纫线都包含在其中。

　　越来越多的时尚品牌开始采用新技术，使服
装完整的生产源流和社会影响得以呈现在消费者眼
前。2017年5月，总部位于伦敦的设计品牌玛蒂娜·
加尔噶德（音译）（Martine Jarlgaard）和区块链
技术公司Provenance推出了一个提供完全可追溯生
产的系列试点产品。消费者可以通过扫描"智能标
签"来查看服装从农场到商店的整个过程。⑨软件
公司EVRYTHING和标签制造商艾利丹尼森公司
（Avery Dennison）正在创造类似的"智能标签"，
通过展示可持续发展服装联盟（Sustainable Apparel
Coalition）开发的生态服装的指标性基础评估工具
Higg index，使购物者能够比较每件衣服的环保程
度，从而对产品在整个供应链中造成的环境影响和
社会影响进行评估。⑩

　　与《货币星球》电台为其T恤所提供的知识和
信息类似，此类追踪技术使人们对服装的来源和生
产有着同等高度的认知和了解。或许很快，我们就
可以知晓我们衣橱里的每件服装背后复杂而引人入
胜的故事。

注 释

绪论

① *The Tariff of Conscience：Free Trade in Slave Produce, Considered and Condemned: a Dialogue* (1850). Wilson Anti-Slavery Collection, The University of Manchester, John Rylands University Library, http://www.jstor.org/stable/60238486 (accessed 18 April 2017).

② Webster 2017, p.25.

③ Collections of 'vegetable products' and 'mineral products' drawn from the exhibits at the Great Exhibition were donated by the Commissioners of the Exhibition to the Museum of Economic Botany, which had opened at Kew in 1847, and the Museum of Practical Geology in Jermyn Street, London, established in 1837.

④ Christie 2011a, p.4.

⑤ Desrochers 2011, pp.1–2. The Waste Product Collection was eventually destroyed.

⑥ Evans 2016, p. 294.

⑦ Anonymous, [Inscription concernant la représentation ... et Le Macaque], embroidery pattern, tracing paper and gouache, 1780.Musée des Tissus, Lyon: A 334.1.40.

⑧ Button 1785, pp.132 and 140.

⑨ 'New Books', *London Chronicle* (17 June 1766), n.p. 'The Following Valuable Books', *The Morning Herald and Daily Advertiser* (London) (16 June 1781), n.p.; 'Classified Advertisements', *Public Advertiser* (London) (7 January 1788), n.p.

⑩ Spary 2000, pp.16 and 27.

⑪ North 2008, pp.92–104.

第一章　1600—1800年

① 'Cheap, useful and instructive Ornaments for Rooms', *Flying Post or the Post Master* (London) (3–5 February 1713).

② Blanning 2002.

③ Allen 1994, p.39; for the interest of London's Spitalfields weavers in botany, floriculture and entomology, see Mayhew (1849) 1972, pp.105–6.

④ 'There is come to this town...', *Manchester Mercury* (11 May 1762), Classified Advertisements.

⑤ 'London June 8', *Stamford Mercury* (13 June 1765); 'Friday's Post, E. London, &c. Thursday, June 18', *The Ipswich Journal* (20 June 1767); Rothstein 1961.

⑥ Allen 1994, p.24. My thanks to Blanca Huertas and Paul Cooper at the Natural History Museum, London, for their assistance in researching the source of the *Lepidoptera* painted on the silk.

⑦ Thépaut-Cabasset 2010.

⑧ Styles 2017, pp. 37–40, 41–4,48–51.

⑨ Snodin and Styles 2001, p.178.

⑩ Styles 2007, pp.156–8, pp.161–4.

⑪ Clifford 1999, p.154.

⑫ Riello 2014, p.93.

⑬ V&A: T.219–1973; Rothstein 1987, pp.29–35.

⑭ Rothstein 1990b.

⑮ Home (1889) 1970, pp.115 and 119.

⑯ Jenkins and Ponting 1987, pp.1–8.

⑰ Ribeiro 2005, pp.297–8.

⑱ Kvavadze et al.2010.

⑲ Levey 1983, pp.52–3.

⑳ Stone-Ferrier 1985, pp.125–6.

㉑ Lemire 2009, pp.212–14 and 217–18.

㉒ Riello 2013, pp.54–5.

㉓ J.F.1696, p.7.

㉔ Lemire 1991, p.19.

㉕ Hudson 2009, p.338, citing Joseph E. Inikori, *Africans and the Industrial Revolution in England* (Cambridge 2002), p.432.

㉖ Lemire 1991, p.33.

㉗ 'London', *Derby Mercury* (27 January 1736).

㉘ Simon Barnes, at the Black Bull, 'next Greyhound Inn, Southwark1, 'maker of the best cane and whalebone hooping', advertised regularly in the *London Journal* in 1725; Samuel Sparks, Haberdasher, Whale-bone Cutter and Cane Merchant, placed an advertisement in 1768 advising his customers that he had opened a warehouse at 46 St Paul's Churchyard, London (*Manchester Mercuryt,* 19 July 1768); see also Sorge-English 2005, pp. 26–31, for Billiers and Poston, a London company of haberdashers, trading in 'Whalebone and Rattan' from 1719 to 1754.

㉙ Staniland 2003, p.45.

㉚ Wimmler 2017, pp.56–8.

㉛ Richardson 1943, p.7.

㉜ 'Publicola', *Leeds Intelligencer*（30 December 1760）, p. 3; Porter 2000, p.316.

㉝ Kean 1998, pp.15–23.

㉞ 'Manner of Hunting Elephants at the Cape of Good Hope (From Spearman's Voyages lately published)', *Saunders's Newsletter* (29 December 1785), p.4.

㉟ 'To the Printer of the Leeds Intelligencer', signed 'Veritas, Leeds, Jan. 23rd, 1783', *Leeds Intelligencer* (28 January 1783), p.4.

从蚕茧到宫廷：
18世纪的礼服裙（曼图亚）

① Museum no. T.252–1959. On court dress, see Arch and Marschner 1987, pp. 26–42; Arizzoli-Clémentel and Ballesteros 2009, especially pp. 22–54, 72–89, 186–211, 222–5. French court dress worn in most other parts of Europe was quite different.

② Greig 2011, pp. 67–89; Greig 2009, pp. 80–93.A note in the Accession register documents that according to family tradition this mantua belonged to Catherine Villiers (m.1727; d.1772), wife of John Craster (d.1764) of Craster, Northumberland. He was MP for Weobley, Herefordshire, from 1754 to 1761.

③ Philippe Lasalle claimed to have been first to invent a pattern with a tiger skin in 1756; Miller 2006, p. 74.

④ Its width–53.5cm–conforms to that stipulated in the regulations of the silk weaving guild. *Arrêt qui ordonne les Statuts et Reglements pour la Fabrique de Lyon*, Lyon (19 June 1744), p. 45ff. English silks were not subject to such rules and were usually narrower, about 48 to 51 centimetres. Rothstein 1990a,p. 27. Smith 1756, pp. 36–7.

⑤ Mansel 2005, p. 50, citing Mansfield 1980 and Cumming 1989. None offers firm primary evidence. Nathalie Rothstein explains the lack of official evidence of royal protection and the roots of the notion of Queen Charlotte's encouragement in Rothstein 1961, p. 423 (and facing note 3).

⑥ In the Musée des Tissus, Lyon, a matching set of chasuble(MT 29041.1), stole maniple and chalice veil in a very similar silk was probably recycled from fashionable dress. It was not unusual for bequests or gifts to be given to the Catholic Church for vestments or image robes. Durand et al.2016,p.32.

⑦ Cited in Buck 1979, pp.16–17.

⑧ Ewing 1981, Chapter 3; Marschner 2009, pp.146–53.

⑨ Campbell 1747, p.222.

⑩ Savary des Bruslons 1723, 'Argent' and 'Or', vol. I, pp. 136–41 & vol. II, pp. 900–6. On Lyonnais trade with South America, see Garden 1969, especially pp. 91–4; Lamikiz 2013, p.83.

⑪ Miller 2014, p. 17, citing the petition of 1751.

⑫ Lady Mary Coke acquired a similar silk (it looked as if it were embroidered) straight from the loom (so it was English) in 1767, paying about £70 (933 *livres*) for the length: Home (1889) 1970, vol. I, pp. 114–15. In France, this category cost between 36 and 180 *livres* per ell (£2.14s. to £13.10s.), and if they entered Britain legally an additional 49 percent tax was added to the cost. Therefore, a gown made from a 100 *livres* per ell, taking about 17 ells, would cost 1700 *livres* (£127.10s.) plus 49 per cent import tax, so £190. In 1709 the exchange rate stood at £3 to 40 *livres*. On exchange rates, see *The Marteau Early 18th-Century Currency Converter*, http//www.pierremarteau.com/currency/converter.html (accessed 20 June 2017). On French incomes in the eighteenth century, see Sgard 1982, pp.425–33. For an approximation of incomes in England, see Porter 1982; Rule 1992.

⑬ Languedoc, Provence and Dauphiné. Diderot and d'Alembert 1765, vol. 15, p.1371.

⑭ A dress of this type needed up to 17 metres.

⑮ Lady Mary Coke (1727–1811) recorded the arrival of what sounds like a very similar silk from the loom on Tuesday 13 January 1767 and tried on her court dress for the queen's birthday drawing room at half past ten in the morning on Friday 16 January: Home (1889) 1970, pp. 115 and 117. The sewing together of the 15 parts of a mantua whose bodice was mostly intact (V&A: T.592:1 to 7–1993) took conservator Joanne Hackett 38 hours in 2007. Even though an eighteenth-century mantua maker might have worked more speedily, it seems likely that for the full task of making a mantua in three days she would have worked with one or more assistants. Personal communication, 26 June 2017.

⑯ '*Teinture de soie*' in Diderot and d'Alembert 1765, vol. 16, pp.29–30; Cardon 2007.

⑰ Half a pound of soap per pound of silk. '*Teinture de soie*', in Diderot and d'Alembert 1765, vol. 16, pp. 29–30.

⑱ Quye and Han 2016. There were also traces of an unknown orange component.

⑲ Archives municipales de Lyon, HH131 various documents, 1725–72, itemized in Godart (1899)1976, p. 485.

⑳ Burning wood emits carbon dioxide into the air; iron and alum in large quantities pollute water.

取材于自然：1600—1800年

① For example, fragmentary Greek embroidery depicting lions, c.500 BC, V&A:T.220–1953.

② Bath 2008,ch.4.

③ Saunders 1995, pp.17–40.

④ Ibid., pp.41–64. *Le Jardin du Roy* was updated and reissued for King Louis XIII (1601–43) in 1623.

⑤ Quoted in Allen 1985, pp.32–45.

⑥ Browne 2000.

⑦ Christie 2011b, pp.299–314.

⑧ Smith 1756, vol. II, p.43.

第二章　1800—1900年

① Allen 1994, p.148.

② Gates 2002, p.554.

③ Cruchley 1865: in 1865 admission to the zoo cost 1s., with a reduction to 6d. on Mondays. Children entered for half price.

④ Jackson 1987, pp.106–7.

⑤ Davidoff 1973, pp.15–16 and 49.

⑥ Breward, Ehrman and Evans 2004, pp.71–2.

⑦ Ehrman 2006, pp.117–19.

⑧ Haye and Mendes 2014, p.14.

⑨ Sharpe 1995, pp.203–13;Chapman 1993, pp.5–24.

⑩ Jeffries 2005, pp.3–4.

⑪ Snodin and Styles 2001, p.178.

⑫ Breward, Ehrman and Evans 2004, pp.31–5,45.

⑬ Evans 2016, p.133.

⑭ Ibid., pp.133–4.

⑮ Smith and Cothren 1999, pp.100–5.

⑯ Blanc 1982, pp.106–8.

⑰ Girardin 1843, pp.268–9. This book is a compilation of sketches written for La Presse from 1836 to 1839 by Delphine de Girardin under the pseudonym Charles de Launay.

⑱ 'British India', The illustrated London News (2 August 1851), p.26.

⑲ Royle 1856; 'Lecture by J. Hill Dickson：On the Fibres of India and Their Adaptability to the Purposes of Silk, Foreign Flax, Wool and Cotton, Before the Council of the Leeds Chamber of Commerce'；'Sales on Tuesday. Corrie and Co., Brokers', Public Ledger and Daily Advertiser (26 August 1854); Belfast Mercantile Register and Weekly Advertiser (11 May 1858), p.2.

⑳ 'Exhibition at The Manchester Mechanics' Institution', Manchester Guardian (20 May 1840), p.3.

㉑ 'Cloth of glass', Taunton Courier and Western Advertiser (23 September 1840), p.8. This article describes specimens of the cloth in crimson and amber, and green and silvery white. 'Opening of the New and Elegant Saloons in Oxford Street', Naval and Military Gazette and Weekly Chronicle of the United Service (18 May 1844), p.16. Silk andglass hangings supplied by Williams & Sowerby were installed in the Throne Room at St James's Palace.

㉒ 'Tadies Dresses', Morning Post (London) (26 May 1840), p.6.

㉓ US Patent 232.122A Glass Cloth or Fabric,14 September 1880.1 am very grateful to Charlotte Holzer for her assistance with my research into the textile applications of spun glass.

㉔ Pelouze 1826, plate III, p. 190; Buckland 1863, p.5; 'Spun Glass: The Crystal Palace Glass Blower', The Times (16 December 1863). Frank Buckland's letter was reprinted in many regional newspapers; 'Woman's Ways and Works' quoting The Lady,The Ipswich Journal (4 March 1898).

㉕ This process, 'hot press vulcanization', introduced sulphur into rubber through heat and pressure.

㉖ Levitt 1986, pp. 180–6 and 156–7.

㉗ The International Exhibition of 1862: The Illustrated Catalogue of the Industrial Department (London 1862), vol. 2, class XXVII，p.394.

㉘ Barbara Leigh Bodichon Smith, Women and Work (London 1857), quoted by Hirsch 1999, p.146. Advertisements for cooks in The Times in January 1857 specified wages of between £12 and £16 a year for live–in cooks with tea and sugar provided, rising to £20 with no allowances in a 'fgentleman's', household.

㉙ Travis 2004.

㉚ Matthews David 2015, pp. 111–15.

㉛ 'Chemical Science Section: Meeting of the British Association of Science, Leeds', Leeds Mercury (10 September 1890), p.6.

㉜ Parker 2016, p.74.

㉝ Morning Post (London) (24 April 1828), p.3.

㉞ Advertisement placed by Culverwell Brooks & Co., Brokers, Public Ledger and Daily Advertiser (16 October 1867), p.2.

㉟ 'important Trifles', The Washington Post (4 July 1886), p.4; 'Fashion Notes', Fife Herald (1 February 1888), p.2.

㊱ Holder 1887, pp. 59–60. The author points out that this was a common practice in Vera Cruz, Mexico; 'In Fashion's Realm：Fads and Fancies Which Interest Its Leaders in Other Cities', The Washington Post (24 June 1908), p.7.

㊲ 'Parisian Fashions for January'，Belfast Commercial Chronicle (17 January 1829), p.1; 'Female Fashions for January', Leamington Spa Courier (2 January 1830), p.3.

㊳ 'Bird Trimmings from The Ladies Treasury', Coventry Times (1 June 1859), p.4.

㊴ Carter 1996, pp.158–61.

㊵ Froude 1883, vol.iii, p.70, letter to Mrs Russell, dated 31 December 1860; Oliphant 1866, vol. III, pp.51 and 61.

㊶ Gates 2002, p.174.

㊷ McTaggart–Cowan and Abra (2006) 2015.

㊸ Reed 2016, p. 9.

㊹ 'The Pollution of the Ribble', Preston Herald (14 December 1867), p. 5.

㊺ 'The Third Report by the Royal Commission for Inquiring into the Pollution of Rivers', The Observer (18 August 1867), p.6.

㊻ Hassan 1998, pp.33–4.

㊼ Harrison 2006, p.297.

在动植物间漫步：
19世纪的女裙和帽子

① Purchased by the V&A at auction from Christie's in 1997, little is known about the original owner of this fashionable ensemble. The walking dress and hat formed part of a lot that included several garments, all of which were believed to have been made for the trousseau of a French duchess who married and emigrated to America in around 1885.

② Perrot 1994, p.67. Its main competitor, Le Bon Marché, had been founded three years earlier.

③ Corrigan 1997, p.56.

④ Groom 2012, pp.210–14.

⑤ Perrot 1994, pp.40–1 and 187.

⑥ Zola (1883) 1998, p.89. Zola drew inspiration from both Les Grands Magasins du Louvre and Le Bon Marché when writing this novel. Émile Zola, 'Notes for Au Sonheurdes Dames', Bibliothèque rationale, NAF10277, cited in Miller 1981, p.5.

⑦ I am indebted to Clare Browne for bringing this connection to my attention.

⑧ Wardle and de Jong 1985, pp.143–4.

⑨ Wilson (1985) 2011, pp.70–1.

⑩ Kerry 2017.

⑪ Walkley 1981, pp.10–12.

⑫ Ponting 1980, pp.2 and 174.

⑬ Quye and Wertz 2017, p.1.

⑭ Morris 2010, n.p.

⑮ Adams and Grouw 2009.

⑯ Burgio 2009, n.p.

⑰ Matthews David 2015, pp.55–8.

与自然交融：蕨类热潮

① 'Science. Edinburgh Philosophical Journal, No.12, Article, 15th Brongiarten (sic) The Vegetation of the Earth at Different Epochs', The Scotsman (29 April 1829), p.1.

② 'Tree Fern', Public Ledger and Daily Advertiser (London) (21 July 1826), p.3, quoting Barron Field (ed.), Geographical Memoirs on New South Wales (London 1825).

③ 'Saturday and Sunday's Posts, London Saturday Nov.11', The Derby Mercury (13 November 1822).

④ Batchelor 2006, pp.14 and 63–7; Trevelyan 2004.

⑤ My thanks to John David, Head of Horticultural Taxonomy at the Royal Horticultural Society, for his advice on the ferns depicted on the handkerchief.

⑥ 'London Gossip', Hampshire Telegraph and Sussex Chronicle (11 May 1881), p.4；reprinted from Society.

⑦ Horwood 2007, pp.84–7 and 110–12.

⑧ 'A Finely Grown Otter⋯', London Evening Standard (10 March 1884), p.5; 'The Character of the Nation', Tamworth Herald (28 June 1884), p.5; 'The Disappearing Fern', The Inverness Courier (10 March 1899), p.5.

⑨ Gates 1998, p.36.

第三章　1900—1990年

① Lickorish and Middleton 2005, pp.4 and 7.

② Ibid., p.5.

③ Stevenson 2003, pp.191–2 and 196–8.

④ Lickorish and Middleton 2005, p.3.

⑤ British Television, The British Film and Television Industries–Communication Committee, www.parliament.uk https://publications.parliament.uk/pa/ ld200910/ldselect/ldcomuni/37/3707/ htm (accessed 20 September 2017).

⑥ Stevenson 2003, p.191.

⑦ Stemp 2015, p.304.

⑧ Ehrman 2015b, pp.31–43.

⑨ Haye 2015, pp.11 and 25–7.

⑩ See Ewing 1986, p.120.

⑪ Breward, Ehrman and Evans 2004, pp.90–1.

⑫ Ewing 1986, pp.126–30 and 146–7.

⑬ Ewing 1986, pp.216–17 and 246–56.

⑭ Horwood 2005, p.42; Ewing 1986, p.138.

⑮ Handley 1999, p.102, citing Mark Abrams, Teenage Consumer Spending in 1959.

⑯ Nixon 1996, pp.43–4 and 46.

⑰ Feltham 1985, p.17.

⑱ O'Byrne 2009, pp.119–20; Mort 1996, pp.122–3.

⑲ O'Byrne 2009, pp.8–10.

⑳ Riello 2013, pp.269 and 294.

㉑ Prichard 2015, pp.261–71; Boydell 2010, pp. 133–5. The average weekly wage in 1953 was £5 2s. 5d., https://www.theguardian.com/ observer/comment/story/O, ,967980,00.html(accessed 20 September 2017).

㉒ 'Sally Brampton on the Changing Fortunes of the Denim Jean', Observer (22 May 1985), p.29.

㉓ 'Brand News', The Economist (24 October 1987), p.90; Hilton 1981.

㉔ 'Faded youth', The Economist (19 November 1988), p.110.

㉕ Chapman 2003, pp.1023–43.

㉖ Clark and Haye 2009, pp.19 and 24–9.

㉗ Black 2012, pp.173–6.

㉘ 'Scottish Tweeds: New Fabrics Featured',Wool Record and Textile World (21 September 1933), vol. 43, no. 1271, p. 26; Lady Muriel Beckwith, 'Clothes for Easter Golf', Sunday Times (16 April 1933), p.14; 'Frocks and Suits', Manchester Guardian (25 June 1934), p.6.

㉙ McCrum 1996, pp.54–5.

㉚ Alistair O' Neill, email to the author, 29 September 2017.
㉛ Margaret Howell, personal comment, 1 July 2017.
㉜ Howell 2013.
㉝ 'Court and Social', *Sunday Times* (17 January 1926); 'Dickins & Jones Ltd', *Sunday Times* (14 October 1928).
㉞ 'Reptiles in Favour', *Manchester Guardian* (7 February 1934), p.8; Boulenger 1934. The author points out the python' s useful role in eating rats, calculating that if the approximately 2,000,000 pythons exported in 1932 from Asia had survived they would have eaten at least 500,000,000 rats a year.
㉟ Carter 1977, pp.175–6. In 1954 the department store Debenham & Freebody' s advertised a 'Silverblu' mink stole as a special offer during their sale for 585 guineas. Its original price was 910 guineas. Casual coats, usually priced from 21 to 27 guineas, were reduced to 16 guineas. 'Debenham &Freebody' s Sale', *Observer* (3 January 1954).
㊱ Parkin 1967, pp.81–7.
㊲ Watt 2003, pp.62–4, 67 and 71.
㊳ McCooey 1968, pp. 24–5; Adburgham 1970, p.13.
㊴ Cuprammonium was granted a patent in 1890; it was commercially viable by about 1910–14. It was made in Germany by J.P. Bemberg. Viscose rayon was patented in 1892; a patent for an acetate process was taken out in 1894.
㊵ Owen 2010, pp.308–9.
㊶ Ibid., pp.16 and 22.
㊷ Coleman 2003, p.943.
㊸ 'The Artificial Silk Exhibition', *The Economist* (26 January 1929), p.3.
㊹ Hounshell and Smith 1988, p.167.
㊺ 'Paul Poiret Employs Rayon to Interpret the Evening Mode', *God Housekeeping* (USA)(March 1928), pp. 112–13. Poiret' s 'letter' reads: 'Les tissues "Rayon" violà un nouvel element qui s' offre aux modélistes et qui permettent de nouveaux effets. J'enai fait plusieurs modeles.' ensuis satisfait et j' enpreconise l' emploi'. ('Rayon offers designers a new fibre which enables new effects. I have used it to make many models.I am satisfied with it and I recommend its use'.) The advertisements placed by The Rayon Institute benefited the fashion houses, offering them 'reader recognition'. North America was an important market for French and British fashion designers in the 1920s and' 30s. Handley 1999, p.79.
㊻ Blum 2003, pp.60 and 64.
㊼ Mossman 1997, pp.1 and 3.
㊽ 'Her Feet Beneath Her Petticoat', *Manchester Guardian* (1 July 1921); Hopkins 2015, pp.156–7.
㊾ 'Plastics: An Industrial Newcomer', *The Economist* (24 September 1938), p.581.
㊿ Ivo 2001, pp. 194 and 209; Haye and Tobin (1994) 2003, p.51.
(51) Handley 1999, p.55.
(52) Harrop 2003, p.952.
(53) King–Hall 1963.
(54) Quant 1966, p.135.
(55) Loftas 1967, p.16.
(56) Blanc 2016, pp.51 and 172–3.
(57) Loftas 1967, p.16.
(58) 'Annual Toll of British Sea–Birds by Oil Pollution: Societies Call for "50–Mile Limit" for Shipping', *Manchester Guardian* (1 September 1952).
(59) 'Man–made Fibres: Heading for Losses of $900m', *The Economist* (15 October 1977), p.93.

高级定制中的纤维素：一件晚礼服

① 'The Dawn of Synthetic Splendour: On with the Passion for Cellophane', *Harper' s Bazaar* (April 1934), p.94.
② Haldane 2007.
③ Cellulose acetate has a number of common trade names including Acele, Avisco,Celanese, Chromspun and Estron.
④ An example of a Colcombet fabric woven from rayon and silk made in 1934 can be found in the V&A collection (T.459–1976).
⑤ Blanc 2016.
⑥ Unlike viscose rayon, cellulose acetate is not converted back into cellulose after processing.
⑦ Haldane 2007.
⑧ 'The Dawn of Synthetic Splendour: On with the Passion for Cellophane', *Harper' Bazaar* (April 1934), p.94.
⑨ Gordon and Hill 2015.
⑩ *The Times* 1936, p.17.
⑪ Handley 1999.
⑫ Textile manufacturer Miki Sekers had a particular interest in the production of innovative fabrics. 'Zemire' underwent extensive conservation treatment at the V&A before display in *The Golden Age of Couture exhibition.*
⑬ Haldane 2007.
⑭ Ibid.
⑮ Mossman and Abel 2008.
⑯ Shashoua 2008. The silk chiffon lining in the Alix coat is yellowing, indicating that there is some acid hydrolysis occurring in the cellulose acetate strips, which are adversely affecting the silk fibres of the lining. However, no odour can be detected from the coat, suggesting that the cellulose acetate has not yet reached a high level of acid hydrolysis.
⑰ Blanc 2016; *passim.*

自然臆想：1952—2010年

① Ballard 1960, p.233.
② Dior (1957) 2015, p.168.
③ Ibid., p.22.
④ Buck 1987, p.538.
⑤ 'People and Ideas: Le Moulin de Coudret', *Vogue* (USA) (1 June 1951), p.90.
⑥ Ballard 1960, p.239.
⑦ Bethune 2015,p.318.
⑧ Chenoune and Hamani 2007,p.83.

第四章 1990年—现在

① Schwarz 1993.
② Lewis 2013.
③ Clémençon 2012.
④ Rockstrom et al. 2009.
⑤ *Global Risks 2011: 6th Edition*, World Economic Forum (2011), http://reports. weforum.org/wp–content/blogs.dir/1/mp/ uploads/pages/files/global–risks–2011.pdf (accessed 1 May 2017).
⑥ *Global Risks 2017: 12th Edition*, World Economic Forum (2017), http://www3.weforum.org/docs/GRR17_Report_web.pdf(accessed 1 May 2017).
⑦ *High and Dry: Climate Change, Water, and the Economy*, Executive Summary, World Bank, Washington, DC (2016), https://openknowledge.worldbank.org/bitstream/handle/10986/23665/K8517%20Executive%20Summary.pdf (accessed 17 July 2017).
⑧ *A Snapshot of Change: One Year of Fashion Loved by Forests*, Canopy (2014), http://canopyplanet.org/wp–content/uploads/2015/03/Canopy_Snapshot_Nov2014.pdf (accessed 4 April 2017).
⑨ *The Aral Sea Crisis*, www.columbia.edu/~tmt2120/introduction.htm (accessed 12 July 2017).
⑩ *Threading Natural Capital Into Cotton: Doing Business with Nature*, Report by the Natural Capital Leaders Platform, University of Cambridge Institute for Sustainability Leadership (CISL) (Cambridge, 2016), http://www.cisl.cam.ac.uk/publications/publication–pdfs/threading–natural–captal–in–to–cotton–doing.pdf (accessed 1 May 2017).
⑪ Bruce et al. 2017.
⑫ *The Deadly Chemicals in Cotton*, Environmental Justice Foundation in collaboration with Pesticide Action Network UK (London 2007), https://ejfoundation.org/resources/downloads/the_dead–ly_chemicals_in_cotton.pdf (accessed 1 February 2017).
⑬ Hailes 2007.
⑭ RSA President' s Lecture 2011: People and Planet with Sir David Attenborough. Held on Tuesday 10 March 2011.
⑮ Remy et al. 2016.
⑯ *World Population Prospects: The 2017 Revision*, United Nations, Department of Economic and Social Affairs, Population Division (New York 2017), https://www.compassion.com/multimedia/world–population–prospects.pdf (accessed 4 April 2017).
⑰ Eder–Hansen et al. 2017, p. 10.
⑱ Hollins 2016.
⑲ Clean Clothes Campaign 2014.
⑳ Huynh 2016.
㉑ Lake et al., *Corporate approaches to addressing modern slavery in supply chains: A snapshot of current practice*, Ethical Trading Initiative (ETI) (2015) http://s3–eu–west–1.amazonaws.com/www.ethicaltrade.org.files/shared_resources_corporate_approaches_to_addressing_modern_slavery.pdf (accessed 4 April 2017).
㉒ *Global Estimate of Forced Labour Report 2012,* International Labour Organisation (ILO)(2012), http://www.ilo.org/wcmsp5/groups/public/–––ed_norm/–––declaration/documents/publication/wcms_182004.pdf (accessed 3 March 2017). p. 13.
㉓ Simon 1996, p. 111.
㉔ Here Today Here Tomorrow is a collective of three designers with backgrounds in the field of sustainable fashion.
㉕ Armstrong 2004, p. 138.
㉖ Skidelsky and Skidelsky 2012.
㉗ 'The Container History. The World in a Box', *The Economist*, 2006, http://www.economist.com/node/5624791 (accessed 24 April 2017); *A Complete History of The Shipping Container*, Container Home Plans 2015, http://www.containerhomeplans.org/2015/03/a–complete–history–of–the–shipping–con–tainer/ (accessed 24 April 2017).
㉘ Christopher and Towill 2001.
㉙ Stephenson 2013.
㉚ Bowers 2007.
㉛ *Your M&S: How We Do Business, 2007 Report,* Marks & Spencer, https://images–na.ssl–images–amazon.com/images/G/02/00/00/32/17/82/32178202.pdf (accessed 5 March 2017).
㉜ 'Sustainable Clothing Roadmap', *Textiles*, Issue 4 (2009), http://www.thesustainable businessgroup.com/js/plugins/filemanager/files/Reuse_and_Recy–cling_of_Clothing_And_Textiles.pdf (accessed 1

May 2017).

㉝ *Sustainable Consumption and Production: A Handbook for Policymakers,* Global Edition,UNEP (2015) https://sustainabledevelopment.un.org/content/documents/1951Sustainable%20Consumption.pdf (accessed 16 May 2017).

㉞ François–Henri Pinault during the inaugural Kering Talk at London College of Fashion, UAL, October 2014.

㉟ *Detox My Fashion*, Greenpeace, 2011, http://www.greenpeace.org/international/en/campaigns/detox/fashion (accessed 1 May 2017).

㊱ Hahn 2010.

㊲ *IOU Project* (2010), http://iouproject.com/stories/ (accessed 4 April 2017).

㊳ Dickerman 2016.

㊴ Fletcher 2016.

㊵ Talk given by Barack Obama at the Seeds & Chips Global Food Innovation Summit. See Obama 2017.

㊶ Macy and Johnstone 2012, pp. 4–5.

可追溯性和责任：一件21世纪的T恤

① *Planet Money Makes a T-shirt* (2013) npr.org/shirt (accessed 27 May 2017).

② McCune 2013.

③ Barton, Koslow and Beauchamp 2017.

④ *The Sustainability Imperative: New Insights on Consumer Expectation*, Nielsen UK (October 2015), http://www.nielsen.com/content/dam/corporate/us/en/reports–downloads/2015–reports/global–sustainability–report–oct–2015.pdf (accessed 14 July 2017).

⑤ Somers 2017, p. 3.

⑥ *The Detox Catwalk 2016: Campaign and Criteria Explained*, Greenpeace (July 2016), https://secured-static.greenpeace.org//international/Global/international/code/2016/Catwalk2016/pdf/Detox_Catwalk_Explained_2016.pdf (accessed 27 May 2017).

⑦ Eder–Hansen et al. 2017, pp. 28 and 46.

⑧ *Somebody Knows Where Your Cotton Comes From: Unravelling the Cotton Supply Chain*, Environmental Justice Foundation (2009), http://www.cottoncampaign.org/uploads/3/9/4/7/39474145/2009_ejf_sombodyknowswherecottoncomesfrom.pdf(accessed 27 May 2017).

⑨ Arthur 2017.

⑩ McManus and Armbrust 2017.

参考文献

[1] Adams and Grouw 2009
Mark Adams and Heln van Grouw, *Specimen Identification, Feather/Bird on Hat* (unpublished report, Natural History Museum, Tring, 24 September 2009)

[2] Adburgham 1970
Alison Adburgham, 'Adventures in the Skin Trade', *Guardian* (18 November 1970), p. 13

[3] Allen 1985
David E. Allen, 'Natural History and Visual Taste: Some Parallel Tendencies', in Allan Ellenius (ed.), *The Natural Sciences and the Arts* (Stockholm 1985), pp. 32–45

[4] Allen 1994
David Elliston Allen, *The Naturalist in Britain. A Social History* (Chichester 1994)

[5] Anderson 2016
Fiona Anderson, *Tweed* (London 2016)

[6] Arch and Marschner 1987
Nigel Arch and Joanna Marschner, *Splendour at Court: Dressing for Royal Occasions since 1700* (London 1987)

[7] Arizzoli–Clémentel and Ballesteros 2009
Pierre Arizzoli–Clémentel and Pascale Gorguet Ballesteros (eds), *Fastes de cour et cérémonies royales: Le costume de cour en Europe, 1650–1800* (Château de Versailles and Réunion des musées nationaux, Paris 2009)

[8] Armstrong 2004
Lisa Armstrong, 'Diary of a Dress', *Harper's Bazaar* (US), (August 2004), pp. 136–9

[9] Arthur 2017
Rachel Arthur, *From Farm to Finished Garment* (2017), https://www.forbes.com/sites/rachelarthur/2017/05/10/garment–blockchain–fashion–transparency/#3881536874f3 (accessed 27 May 2017)

[10] Baines 1985
Patricia Baines, *Flax and Linen* (Princes Risborough 1985)

[11] Ballard 1960
Bettina Ballard, *In My Fashion* (New York 1960)

[12] Barton, Koslow and Beauchamp 2017
Christine Barton, Lara Koslow and Christine Beauchamp, *How Millennials are Transforming Marketing: The Reciprocity Principle*, BCG Perspectives (2017), https://www.bcgperspectives.com/content/articles/marketing_center_consumer_customer_insight_how_millennials_changing_marketing_forever/?chapter=3 (accessed 27 May 2017)

[13] Batchelor 2006
John Batchelor, *Lady Trevelyan and the Pre-Raphaelite Brotherhood* (London 2006)

[14] Bath 2008
Michael Bath, *Emblems for a Queen: The Needlework of Mary Queen of Scots* (London 2008)

[15] Bethune 2015
Kate Bethune, 'Encyclopaedia of Collections in Alexander McQueen', in Claire Wilcox (ed.), *Alexander McQueen: Savage Beauty* (London 2015), pp. 303–21

[16] Black 2012
Sandy Black, *Knitting: Fashion, Industry, Craft* (London 2012)

[17] Blanc 1982
Paul David Blanc, *How Everyday Products Make People Sick: Toxins at Home and in the Work Place* (Berkeley, Los Angeles and London 1982)

[18] Blanc 2016
Paul David Blanc, *Fake Silk: The Lethal History of Viscose Rayon* (New Haven and London 2016)

[19] Blanning 2002
Tim Blanning, *The Culture of Power and the Power of Culture: Old Regime Europe 1660–1789* (Oxford 2002)

[20] Blum 2003
Dilys Blum, *Shocking! The Art and Fashion of Elsa Schiaparelli* (New Haven and London 2003)

[21] Boulenger 1934
E.G. Boulenger, 'The Slaughter of Snakes: A Plea for the Python', *Observer* (18 February 1934)

[22] Bowers 2007
Simon Bowers, 'M&S Promises Radical Change with £200m Environmental Action Plan', *Guardian* (15 January 2007), https://www.theguardian.com/business/2007/jan/15/marksspencer.retail (accessed 5 March 2017)

[23] Boydell 2010
Christine Boydell, *Horrockses Fashions: Off-the-Peg Style in the '40s and '50s* (London 2010)

[24] Breward, Ehrman and Evans 2004
Christopher Breward, Edwina Ehrman and Caroline Evans, *The London Look: Fashion from Street to Catwalk* (New Haven and London 2004)

[25] Browne 2000
Clare Browne, 'The Influence of Botanical Sources on Early 18th–Century English Silk Design', in Regula Schorta et al., *Eighteenth–Century Silks: The Industries of England and Northern Europe* (Switzerland 2000), pp. 925–35

[26] Bruce et al. 2017
Nicholas Bruce et al., *Microfiber Pollution and the Apparel Industry*, Bren School of Environmental Science & Management (2017), http://brenmicroplastics.weebly.com/uploads/5/1/7/0/51702815/bren–patagonia_final_report_3-7-17.pdf (accessed 20 April 2017)

[27] Buck 1979
Anne Buck, *Dress in Eighteenth–Century England* (London 1979)

[28] Buck 1987
Joan Juliet Buck, 'New Look Then and Now', *Vogue* (USA) (1 March 1987), p. 538

[29] Buckland 1863
Frank Buckland, 'A New Fashion', *The Times* (12 December 1863), p.5

[30] Buffon 1785
Georges–Louis Leclerc, Comte de Buffon,

Histoire Naturelle, g é n é rale et particuli è re, 2nd edition (London 1785)

[31] Burgio 2009

Dr Lucia Burgio, Analysis Report 09–110–LB, Hat T.715:3–1997 (Unpublished report, V&A, Science Section, Conservation Department, 23 September 2009)

[32] Campbell 1747

Robert Campbell, The London Tradesman (London 1747)

[33] Cardon 2007

Dominique Cardon, Natural Dyes: Sources, Tradition, Technology and Science (London 2007)

[34] Carter 1977

Ernestine Carter, The Changing World of Fashion: 1900 to the Present (London 1977)

[35] Carter 1996

Michael Carter, Putting a Face on Things: Studies in Imaginary Materials (Sydney 1996)

[36] Chapman 1993

Stanley Chapman, 'The Innovating Entrepreneurs in the British Ready–Made Clothing Industry, Textile History (1993), 24(1), pp. 5 – 25

[37] Chapman 2003

Stanley Chapman, 'Hosiery and Knitwear in the Twentieth Century', in D.T. Jenkins (ed.), The Cambridge History of Western Textiles (Cambridge 2003), vol. 2, pp. 1023–43

[38] Chenoune and Hamani 2007

Farid Chenoune and Laziz Hamani, Dior: 60 Years of Style, from Christian Dior to John Galliano (London 2007)

[39] Christie 2011a

Ann Christie, ' "Nothing of Intrinsic Value" : The Scientific Collections at the Bethnal Green Museum', V&A Online Journal (Spring 2011), no. 3, http://www.vam.ac.uk/content/journals/research–journal/issue–03/nothing of intrinsic–value–the–scientific–collec- tions–at–the–bethnal–green–museum (accessed 1 May 2017)

[40] Christie 2011b

Ann Christie, 'A Taste for Seaweed: William Kilburn's Late Eighteenth-Century Designs for Printed Cottons', Journal of Design History (2011), vol. 24, no. 4, pp. 299–314

[41] Christopher and Towill 2001

Martin Christopher and Denis Towill, 'An Integrated Model for the Design of Agile Supply Chains', International Journal of Physical Distribution & Logistics Management (2001), vol. 31, issue 4, pp. 235–46

[42] Clark and Haye 2009

Judith Clark and Amy de la Haye, Jaeger 125 (London 2009)

[43] Cl é mençon 2012

Raymond Cl é mençon, 'Welcome to the Anthropocene: Rio+20 and the Meaning of Sustainable Development' The Journal of Environment and Development (2012), pp. 311–38

[44] Clifford 1999

Helen Clifford, 'A Commerce with Things: The Value of Precious Metalwork in Early Modern England' , in Maxine Berg and Helen Clifford (eds), Consumers and Luxury: Consumer Culture in Europe 1650–1850 (Manchester 1999), pp. 147–68

[45] Coleman 1989

Elizabeth Ann Coleman, The Opulent Era: Fashions of Worth, Doucet and Pingat (New York 1989)

[46] Coleman 2003

Donald Coleman, 'Man–Made Fibres Before 1945' , in David Jenkins (ed.), Cambridge History of Textiles (Cambridge 2003), vol. 2, pp. 933–47

[47] Corrigan 1997

Peter Corrigan, The Sociology of Consumption: An Introduction (London 1997)

[48] Crossick and Jaumain 2002

Geoffrey Crossick and Serge Jaumain, Cathedrals of Consumption: The European Department Store, 1850–1939 (Aldershot 2002)

[49] Cruchley 1865

G.F. Cruchley, Cruchley's London in 1865: A Handbook for Strangers (London 1865)

[50] Cumming 1989

Valerie Cumming, Royal Dress (London 1989)

[51] Davidoff 1973

Leonore Davidoff, The Best Circles: Society Etiquette and the Season (London 1973)

[52] Desrochers 2011

Pierre Desrochers, 'Promoting Corporate Environmental Sustainability in the Victorian Era: The Bethnal Green Museum Permanent Waste Exhibit (1875 – 1928)', V&A Online Journal (Spring 2011), issue 3

[53] Dickerman et al. 2016

Leah Dickerman et al., Robert Rauschenberg (London 2016)

[54] Diderot and d'Alembert 1765

Denis Diderot and Jean Le Rond d'Alembert (eds), Encyclop é die ou dictionnaire raisonn é des sciences, des arts et des métiers (Paris 1765)

[55] Dior (1957) 2015

Christian Dior, Dior by Dior (1957) (London 2015)

[56] Durand et al. 2016

Maximilien Durand et al. (eds), Du Génie de la Fabrique au Génie 2.0 (Lyon 2016)

[57] Eder–Hansen et al. 2017

Jonas Eder–Hansen et al., Pulse of the Fashion Industry 2017, Global Fashion Agenda & The Boston Consulting Group (2017), https://www.copenhagenfashionsummit.com/wp–content/uploads/2017/05/Pulse–of–the–Fashion–Industry_2017.pdf (accessed 27 May 2017)

[58] Ehrman 2006

Edwina Ehrman, 'Frith and Fashion' , in Mark Bills and Vivien Knight (eds), William Powell Frith: Painting the Victorian Age (New Haven and London 2006), pp. 111–29

[59] Ehrman 2015a

Edwina Ehrman, 'Digby Morton' , in Amy De La Haye and Edwina Ehrman (eds), London Couture 1923 – 1975: British Luxury (London 2015) pp. 115 – 27

[60] Ehrman 2015b

Edwina Ehrman, 'Supporting Couture: The Fashion Group of Great Britain & The Incorporated Society of London Fashion Designers' , in Amy de la Haye and Edwina Ehrman (eds), London Couture 1923–1975: British Luxury (London 2015), pp. 31–43

[61] Evans 2016

Richard J. Evans, The Pursuit of Power: Europe 1815–1914 (London 2016)

[62] Ewing 1981

Elizabeth Ewing, Fur in Dress (London 1981)

[63] Ewing 1986

Elizabeth Ewing (1974), History of Twentieth Century Fashion, 3rd edition (London 1986)

[64] Feltham 1995

Cliff Feltham, 'Sales Rise by a Third at Burton' , The Times (16 January 1985), p. 17

[65] Fletcher 2016

Kate Fletcher, Craft of Use (London and New York 2016)

[66] Froude 1883

James Anthony Froude (ed.), Letters and Memor–ials of Jane Welsh Carlyle (London 1883), 3 vols

[67] Garden 1969

Maurice Garden, 'Le grand n é goce Lyonnais au dé but du XVIIIe siè cle. La maison Melchior Philibert: de l'apog é e a la disparition' , Colloque Franco–Suisse d'Histoire é conomique et sociale (Geneva 1969), pp. 83 – 99

[68] Gates 1998

Barbara T. Gates, Kindred Nature: Victorian and Edwardian Women Embrace the Living World (Chicago and London 1998)

[69] Gates 2002

Barbara T. Gates (ed.), In Nature's Name: An

Anthology of Women's Writing and Illustration, 1780–1930 (Chicago and London 2002)

[70] Gatty 1872

Margaret Gatty, *British Sea-weeds* (London 1872)

[71] Girardin 1843 .

Mme Émile (Delphine) de Girardin, *Lettres Parisiennes* (Paris 1843)

[72] Godart (1899) 1976

Justin Godart, *L' ouvrier en soie* (1899) (reprint, Geneva 1976)

[73] Gordon and Hill 2015

Jennifer Farley Gordon and Colleen Hill, *Sustainable Fashion: Past Present and Future* (New York 2015)

[74] Greig 2009

Hannah Greig, 'Dressing for Court: Sartorial Politics and Fashion News in the Age of Mary Delany', in M. Laird and A. Weisberg-Roberts (eds), *Mrs Delany and her Circle* (New Haven and London 2009), pp. 80–93

[75] Greig 2011

Hannah Greig, 'Faction and Fiction: The Politics of Court Dress in Eighteenth-Century England', in Natacha Coquery and Isabelle Paresys (eds), *Se Vêtir à la Cour en Europe, 1400–1815* (Lille 2011), pp. 67–89

[76] Groom 2012

Gloria L. Groom, *Impressionism, Fashion, & Modernity* (Chicago 2012)

[77] Hahn 2010

Nicole Mackinlay Hahn, 'Out of Africa, Into RFID' (2010), *in New City Reader*, http://reapwhatyousew.org/blog/mirrorafrica/newmuseum-2/ (accessed 5 March 2017)

[78] Hailes 2007

Julia Hailes, *The New Green Consumer Guide* (London 2007)

[79] Haldane 2007

Elizabeth-Anne Haldane, 'Surreal Semi-Synthetics', *V&A Conservation Journal* (Spring 2007), issue 55, pp. 14–18

[80] Haldane 2017

Elizabeth-Anne Haldane, 'Shiny Surfaces: The Conservation of Cellophane and Related Materials', paper given at the North American Textile Conservation Conference, Mexico City, Mexico (6–11 November 2017)

[81] Handley 1999

Susannah Handley, *Nylon: The Manmade Fashion Revolution* (London 1999)

[82] Harrison 2006

R.M. Harrison (ed.), *An Introduction to Pollution Science* (Cambridge 2006)

[83] Harrop 2003

Jeffrey Harrop, 'Man-Made Fibres since 1945', in David Jenkins (ed.), *The Cambridge History of Western Textiles* (Cambridge 2003), vol. 2, pp. 948–71

[84] Hassan 1998

John Hassan, *A History of Water in Modern England and Wales* (Manchester 1998)

[85] Haye 2015

Amy de la Haye, 'Court Dressmaking in Mayfair from the 1890s to the 1920s', in Amy de la Haye and Edwina Ehrman (eds), *London Couture 1923–1975: British Luxury* (London 2015), pp. 9 – 27

[86] Haye and Mendes 2014

Amy De La Haye and Valerie D. Mendes, *The House of Worth: Portrait of an Archive* (London 2014)

[87] Haye and Tobin (1994) 2003

Amy De La Haye and Shelly Tobin, *Chanel: The Couturière at Work* (1994) (London 2003)

[88] Hilton 1981

Anthony Hilton, 'How Gloria Put Zip into Jeans', *The Times* (20 May 1981)

[89] Hirsch 1999

Pam Hirsch, *Barbara Leigh Smith Bodichon: Feminist, Artist and Rebel* (London 1999)

[90] Holder 1887

Charles Frederick Holder, *Living Lights: A Popular Account of Phosphorescent Animals and Vegetables* (London 1887)

[91] Hollins 2016

Oakdene Hollins, *Chemical Recycling – A Solution for Europe's Waste Textile Mountain?* (December 2016), http://www.oakdenehollins.com/pdf/news/307rep1.pdf (accessed 4 April 2017)

[92] Home (1889) 1970

J.A. Home (ed.), *The Letters and Journals of Lady Mary Coke* (1889) (Bath 1970), vol. 1

[93] Hopkins 2015

Alan and Vanessa Hopkins, *Footwear: Shoes and Boots from the Hopkins Collection* (London 2015)

[94] Horwood 2005

Catherine Horwood, *Keeping Up Appearances: Fashion and Class Between the Wars* (Stroud 2005)

[95] Horwood 2007

Catherine Horwood, *Potted History: The Story of Plants in the Home* (London 2007)

[96] Hounshell and Smith 1988

David A. Hounshell and John Kenly Smith, *Science and Corporate Strategy: Du Pont R&D, 1902–1980* (Cambridge 1988)

[97] Howell 2013

Margaret Howell, 'Why Good-Quality Clothes Matter', *Guardian* (20 September 2013)

[98] Hudson 2009

Pat Hudson, 'The Limits of Wool and The Potential of Cotton in the Eighteenth and Early Nineteenth Centuries', in Giorgio Riello and Prasannan Parthasarathi, *The Spinning World: A Global History of Cotton Textiles, 1200–1850* (Oxford 2009), pp. 327 – 50

[99] Huynh 2016

Phu Huynh, 'Gender Pay Gaps Persist in Asia's Garment and Footwear Sector', *Asia-Pacific Garment and Footwear Sector Research Note* (April 2016), issue 4, pp.1 – 4, http://www.ilo.org/wcmsp5/groups/public/---asia/---ro-bangkok/documents/publication/wcms_467449.pdf (accessed 17 July 2017)

[100] Inikori 2002

Joseph E. Inikori, *Africans and the Industrial Revolution in England* (Cambridge 2002)

[101] Ivo 2001

Sigrid Ivo, *Bags: a Selection from The Museum of Bags and Purses* (Amsterdam 2011)

[102] Jackson 1987

Peter Jackson, *George Scharf's London: Sketches and Watercolours of a Changing City, 1820–50* (London 1987)

[103] Jeffries 2005

Julie Jeffries, 'The UK Population: Past, Present and Future', *Focus on People and Migration, Office for National Statistics* (London 2005)

[104] Jenkins 2003

David Jenkins, 'The Western Wool Textile Industry in the Nineteenth Century', in David Jenkins (ed.), *The Cambridge History of Western Textiles* (Cambridge 2003), vol. 2, pp. 761–89

[105] Jenkins and Ponting 1987

D.T. Jenkins and K.G. Ponting, *The British Wool Textile Industry, 1770–1914*, Pasold Studies in Textile History 3 (Aldershot 1987)

[106] J.F. 1696

J.F., *The Merchant's Ware-house Laid Open Or, The Plain Dealing Linnen-Draper* (London 1696)

[107] Kean 1998

Hilda Kean, *Animal Rights: Political and Social Change in Britain since 1800* (London 1998)

[108] Kerry 2017

Sue Kerry, *Notes and Research for V&A Edwina Ehrman and Connie Karol Burks, March 2017, for Fashion in Nature Exhibition – Weave Identification, T.715:1–2–1997* (Unpublished report, V&A, March 2017)

[109] King-Hall 1963

Ann King-Hall, 'Swinging in the Rain with Mary Quant', *Observer* (26 May 1963)

[110] Kvavadze et al. 2009
Eliso Kvavadze et al. '30,000-Year-Old Wild Flax Fibres', *Science*, vol. 325, issue 5946, p. 1359

[111] Lamikiz 2013
Xabier Lamikiz, *Trade and Trust in the Eighteenth-Century Atlantic World* (London 2013)

[112] Lemire 1991
Beverly Lemire, *Fashion's Favourite: The Cotton Trade and the Consumer in Britain, 1660-1800* (Oxford 1991)

[113] Lemire 2003
Beverly Lemire, 'Domesticating the Exotic: Floral Culture and the East India Calico Trade with England, c.1600-1800', *Textile* (2003), vol. 1, issue 1, pp. 65-85

[114] Lemire 2009
Beverly Lemire, 'Revising the Historical Narrative: India, Europe and the Cotton Trade, c.1300 - 1800', in Giorgio Riello and Prasannan Parthasarathi, *The Spinning World: A Global History of Cotton Textiles, 1200-1850* (Oxford 2009), pp. 227 - 46

[115] Levey 1983
Santina M. Levey, *Lace: A History* (London 1983)

[116] Levitt 1986
Sarah Levitt, *Victorians Unbuttoned* (London 1986)

[117] Lewis 2013
R. Lewis, *Modest Fashion: Styling Bodies, Mediating Faith* (London 2013)

[118] Lickorish and Middleton 2005
Leonard J. Lickorish and Victor T.C. Middleton, *British Tourism: The Remarkable Story of Growth* (Oxford 2005)

[119] Loftas 1967
Tony Loftas, 'The Poisoners Among Us', *The Illustrated London News* (9 September 1967)

[120] Macy and Johnstone 2012
Joanna Macy and Chris Johnstone, *Active Hope: How to Face the Mess We're in without Going Crazy* (California 2012)

[121] Mansel 2005
Philip Mansel, *Dressed to Rule* (New Haven and London 2005)

[122] Mansfield 1980
Alan Mansfield, *Ceremonial Costume* (London 1980)

[123] Marschner 2009
Joanna Marschner, 'The Coronation Robe of George III and the Order of the Garter', in

Pierre Arizzoli-Clémentel and Pascale Gorguet-Ballesteros (eds), *Fastes de Cour et cérémonies royales: Le costumes de couren Europe (1650-1800)* (Paris 2009), pp. 146-53

[124] Matthews David 2015
Alison Matthews David, *Fashion Victims: The Dangers of Dress Past and Present* (London 2015)

[125] Mayhew (1849) 1973
Henry Mayhew, 'The Spitalfields Silk-Weavers: Cultural Habits of the Weavers', Letter II, 23 October 1849, in Eileen Yeo and E.P. Thompson, *The Unknown Mayhew* (New York 1973), pp. 105-6

[126] McCooey 1968
Meriel McCooey, 'Fur Enough', *Sunday Times* (Design for Living), (8 December 1968), pp. 24-5

[127] McCrum 1996
Elizabeth McCrum, *Fabric and Form: Irish Fashion Since 1950* (Stroud 1996)

[128] McCune 2013
Marianne McCune, 'Our Industry Follows Poverty', *Planet Money* (2013), http://www.npr.org/sections/money/2013/12/04/247360787/our-industry-follows-poverty-success-threatens-a-t-shirt-business (accessed 10 August 2017)

[129] McManus and Armbrust 2017
Rachel McManus and Frederik Armbrust, *Introducing a New Age of Brand Transparency* (11 April 2017), https://evrythng.com/introducing-a-new-age-of-brand-transparency/ (accessed 27 May 2017)

[130] McTaggart-Cowan and Abra (2006) 2015
Ian McTaggart-Cowan with revisions by Erin James Abra, 'Seal', *The Canadian Encyclopaedia* (7 February 2006 [last edited 22 March 2015]), http://www.thecanadianencyclopaedia.ca/en/article/seal/ (accessed 10 October 2016)

[131] Merk 2014
Jeroen Merk, Living Wage in Asia (2014), https://cleanclothes.org/resources/publications/asia-wage-report (accessed 17 May 2017)

[132] Miller 2006
Lesley Ellis Miller, 'The Marriage of Art and Commerce: Philippe Lasalle's Success in Silks', in Katie Scott and Deborah Cherry (eds), *Between Luxury and the Everyday: The Decorative Arts in Eighteenth Century France* (Oxford 2006) pp. 63-88

[133] Miller 2014
Lesley Ellis Miller, *Selling Silks* (London 2014)

[134] Miller 1981
Michael Barry Miller, *The Bon Marche:*

Bourgeois Culture and the Department Store, 1869-1920 (Princeton 1981)

[135] Morris 2010
Roisin Morris, *Condition Report*, (Unpublished report, V&A, London 2010)

[136] Mort 1996
Frank Mort, *Cultures of Consumption: Masculinities and Social Space in Late Twentieth-century Britain* (London 1996)

[137] Mossman 1992

[138] Susan Mossman, 'The Problems of Synthetic Fibers, Polymer Preprints', The Division of Polymer Chemistry, Inc., American Chemical Society, Washington, D.C. (August 1992), vol. 33, no. 2, pp. 662 - 3

[139] Mossman 1997
Susan Mossman (ed.), *Early Plastics: Perspectives, 1850-1950* (London 1997)

[140] Mossman and Abel 2008
Susan Mossman and Marie-Laurie Abel, 'Testing Treatments to Slow Down the Degradation of Cellulose Acetate', in Brenda Keneghan and Egan Louise (eds), *Plastics: Looking at the Future and Learning from the Past* (London 2008), pp. 106-15

[141] Nixon 1996
Sean Nixon, *Hard Looks: Masculinities, Spectatorship and Contemporary Consumption* (London 1996)

[142] North 2008
Susan North, 'The Physical Manifestation of an Abstraction: A Pair of 1750s Waistcoat Shapes', *Textile History* (May 2008), 39 (1), pp. 92-104

[143] Obama 2017
Barack Obama, 'The Long Read: Barack Obama on Food and Climate Change', *Guardian* (26 May 2017), https://www.theguardian.com/global-development/2017/may/26/barack-obama-food-climate-change (accessed 2 June 2017)

[144] O'Byrne 2009
Robert O'Byrne, *Style City: How London Became a Fashion Capital* (London 2009)

[145] Oliphant 1866
Margaret Oliphant, *Chronicles of Carlingford: Miss Marjoribanks* (Edinburgh and London 1866), 3 vols

[146] Owen 2010
Geoffrey Owen, *The Rise and Fall of Great Companies: Courtaulds and the Reshaping of the Man-Made Fibres Industry* (Oxford 2010)

[147] Parker 2016
Steve Parker, *Colour and Vision through the Eyes of Nature* (London 2016)

[148] Parkin 1967

Molly Parkin, 'Reptiles in Season', ova (September 1967), pp. 81 – 7

[149] Pelouze 1826
Edmond Pelouze, *Récréations Tirées de l'Art de la Vitrification* (Paris 1826)

[150] Perrot 1994
Philippe Perrot, *Fashioning the Bourgeoisie: A History of Clothing in the Nineteenth Century* (Princeton 1994)

[151] Polan and Tredre 2009
Brenda Polan and Roger Tredre, *The Great Fashion Designers* (Oxford 2009)

[152] Ponting 1980
Kenneth G. Ponting, *A Dictionary of Dyes and Dyeing* (London 1980)

[153] Porter 1982
Roy Porter, *English Society in the Eighteenth Century* (London 1982)

[154] Porter 2000
Roy Porter, *Enlightenment: Britain and the Creation of the Modern World* (London 2000)

[155] Prichard 2015
Sue Prichard, 'The Cotton Board and Cotton Couture', in Amy de la Haye and Edwina Ehrman (eds), *London Couture 1923–1975: British Luxury* (London 2015), pp. 259–71

[156] Quant 1966
Mary Quant, *Quant by Quant* (London 1966)

[157] Quye and Han 2016
Anita Quye and Jing Han, 'Dye Analysis of Coloured Threads and Black Hair from a Court Mantua in the Victoria and Albert Museum, London Collection', report reference no. CTC 2016.09.001, Centre for Textile Conservation and Technical Art History, University of Glasgow (23 December 2016), pp. 1 – 14

[158] Quye and Wertz 2017
Anita Quye and Julie Wertz, 'Dye Analysis of a Nineteenth–century Walking Dress Dated to 1885, in the Collection of the Victoria and Albert Museum, London', report reference no. CTC 2016.09.003, Centre for Textile Conservation and Technical Art History, University of Glasgow (1 February 2017), pp. 1–8

[159] Reed 2016
Peter Reed, *Acid Rain and the Rise of the Environmental Chemist in the Nineteenth Century* (London and New York 2016)

[160] Remy, Speelman and Swartz 2016
Nathalie Remy, Eveline Speelman and Steven Swartz, *Style That's Sustainable: A New Fast-fashion Formula*, McKinsey & Company (October 2016), http://www.mckinsey.com/business–functions/sustainability–and–resource–productivity/our–insights/style–thats–sustainable–a–new–fast–fashion–formula (accessed 1 May 2017)

[161] Ribeiro 2005
Aileen Ribeiro, *Fashion and Fiction: Dress in Art and Literature in Stuart England* (New Haven and London 2005)

[162] Richardson 1943
E.P. Richardson, 'Walking Sticks of the Eighteenth Century', *Bulletin of the Detroit Institute of Arts of the City of Detroit* (October 1943), vol. 23, no. 1, pp. 6 – 8

[163] Riello 2013
Giorgio Riello, *Cotton: The Fabric that Made the Modern World* (Cambridge 2013)

[164] Riello 2014
Giorgio Riello, 'The World of Textiles in Three Spheres: European Woollens, Indian Cottons and Chinese Silks, 1300–1700', in Marie–Louise Nosch, Zhao Feng and Lotika Varadarajan (eds), *Global Textile Encounters* (Oxford 2014), pp. 93–106

[165] Riley 1999
Glenda Riley, *Women and Nature: Saving the Wild West* (Lincoln 1999)

[166] Rockstrom et al. 2009
Johan Rockstrom et al., *Planetary Boundaries* (2009), http://stockholmresilience.org/research/planetary–boundaries/planetary–boundaries/about–the–research/the–nine–planetaryboundaries.html (accessed 13 December 2016)

[167] Rothstein 1961
Nathalie Rothstein, 'The Silk Industry in London, 1702–66', unpublished MA thesis (University of London 1961)

[168] Rothstein 1987
Natalie Rothstein, 'Textiles in the Album', in Natalie Rothstein (ed.), *Barbara Johnson's Album of Fashions and Fabrics* (London 1987), pp. 29–35

[169] Rothstein 1990a
Natalie Rothstein, *Silk Designs of the Eighteenth Century. In the Collection of the Victoria and Albert Museum, London* (London 1990)

[170] Rothstein 1990b
Natalie Rothstein, 'Silk in European and American Trade before 1783. A Commodity of Commerce or a Frivolous Luxury?', *Textiles in Trade*, Proceedings of The Textile Society of America Biennial Symposium, 14 – 16 September 1990, Washington, http://digitalcommons.unl.edu/cgi/viewcontent.cgi?article=1598&content:tsa.conf (accessed 1 May 2017)

[171] Royle 1856
J. Forbes Royle, 'Indian Fibres, Being a Sequel to Observations "On Indian Fibres Fit for Textile Fabrics, or for Rope and Paper Making"', *Journal of the Royal Society of Arts* (28 November 1856), vol. V, no. 210, http://www.jstor.org/stable/41323627 (accessed 14 June 2017)

[172] Rule 1992
John Rule, *Albion's People: English Society 1714–1815* (London and New York 1992)

[173] Saunders 1995
Gill Saunders, *Picturing Plants: An Analytical History of Plant Illustration* (Berkeley and London 1995)

[174] Savary des Bruslons 1723
Jacques Savary des Bruslons, *Dictionnaire Universel de Commerce* (Paris 1723)

[175] Schwarz 1993
Catherine Schwarz (ed.), *The Chambers Dictionary* (Edinburgh 1993)

[176] Sgard 1982
Jean Sgard, 'L'échelle des revenus', *Dix–huitième siècle* (1982), vol. 14, no. 1, pp. 425–33

[177] Sharpe 1995
Pamela Sharpe, ' "Cheapness and Economy": Manufacturing and Retailing Ready–Made Clothing in London and Essex, 1830–1850', *Textile History* (1995), 26(2), pp. 203–13

[178] Shashoua 2008
Yvonne Shashoua, *Conservation of Plastics* (London 2008)

[179] Simon 1996
Herbert Simon, Sciences of the Artificial (London 1996)

[180] Skidelsky and Skidelsky 2012
Edward Skidelsky and Robert Skidelsky, *How Much is Enough?: Money and the Good Life* (London 2012)

[181] Smith 1756
George Smith, *The Laboratory, or School of Arts* (London 1756)

[182] Smith and Cothren 1999
C. Wayne Smith and J. Tom Cothren (eds), Cotton: *Origin, History, Technology and Production* (New York 1999)

[183] Snodin and Styles 2001
Michael Snodin and John Styles, *Design and the Decorative Arts; Britain 1500–1900* (London 2001)

[184] Somers 2017
Carry Somers, 'Foreword', *Fashion Revolution: Fashion Transparency Index 2017*, p. 3, https://issuu.com/fashionrevolution/docs/fr_fashiontransparencyindex2017 (accessed 27 May 2017)

[185] Sorge-English 2005

Lynn Sorge-English, ' "29 Doz and 11 Best Cutt Bone" : The Trade in Whalebone and Stays in Eighteenth-Century London' , *Textile History* (May 2005), 36(1), pp. 20–45

[186] Spary 2000

E.C. Spary, *Utopia' s Garden: French Natural History from Old Regime to Revolution* (Chicago 2000)

[187] Staniland 2003

Kay Staniland, 'Samuel Pepys and his Wardrobe' , *Costume* (2003), no. 37, pp. 41–50

[188] Stemp 2015

Sinty Stemp, 'Postscript: London Couture 1975–2000' , in Amy de la Haye and Edwina Ehrman (eds) *London Couture 1923–1975: British Luxury* (London 2015), pp. 304–9

[189] Stephenson 2013

Wesley Stephenson, *Indian Farmers and Suicide: How Big is the Problem*?, BBC News (23 January 2013), http://www.bbc.co.uk/news/magazine-21077458 (accessed 1 May 2017)

[190] Stevenson 2003

John Stevenson, 'The Countryside, Planning, and Civil Society 1926–1947' , in Jose Harris (ed.) *Civil Society in British History: Ideas, Identities, Institutions* (Oxford 2003), pp. 191–8

[191] Stone-Ferrier 1985

Linda A. Stone-Ferrier, *Images of Textiles: The Weave of Seventeenth-Century Dutch Art and Society* (Ann Arbor 1985)

[192] Styles 2007

John Styles, *The Dress of the People: Everyday Fashion in Eighteenth-Century England* (New Haven and London 2007)

[193] Styles 2017

John Styles, 'Fashion and Innovation in Early Modern Europe' , in Evelyn Welch (ed.) *Fashioning the Early Modern: Dress, Textiles and Innovation in Europe, 1500–1800* (Oxford 2017), pp. 33 – 55

[194] Thépaut-Cabasset 2010

Corinne Thépaut-Cabasset, (ed.) *L' Esprit des Modes au Grand Siècle* (Paris 2010)

[195] Thomas 1984

Keith Thomas, *Man and the Natural World. Changing Attitudes in England 1500–1800* (London 1984)

[196] Travis 2004

Anthony S. Travis, 'Perkin, Sir William Henry (1838–1907)' , *Oxford Dictionary of National Biography*, Oxford University Press (2004), http://www.oxforddnb.com.ezproxy2.londonlibrary.co.uk/view/article/35477 (accessed 28 August 2017)

[197] Trevelyan 2004

Raleigh Trevelyan, 'Trevelyan, Paulina Jermyn, Lady Trevelyan (1816–1866)' , *Oxford Dictionary of National Biography* (2004), http://www.oxforddnb.com/view/article/45577 (accessed 17 August 2016)

[198] Turner 1996

Jane Turner (ed.), *Grove Dictionary of Art* (Oxford, 1996)

[199] Wahnbaeck and Roloff 2017

Caroline Wahnbaeck and Lu Yen Roloff, *After the Binge, the Hangover: Insights into the Minds of Clothing Comsumers*, Greenpeace (2017), http://www.greenpeace.org/international/Global/international/publications/detox/2017/After-the-Binge-the-Hangover.pdf (accessed 1 May 2017)

[200] Walkley 1981

Christina Walkley, *The Ghost in the Looking Glass: The Victorian Seamstress* (London 1981)

[201] Wardle and de Jong 1985

Patricia Wardle and Mary de Jong, *Kant in Mode/Lace in Fashion: 1815–1914* (Amsterdam 1985)

[202] Watt 2003

Judith Watt, *Ossie Clark 1965 - 74* (London 2003)

[203] Webster 2017

Ben Webster, 'One Billion Will Be Added To World' s Population By 2030' , *The Times* (22 June 2017), p. 25

[204] Williams 1991

Rosalind H. Williams, *Dream Worlds: Mass Consumption in Late Nineteenth-Century*

[205] *France* (Berkeley 1991)

[206] Wilson (1985) 2011

Elizabeth Wilson, *Adorned in Dreams* (1985) (London 2011)

[207] Wimmler 2017

Jutta Wimmler, *The Sun King' s Atlantic: Drugs, Demons and Dyestuffs in the Atlantic World* (Leiden 2017)

[208] Zola (1883) 1998

Émile Zola, *Au Bonheur des Dames* (1883) (Oxford 1998)

词汇表

织物裁切机（Band knife）——带有连续刀片的织物裁切机，可一次裁切多层织物。

睡袍（Banyan）——流行于17、18世纪，类似长袍的男式居家服。在家中等非正式的场合穿着，也称睡衣。

区块链（Blockchain）——按时间顺序排列的可累积的数据结构，用于跟踪交易以创建一个数字记录，该记录可以通过网络在线公开发布。

木版印花（Block printing）——用凸纹木质模板在布料上印刷图案的方法。首先在木块上涂抹颜色，然后把木块置于布料的合适位置上，用木槌敲打它，将颜色转印于布料之上。布料上的每一种颜色都使用不同的木块（布料上印刷多种颜色则采用多个木块模具进行套色印刷）。

机织蕾丝花边（Bobbin lace）——机织蕾丝花边是将多根纱线分别缠绕在小梭子上，然后用小梭子拉动纱线，使其沿着一些被固定好位置的别针交织缠绕；而那些别针都是被固定在画有设计图样的垫子上的，纱线按照设计好的路线往复交织，最终编织成具有美丽图案的蕾丝花边。

织锦（Brocade）——通过添加额外的纬线来形成图案或设计图样的织造方法，这些纬线只添加在需要显示设计图样的织物部分，并贯穿织物的全部幅面（译者注：即通经断纬的纹样织造方法）。19世纪，该词通常也用来描述带花纹的织物。

巴斯尔裙撑（Bustle）——穿着或系在女裙内部的衬垫或支撑结构，在人体臀部的裙子后部形成隆起的空间体积。

折篷式大兜帽（Calash）——一种在头部形成较大支撑空间的大型帽子或兜帽，其结构由膨体（如鲸须或藤条）支撑，通常用带子系紧在脖子上。流行于18世纪至19世纪上半叶，是一种用来防风雨的女性服饰。

印花棉布（Calico）——原产于印度的轻薄型平纹棉织物。

卡拉克短上衣（Caraco）——一种穿着在衬裙外面的女式短上衣，流行于18世纪后半叶；通常由棉布或亚麻布制成。

纤维素（Cellulose）——从植物中提取的碳水化合物，存在于所有的植物纤维中，经化学处理后可制成人造纤维，如黏胶纤维、醋酯纤维、铜氨纤维和天丝。

雪尼尔（Chenille）——仿天然毛皮纹理的织物，由特殊的人造纱线（称为绳绒线）制成，四周有绒毛。

查瑞德瑞（音译，Cherryderry）——一种带有机织条纹或格子图案的真丝与棉混纺织物，于17世纪首次从印度进口，而后被英国模仿制作。

雪纺（Chiffon）——一种轻薄的透明织物，用紧密加捻的纱线制成，表面呈亚光效果。

胭脂虫红（Cochineal）——通过干燥和碾碎雌性胭脂虫获得的红色染料（胭脂红）。

棉纤维（Cotton）——在棉属植物的种子荚中发现的一种植物纤维。

绉纱（Crêpe）——通过使用强捻纱、变形纱、化学药品处理或特殊编织方法使表面形成纹理的中厚织物或轻质织物。

提花织机（Drawloom）——用于织造提花织物的织机，根据图案样式用线在每根经纱上绕一圈然后提起。

孔眼（Eyelet）——小孔；绳子或带子穿过这个小孔连接衣服的各个部分。

色牢度［Fast（dyes）］——经洗涤后，纺织品的着色出现褪色的程度。

毡合法（Felting）——在水和（或）高温的条件下，通过搅拌或振动使纤维混合在一起形成织物的工艺流程；最常见的是使用羊毛。

亚麻纤维（Flax fibre）——一种从生长在亚麻植株（学名：Linum usitatissimum）外皮与木质中心层之间的韧皮部组织中提取的植物纤维。

缩绒（Fulling）——羊毛加工后整理过程中的一个阶段。根据整理效果的需求，通过将织物暴露在不同程度的湿气、高温、摩擦和压力条件下产生毡缩和压缩效果。

棉麻混纺粗纹布（Fustian）——一种混纺织物，通常使用亚麻经纱和棉纬纱织成。

地纹组织（Ground）——纺织品的主要构成部分，可在其之上进行装饰。

绞（Hank）——呈卷曲状的纱线或纺制纤维。绞的长度取决于纤维长度。

高级时装（Haute couture）——由巴黎高级时装工会定义，独一无二的款式，由设计师工作室设计并制作，然后向私人客户出售。设计样式也可向其他公司出售，使其获得复制该设计的版权。

亚麻织物（Linen）——由亚麻纤维制成的纱线或纺织品。

织布机（Loom）——通过将多根纱线十字交叉编织成纺织品的机械装置。

曼彻斯特棉天鹅绒（印花棉绒）［Manchester velvet（velveret）］——在平纹织物背面使用棉线制成的绒毛织物。详情参见天鹅绒。

曼图亚（Mantua）——流行于17、18世纪，穿着在配套的衬裙和三角胸衣外的专用敞开式女式长袍。

摩尔纹（Moiré）——一种波纹效果，通过对一种带有特殊图案的棱纹织物进行加压而产生；这是由于一些棱纹在此过程中会变平，并且反射的光线与那些没有变平的棱纹反射的光线有所不同。

媒染剂（Mordant）——在染色过程中起固色作用的物质。

拉帕皮（Nappa leather）——铬鞣动物皮，表面柔软而有弹性，通常染成不同的颜色。

经丝（Organzine）——将两股或两股以上的真丝按照与各自捻向相反的方向捻合而成的，呈纵向交织的丝线。

毛皮（Pelt）——有软毛覆盖的动物皮。

第一梭或第一纬（Pick）——单一的纬线。

平纹织物（Plain weave）——一种基本织物结构，纬纱在一根经纱下穿过，接连在一根经纱上穿过，以此类推以实现均匀、平衡的组织。也称"平纹绸"（Tabby）。

套染（Resist Dye）——纺织物染色的工艺流程，在此过程中，织物某些部分的原本色彩会通过一种物质的染色应用（通常是蜡状物）而得以保留，随后这种物质会被去除。多次重复这一流程可以创造出五彩缤纷的纺织品。

沤麻（Retting）——在亚麻制品生产过程中，将亚麻浸泡在水中或在潮湿时将其放置于土地上以分解纤维周围木质组织的工艺流程。

擦洗（Scouring）——在羊毛制品生产过程中，清洁原毛以清除污垢和油脂，或在染色和精整整理加工前对织物进行洗涤的工艺流程。

真丝（Silk）——由各种昆虫幼虫产出的连续蛋白丝制成的纱线或纺织品，其中家蚕最为常见。

粗纺（Slub）——将成团的纤维有意或无意地纺成纱线，最终形成不规则的外观。

纺纱（Spinning）——将短纤维转变为连续长线的工艺流程。

女士胸衣（Stays）——女性穿着的内衣或紧身胸衣，用鲸须等加强物加固，将人体塑造为时尚的轮廓造型。

加捻丝线（Thrown silk）——由多股绞丝制成的真丝纱线，这些丝线被绞合在一起可以制成更坚韧或更粗实的纱线。

斜纹布（Twill）——纬纱每次越过一条以上经纱编织的织物组织，可以织造出斜纹图案的纺织品，反之亦然。最为常见的是2/2斜纹布，即纬纱穿过两条经纱后连续在两条经纱下方穿过，以此类推。

天鹅绒（Velvet）——带有绒毛组织的纺织品，其经纱在织物地组织上以绒圈形式凸起。这种绒圈可以进行切割或保留（毛圈丝绒）。

雕花绒（Voided textile）——用两种不同纤维的纱线织成的织物，通过将其中一种纱线的某些部分剪去或溶解（化学方法）而形成图案。此种工艺同时适用于在天鹅绒类的起绒织物上制造丝纹，而天鹅绒上的纹样则多是通过改变显花区域的绒毛高度来形成装饰图案。

户外服（Walking dress）——白天外出活动时穿着的连衣裙或需同时穿着的紧身马甲和裙子套装。

经纱（Warp）——连贯的长纱线，其长度决定了织物的总长度，纵向的经纱与横向的纬纱交织而制成纺织品。

纬纱（Weft）——横向股线，从织物的左侧织边到右侧织边，穿过经纱并置于经纱下方织造织物。

羊毛制品（Wool）——通常是指绵羊毛制成的纤维或纺织品，也可指山羊毛、羊驼毛、骆驼毛、美洲驼毛以及小羊驼毛材质制品。

粗纺毛料（Woollen）——短纤维羊毛纱线通过梳理使纤维混合在一起并彼此交叉，形成纤维状、具有纹理且无光泽的表面，从而制成的羊毛织物。

精纺毛料（Worsted）——长纤维羊毛纱线通过"精梳"将纤维整齐排列，形成光滑、富有光泽且紧凑的表面，从而制成的羊毛织物。

加捻纱线（Yarn）——由连续的线或纺织纤维股加捻而成，分为连续长丝或短纤维纱，用于机织、针织、钩编、编织以及其他织物织造方式。

撰稿人

克莱尔·布朗（Clare Browne）

英国维多利亚与艾尔伯特博物馆纺织品部高级研究员与策展人

奥里奥尔·卡林（Oriole Cullen）

英国维多利亚与艾尔伯特博物馆纺织品与时尚部研究员与策展人

埃德温娜·埃尔曼（Edwina Ehrman）

英国维多利亚与艾尔伯特博物馆负责展览的高级策展人

莎拉·格伦（Sarah Glenn）

英国维多利亚与艾尔伯特博物馆纺织品部高级文物修复师

维罗妮卡·艾萨克（Veronica Isaac）

布莱顿大学讲师；英国维多利亚与艾尔伯特博物馆剧院与表演部的助理研究员与策展人

康妮·卡罗尔·伯克斯（Connie Karol Burks）

英国维多利亚与艾尔伯特博物馆家具、纺织品与时尚部的助理研究员与策展人

莱斯利·埃利斯·米勒（Lesley Ellis Miller）

英国维多利亚与艾尔伯特博物馆纺织品与时尚部高级研究员与策展人，格拉斯哥大学教授

迪莉斯·威廉姆斯（Dilys Williams）

可持续发展时装中心主任；伦敦时装学院可持续时尚设计系教授

致谢

英国维多利亚与艾尔伯特博物馆（以下简称V&A博物馆）与其他各处的同事都极为慷慨地为本书的研究、出版以及实现做出了贡献。但在此，我尤为感谢V&A博物馆莱斯利·米勒博士（Dr Lesley Miller）的支持、指导及其给予的中肯建议。同时，我还要感谢康妮·卡罗尔·伯克斯（Connie Karol Burks）所做出的重要贡献，作为该项目的研究助理，她不知疲倦地奔波于展览与书籍工作之间，她撰写文章、准备附录、整理图像列表，并在我写作时为我提供至关重要的帮助。

我也向V&A博物馆工作人员提供的帮助致以感谢，感谢V&A博物馆布莱斯大楼档案室（Blythe House）的经理格伦·班森（Glenn Benson）对该项目的热忱支持以及其对园艺方面的知识与人脉的慷慨分享。同时感谢家具、纺织品与服饰部管理员克里斯多夫·威尔克（Christopher Wilk）以及他的同事克莱尔·布朗（Clare Browne）、奥里奥尔·卡林（Oriole Cullen）、苏珊·诺斯博士（Dr Susan North）、苏珊娜·史密斯（Suzanne Smith）、索内·斯坦菲尔（Sonnet Stanfill）和克莱尔·威尔科特斯教授（Professor Claire Wilcox）；包括亚洲部管理员安娜·杰克逊（Anna Jackson）、代理研究负责人乔安娜·诺曼博士（Dr Joanna Norma）、前收藏与研究

负责人比尔·谢尔曼教授（Professor Bill Sherman）、研究助理维罗妮卡·艾萨克博士（Dr Veronica Isaac）为展览早期开发做出的贡献。此外，感谢约纳·莱斯格（Yona Lesger）展览负责人琳达·劳埃德-琼斯（Linda Lloyd-Jones）及其同事黛安娜·麦克安德鲁（Diana McAndrew）和索菲·帕里（Sophie Parry）；纺织品与服饰保存部负责人乔安妮·哈克特（Joanne Hackett）及其同事劳拉·弗莱克（Lara Flecker）、莎拉·格伦（Sarah Glenn）、凯拉·米勒（Keira Miller）、罗辛·莫莉斯（Roisin Morris）和莉莉娅·蒂斯德尔（Lilia Tisdall）。还要感谢聚合物高级研究员布伦达·肯尼汉博士（Dr Brenda Keneghan）和高级研究员（目标分析）露西娅·巴尔焦博士（Dr Lucia Burgio）在科学分析方面提供的帮助；同时也感谢志愿者伊丽莎白·埃尔曼（Elizabeth Ehrman）、威廉·德·格雷戈里奥（William de Gregorio）、贾尼斯·利（Janice Li）、伊丽莎白·麦克法登（Elizabeth McFadden）、艾谱莉·奥尼尔（April O'Neill）以及达尼·特鲁（Dani Trew）对研究工作的大力协助。当然我也由衷感谢英国自然历史博物馆（Natural History Museum）所提供的帮助，感谢前艺术与人文研究中心负责人朱莉·哈维（Julie Harvey），她鼓励并帮助了我在英国自然历史博物馆的研究，为我提供了办公桌，并将我引荐给了她的同事；同时也要感谢马克斯·巴克利（Max Barclay）、保罗·马丁·库珀（Paul Martyn Cooper）、亚历克斯·费尔海德（Alex Fairhead）、海因·万·赫鲁（Hein van Grouw）、布兰卡·赫尔泰斯博士（Dr Blanca Huertas）、查理·贾维斯博士（Dr Charlie Jarvis）、保拉·詹金斯（Paula Jenkins）、贾斯廷·莫里斯博士（Dr Justin Morris）、罗伯特·普里斯-琼斯博士（Dr Robert Prys-Jones）、道格拉斯·拉塞尔（Douglas Russell）、理查德·萨宾（Richard Sabin）、埃米莉·史密斯（Emily Smith）、简·史密斯（Jane Smith）、克莱尔·瓦伦丁（Clare Valentine）、佐伊·瓦利（Zoe Varley）和乔·威尔布拉厄姆（Jo Wilbraham）。最后还要感谢科学博物馆苏珊·莫斯曼博士（Dr Susan Mossman）和娜塔莎·洛根（Natasha Logan）以及邱园经济植物学博物馆馆长马克·内斯比特博士（Dr Mark Nesbitt）。

"源于自然的时尚"展览与书籍的相关工作得利于伦敦时装学院、伦敦艺术大学专业人员所提供的建议、专业知识与支持。尤其是伦敦时装学院院长佛朗西斯·柯娜教授，也是大英帝国官佐勋章获得者（Frances Corner OBE），以及可持续时装中心主任迪莉斯·威廉姆斯教授（Professor Dilys Williams）和时尚空间艺术馆主任利加娅·萨拉扎（Ligaya Salazar）、伦敦艺术大学切尔西艺术学院的丽贝卡·厄利教授（Rebecca Earley）和凯·波利托维奇教授（Professor Kay Politowicz）对我加入他们的联合研究表示热烈欢迎。同时，他们也为该展览与书籍的相关工作做出了贡献。

此外，我还要对以下人员所提供的帮助和专业知识表示感谢：玛格丽特·霍威尔档案保管员里奥·阿里（Rio Ali）、安妮·玛丽·班森（Anne-Marie Benson）、圣赫勒拿国民托管组织运营负责人丽贝卡·凯恩斯·威克斯博士（Rebecca Cairns-Wicks）、美国棉花公司、皇家园艺学会园艺分类学专家约翰·戴维（John David）、林德利图书馆馆长布伦特·艾略特（Brent Elliott）、埃罗尔·富勒（Errol Fuller）、夏洛特·霍尔泽（Charlotte Holzer）、苏·凯瑞（Sue Kerry）、布伦达·金博士（Dr. Brenda King）、尼娜·马伦齐（Nina Marenzi）、可持续发展机构（Sustainable Angle）、英国海洋保护协会（Marine Conservation Society）、本·马什博士（Dr Ben Marsh）、索尼亚·奥康纳博士（Dr Sonia O'Connor）、阿利斯泰尔·奥尼尔教授（Professor Alistair O'Neill）、玛西亚·波因顿教授（Professor Marcia Pointon）、安尼塔·奎耶博士（Dr Anita Quye）、圣赫勒拿的博物馆馆长亚当·西泽兰（Adam Sizeland）、尼古拉斯·舍恩伯格（Nicholas

Schonberger）、卢·斯托帕德（Lou Stoppard）、约翰·斯泰尔斯教授（Professor John Styles）、卢克·温莎（Luke Windsor）、帕特丽夏·扎克雷斯基博士（Dr Patricia Zakreski）和弗兰克·齐尔伯克维特（Frank Zilberkweit）。同时也对以下人员慷慨分享其收藏品致以谢意：大英帝国勋章获得者（MBE）帕特·莫里斯博士（Dr Pat Morris）、波维斯博物馆的乔安娜·哈沙根（Joanna Hashagen）和汉娜·杰克逊（Hannah Jackson）、英国巴斯时装博物馆的罗斯玛丽·哈登（Rosemary Harden）和弗勒·约翰逊（Fleur Johnson）、赫尔海事博物馆的乔斯林·安德森·伍德（Jocelyn Anderson Wood）、赫尔莱热有限责任公司（Hull Leisure Ltd）的苏珊·凯普斯（Susan Capes）、艾莉森·博德利（Alison Bodley）和约克城堡博物馆的M.法耶·普廖尔博士（Dr M Faye Prior）。

英国本土及海外时尚公司向V&A博物馆慷慨捐赠的服装配饰，丰富了本次展览及相关书籍的内容。我们对此不胜感激，同时也非常感谢时装公司及个人能够出借其档案室的资料或收藏品以供展览展出。

本书的设计与制作也由多人参与。我要特别感谢我们的编辑希尔斯廷·贝亚蒂耶（Kirstin Beattie）的耐心与机智；感谢佛瑞德·考斯（Fred Caws）厘清了许多图像资料的版权；感谢V&A博物馆摄影工作室的理查·戴维斯（Richard Davis）和罗伯·奥顿（Rob Auton）的协助；同时感谢技术编辑琳达·斯科菲尔德（Linda Schofield）、书籍设计师夏洛特·希尔（Charlotte Heal）以及V&A博物馆生产经理艾玛·伍迪维斯（Emma Woodiwiss）。最后，我还要感谢我的合著者，克莱尔·布朗（Clare Browne）、奥里奥尔·卡林（Oriole Cullen）、莎拉·格伦（Sarah Glenn）、维罗妮卡·艾萨克（Veronica Isaac）、康妮·卡罗尔·伯克斯（Connie Karol Burks）、莱斯利·米勒（Lesley Miller）和迪莉丝·威廉姆斯（Dilys Williams），以及我的丈夫休·埃尔曼（Hugh Ehrman），感谢他的理解和关心。

图片来源

所有图片版权归V&A博物馆所有，除了以下图片，按图号顺序排列。

索引

译后记
——时尚与自然的关系史及时尚可持续发展问题研究

一、缘起

"源于自然的时尚"（Fashioned from Nature）是2018年4月在英国V&A博物馆举办的时尚文化年展。近年，其举办的系列时尚年展往往把目光集中在时尚与社会发展的关系上，并将服装置于历史的语境下研讨。展览具有高度的议题性与学术性，其主题围绕近年时尚领域的热点——时尚与自然的关系展开，此次3000余件展品多是V&A博物馆的收藏品，通过展品的特殊材料与其中包含的大量技术信息，展览深度追索了从17世纪至今400余年间近现代时尚与自然间的复杂关系，揭示了时尚发展对自然造成的负面影响，并向时尚行业发展如何减少消耗地球资源这一问题发起挑战。展览在过去的事物中探索历史与当下的密切相关性，以及时尚与自然的紧密关系。《时尚·道法自然——时尚的可持续发展》是基于该展览的论文集，埃德温娜·埃尔曼既是策展人又是该书主编，作为资深策展人，她曾策划过不少极具影响力的时尚展。本书反映了她一贯以来对时尚问题的社会性思考。埃尔曼女士对展览的立意不仅是向给予人类时尚文化持久影响的自然致敬，而且她希望引导每位时尚文化关联者去思考，怎样使时尚可持续发展。

2018年，作为国家公派访问学者，笔者在伦敦时装学院访学的一整年间，曾参与此次展览与时尚文化的研究工作。随着对时尚与自然关系及时尚可持续发展问题研究的深入，我越发意识到其复杂性与重要性。这些工作与科研经历也引导我，作为一位时尚文化研究者，从更具社会责任感的角度重新思考时尚的历史、内涵与未来发展问题。我们或许该摒弃以往仅从美学、设计学、营销学等角度片面地挖掘时尚形式的变化带给人类的审美愉悦与商业价值，亦或应避免仅从历史学的角度狭隘地探讨时尚生活曾带给历代人们的物质与精神文化享乐，而应投入更多精力来思考和研究那些由时尚发展对生态文明所造成的负面影响，并采取措施积极应对。

二、研究时尚与自然关系史的意义

时尚关乎每一位在现代社会中生活的人，近期一项调查显示，女性在一生中会平均花费287天来决定穿什么，[1] 而男性在着装上花费的时间也与其社会地位成正比，服饰着装是人类向世界展现自我的基础。时尚行业对社会发展来说也极具重要性。2016年，全球时尚行业的总产值已达到2.4兆美元（1兆元是1万亿人民币），如果将各国的GDP做一个排名，全球时尚产业已代表世界第七大经济体。[2]

不断发展壮大的时尚行业却始终以自然为基础。从获得生产原材料到发掘设计灵感，再到加工制作和消费使用的各环节，陆地、水、空气等自然因素和人类共同构成了时尚的供应链。展览主题中作为动词的英语"Fashion（ed）"一词，来自拉丁语"facere"，其含义为从自然中塑造或制作某物。从词源义看，自然是塑造时尚的物质基础。从社会文化发展的历程角度看，萌芽于西方文艺复兴时期的近现代时尚也是建立在人类对自然认知不断加深基础上的，生产力变革、社会结构变化与货币经济繁荣等因素综合作用的结果。[3] 此外，自然为时尚发展提供了无穷的创作灵感，服装的面料、色彩，甚至版型设计均受到自然的启发，人类从自然界中收获的各种情感也同样被展示在服装中。

但在时尚与自然的关系中，将自然仅定义为时尚的物质资源与扮靓素材的观点似乎过于草

---

[1] 佛朗西斯·柯娜，兰岚. 为什么时尚很重要 [J]. 艺术设计研究，2017，76（2）：12-16.

[2] Corner F. Why Fashion Matters [M]. London: Thames and Hudson, 2014: 23.

[3] 诺贝特·埃利亚斯. 文明的进程：文明的社会发生和心理发生的研究 [M]. 王佩莉，袁志英，译. 上海：上海译文出版社，2018：305-320.

率，这种观点的根源反映了以人类为中心的世界观，这种世界观在近现代时尚发展的几个世纪中主导着时尚与自然关系。

如今，时尚生产已续石化工业之后成为全球第二大污染产业。在高度浪费的生产状态下，环境污染、生态失衡等问题已然成为时尚发展中的常态问题，时尚正以不可逆的方式不断从自然中汲取养分。这样的形式要求我们回望历史，反思时尚与自然的关系史，并在人类时尚发展史的各阶段语境中重新思考"自然"的内涵。

中文"时尚"一词是"时"与"尚"的结合体，时，即时间，时下；尚，即崇尚，风尚，品位。时尚，即当时的风尚；时兴的风尚。❶顾名思义，时尚具有时间性。时尚受表面概念的支配：款式的搭配、主色调的改变、面料的转换等，这一季广受好评的风格或许在上一个季常被贬损。然而，时尚使我们可以从个人、地域和全球各层面观察到渗透在生活中的环境、社会、政治、经济和文化因素的变化。在时尚文化不断变化的语境中，从自然中撷取的时尚材料的内涵也会不断变化。某些制造时尚的奢华原材料逐渐变得富有争议性或被认为违背伦理道德，如象牙和动物标本；某些用于体现社会地位与财富的时尚材料逐渐失去其原有的象征意味，如皮革和珠宝；某些流行观念使原材料的价值与意义变得违背常理或颠覆传统，如做旧牛仔和破烂装。随着时尚观念的不断变化，时尚与自然之间的关系也在不断变化。梳理时尚发展史和时尚与自然的关系史，特别是那些曾引发争议的时尚发展问题与那些至今已渐趋变化的时尚观念，是为了将今天制定的环保律法、环保思想和时尚的可持续发展策略置于历史的文脉中去合理地研究和探讨。

三、时尚与自然的关系史

（1）撷取与挥霍自然：17~18世纪宫廷时尚的奢侈化与珍稀化

17~18世纪，源于欧洲宫廷的时尚文化处于启蒙阶段，皇室贵族和富裕的资产阶级精英阶层主导着时尚的品位，时尚是其强调身份与炫耀财富的手段，"极繁服饰"风格盛行，服饰往往采用珍贵奢华的材料，并耗费大量人工制作成本。截止到18世纪末，以法国为代表，欧洲达到了一个奢侈品消费的历史巅峰。18世纪下半叶，纺织技术进步和轻质面料流行使消费者更重视设计的

新颖性，服饰与面料的翻新率提高，欧洲宫廷开始有计划地定期更新和淘汰服饰面料，时尚形成规律的流行周期，这些现象加剧了时尚取材自然的速度。

此期，时尚从自然中撷取丰富多样的原材料。地理空间拓展也为时尚提供更稀有的原材料。自然赋予时尚设计灵感与创作素材，而时尚对自然造成的负面影响被掩盖。18世纪末，时尚对不可再生资源的开发，对环境的影响以及过度猎杀对生物种群造成的影响开始被认知。

（2）改造与替代自然：19世纪资产阶级时尚的艺术化与批量化

19世纪是时尚文化高速发展的阶段。欧洲人口数量急剧增长，收入各异的新兴资产阶级与市民阶层迅速崛起，时尚行业潜在消费者数量增长了三倍。❷时尚系统发生巨大变化，主要表现在成衣生产批量化与营销规模化、流行周期年度化、设计师职业化等方面。时尚潮流虽仍被贵族和精英主导，但越来越多社会其他领域的名流和机构获得时尚话语权，包括歌舞剧女演员和以沃斯、杜埃利特为代表的高级时装屋，时尚文化日趋多元化。除了专为皇室服务的裁缝，高级时装屋和百货商场也为不同阶层消费者提供服务，消费购物已成为一种大众休闲活动。批量化生产与产品快速迭代推动时尚高速发展，大量自然资源被使用和开发。

此期，科技助力时尚替代和改造自然原材料。科技进步为时尚生产提供了大量替代原料，减少了对自然资源的需求和损耗，但科技并未停止时尚向自然索取的脚步。以动植物生命为代价的"过度时尚"风行，工艺繁复的皮毛服饰消耗原料的数量也超乎想象。同时，探索自然的热情也激发时尚创作的灵感，对植物研究的热情极大地激发了欧洲艺术家运用自然元素进行创作的热情，甚至促发了著名的工艺美术运动。虽然，时尚生产扩大化对自然造成的负面影响被关注，但对物质的贪恋、追逐新奇的心理与巨大经济利润的诱惑使人类追逐时尚的步伐无法停止。

（3）颠覆与重塑自然：20世纪大众时尚的多元化与科技化

20世纪是时尚文化的高度成熟阶段。上半叶，以上层社会精英阶层为潮流风向标的旧时尚体系仍在延续。但20世纪60年代以后，英国、意大利、北美和日本逐渐成为新崛起的世界时尚中心，并向旧的时尚体系发起挑战，新旧时尚品位更迭，资产阶级高雅品位在时尚中的主导地位逐

❶ 中国社会科学院语言研究所词典室. 现代汉语词典［M］.6版. 北京：商务印书馆，2013：1178.
❷ Snodin M，Styles J. Design and the Decorative Arts：Britain 1500-1900［M］. London：V&A publications，2001：178.

渐被青年亚文化群体具有反叛精神的品位所代替，潮流趋势年轻化，街头时尚以惊世骇俗的形式挑战西方传统文化的底线。❶从1938年到1958年，年轻从业者购买能力逐渐增强，青少年的实际购买力几乎翻了一番。❷20世纪80年代起，时尚对社会文化的影响力日趋增长，成衣批量化生产规模稳步增长，大型现代化纺织工厂建立，时装零售业发达，百货公司与连锁店遍布城镇，时尚行业更趋专业化，媒体与商业通过明星效应制造时尚，潮流快速更迭，商业催生与培养消费欲望，"快时尚"与"用毕即弃"共生。商业推动时尚开启高度消耗资源和破坏环境的生产与销售模式，科技助力时尚试图超越自然与物质的有限性。至此，本应展示人类伟大成就的时尚已全然背离人类追逐美好与繁荣的初衷。

此期，时尚设计师重塑和颠覆传统原材料的应用方式与价值内涵。在新一代时装设计师手中自然原材料焕发新的活力。20世纪的社会变革与思想浪潮对时尚文化产生巨大冲击，也赋予很多原材料崭新的价值内涵，时尚与自然的关系也被颠覆和重塑。同时，科技助力时尚超越和颠覆自然，科学的凯旋为时尚带来颠覆性的变化，也预示着时尚与自然关系的重塑。同时，时尚总是以自然为灵感缪斯，时尚设计师也努力通过作品去诠释他们对时尚与自然关系的思考，人们意识到无尽挥霍和破坏自然的时尚之路终将结束，时尚对环境造成的负面影响被重视，但在经济利益面前，时尚发展对自然的负面影响在规模和势头上仍有增无减。

（4）尊重与回归自然：21世纪未来时尚的诚实化与责任感

21世纪是时尚文化的转折阶段。全球自由贸易与"快时尚"模式的运行提高了时尚生产的效率，互联网购物平台与强烈的消费主义加快了时尚发展的步伐。时尚行业已成为日益扩散的环境危机的巨大推动者。同时，时尚界一批有识之士也开始呼吁诚实地面对环境问题，并以实际行动推行时尚的可持续发展。面向未来的时尚充满希望与挑战，人们开始诚实而有责任感地面对自然。美学、技术、商业正在多方联动，致力于推动时尚的可持续发展。

四、结论

17~18世纪炫耀财富与身份的宫廷时尚从自然中撷取珍稀的原材料，并通过地理探索、领土拓展和殖民战争等手段将整个世界的自然资源变为宫廷贵族的时尚供应站。时尚展示了人类占有自然的欲望，这种欲望是为了使自然变得对人类来说更"富饶"，更"珍稀"。19世纪资产阶级的时尚试图运用人类智慧改造和替代自然，并通过技巧将人类的审美观强加于自然。时尚展示了人类控制和操纵自然的欲望，这种控制是为了使自然变得对人类来说更"有用"，更"美丽"。20世纪大众化的时尚以前所未有的价值观和高科技手段颠覆与重塑自然。时尚展示了人类改造自然的能力，这种能力使自然变得对人类来说更"可塑"，更"无限"。直到21世纪，面向未来的时尚开始以诚实的态度面对时尚的问题，并带有责任感地去积极应对和解决。总之，无论时尚的内涵多么深邃善变，也无论时尚与自然的关系多么复杂，时尚与自然关系的根本都是人与自然关系的反映，人类无法背离自然而生存，正如18世纪英国新古典主义作家、文学评论家和诗人塞缪尔·约翰逊所言："背离自然也即背离幸福。"

时尚以创造力著称，它由变化所定义，同时也在规定着变化本身。虽然时尚的发展给自然带来诸多负面影响，但是时尚也可以利用其特有的创造力和技术手段，在自然中塑造一个可持续发展的空间。同时，时尚不仅能取材自然，也能为自然赋能，就像历代时尚设计师从不间断地通过作品向自然致敬一样，时尚可以引导人们去尊重自然，热爱自然，道法自然。人类有责任在时尚与自然之间寻找共同发展的平衡点。

本书翻译工作承蒙伦敦时装学院Djurdja Bartlett教授的指导与北京服装学院关立新院长的支持，学棣范蓉参与了大量工作，在此向他们致以诚挚感谢。

宋炀博士
北京服装学院副教授
2020年11月

---

❶ 杨道圣. 时尚的历程［M］. 北京：北京大学出版社，2013：136-137.
❷ Handle S. Nylon: The Manmade Fashion Revaluation［M］. London：Bloomsbury Publishing，1999：102.

V&A博物馆巡展在中国

在"可持续发展"这个词还没被发明出来的几千年前，中国古人已提出了"天人合一"的哲学观，这种哲学观也体现在中国传统服饰的方方面面——从夏商周时期就有的养蚕纺丝、植物染到技法日渐精湛的编织、刺绣等，其始终强调的是与自然和谐共处和心手相通的生活美学。随着近年来可持续时尚理念的兴起，人们开始重新关注起这些浸润着自然和生活智慧的传统技艺。正如清华大学贾玺增教授所说，"流传千年从未中断过的中国传统文化，本身就带有其特有的可持续性，传统服饰是基于中国传统文化的产物，本身就具有可持续性的文化基因……在全球化社会体系下，中国特色与西方可持续时尚理念并不矛盾，且必然以相互交融的形态出现。"

为了更好地延续展览精神，让中国观众近距感受跨越东西方时尚的饕餮盛宴，从自身传统文化中找寻"原始的"可持续基因并传承发展，2020年12月19日至2021年7月4日，设计互联、英国V&A博物馆与中国丝绸博物馆在深圳海上世界文化艺术中心联合主办了V&A巡展"源于自然的时尚"及全新展中展"衣从万物：中国今昔时尚"，以跨越2300年历史的400件全球时尚珍品，呈现一场前所未有的东西方时尚之旅。这也是英国V&A国宝级时尚馆藏首次集中亮相中国。展览揭示全球视野下纺织与服装的前世今生，探究了时尚如何从自然汲取灵感,对自然造成了怎样的影响，以及设计如何推动消费转变，探寻与自然和谐相处、更可持续的生活方式。